新华博识

新
华
博
识
·
知
无
涯

思维补丁
修复你的61个逻辑漏洞

The Critical Thinker's Dictionary：
Biases, Fallacies, and Illusions and What You Can Do about Them

[美] 罗伯特·托德·卡罗尔 / 著

王亦兵 / 译

新 华 出 版 社

图书在版编目（CIP）数据

思维补丁：修复你的61个逻辑漏洞 / (美) 罗伯特·托德·卡罗尔著；王亦兵译.
北京：新华出版社, 2017.12
书名原文: The Critical Thinker's Dictionary：Biases, Fallacies, and Illusions and what
you can do about them
ISBN 978-7-5166-3751-7

Ⅰ.①思… Ⅱ.①罗… ②王… Ⅲ.①逻辑思维－研究 Ⅳ.①B804.1

中国版本图书馆CIP数据核字（2017）第308871号

The Critical Thinker's Dictionary：
Biases, Fallacies, and Illusions and What You Can Do about Them
by Robert Todd Carroll
Copyright©Robert Todd Carroll 2014
Translation Copyright©2017
by Xinhua Publishing House
All Rights Reserved.
中文简体字专有出版权属新华出版社

思维补丁：修复你的61个逻辑漏洞

作　　者：［美］罗伯特·托德·卡罗尔　　　　译　者：王亦兵

选题策划：黄绪国　　　　　　　　　　　　责任印制：廖成华
责任编辑：张　谦　　　　　　　　　　　　封面设计：李尘工作室

出版发行：新华出版社
地　　址：北京石景山区京原路8号　　　邮　　编：100040
网　　址：http://www.xinhuapub.com
经　　销：新华书店、新华出版社天猫旗舰店、京东旗舰店及各大网店
购书热线：010－63077122　　　中国新闻书店购书热线：010－63072012

照　　排：臻美书装
印　　刷：永清县晔盛亚胶印有限公司

成品尺寸：148mm×210mm　1/32
印　　张：13.75　　　　　　　　　　字　　数：260千字
版　　次：2017年12月第一版　　　　　印　　次：2021年1月第二次印刷
书　　号：ISBN　978-7-5166-3751-7
定　　价：39.80元

理性是且只应是激情的奴隶，除了服从及服务于激情之外永远不能觊觎其他角色。

——大卫·休谟（David Hume）

苏格兰哲学家

"理性人"（homo rationalis）用冰冷的硬逻辑对所有选项进行认真衡量，对数据进行理性分析。但这一人类物种可能已经灭绝，或者从来就没有存在过。

——迈克尔·谢尔摩（Michael Shermer）

美国怀疑论者协会创建人

不带任何偏误地去认识和理解不确定性，这是理性的基石，但并非个人与组织想要的东西。

——丹尼尔·卡尼曼（Daniel Kahneman）

经济心理学家，2002年诺贝尔经济学奖得主

目 录 | CONTENTS

前　言

　　读者随手翻阅几页内容就会发现本书并非普通意义上的词典。虽然书中对所列词条给出了定义及应用实例，但作者并未假装保持中立，也不认为有关争议问题的所有观点均同样有理。

　　书中提供了一些详细的实例，有些属于明辨思维的典范，有些则明显缺乏明辨思维精神。此外还有不少背景信息，这些特点都使书中所列词条更像是百科全书收录的文章或论文。没有什么话题是神圣的或者是不可触碰的禁区，宗教、政治领域的观点的处理与科学或医学的处理方式并没什么区别。不少读者可能会发现：自己奉为神圣不可侵犯的某些观点被用作非明辨思维的例子，这是难以避免的。从另一个角度来说，大部分读者或许会欣慰地看到自己拒绝接受的某些观点或信念在书中被列入不合理类别。

　　尽管如此，本书的写作目的既不是想要得罪谁，也不是想要取悦谁。如果你有兴趣了解明辨思维的有关知识，想要知道为什么明辨思维如此难以做到，那么这本书就是为你而写的。

罗伯特·托德·卡罗尔·戴维斯

加利福尼亚

2013 年 11 月 6 日

作者自序

本书（原名《明辨思维者词典》）起源于哈丽特·霍尔医生对我前一本书《非自然行为：明辨思维、怀疑论、被揭露的科学！》（*Unnatural Acts: Critical Thinking, Skepticism, and Science Exposed！*）的评论和建议。这两本书有一个共同的指导原则，即明辨思维并非与生俱来、天生就有的能力。我们不仅需要通过努力才能成为一个明辨思维者，坚持明辨思维还意味着违背人类的天性。人类漫长的进化史使人类这一物种拥有令人赞叹不已的大脑，具有自我意识、记忆、面部辨认等几千个不同寻常的神奇功能。但与此同时，进化过程也促使我们必须迅速思考，这样才能在人类长达十万年的进化史中适应周围的环境，使物种得以生存下来。现代生活中，快速思考有时仍然十分必要，但更多时候我们却应该放慢节奏。因为有的时候与其依赖本能和天性去思考问题，不如花一点时间先做研究、认真思考、广泛讨论，然后再做出判断。

《非自然行为》是明辨思维的导论，重点关注明辨思维过程中遇到的各种困难。这些困难通常被哲学家和心理学家称为偏误、谬误和错觉。我在《非自然行为》的最后一章推荐读者制订学习计划，理解书中所列的 59 种情感、认知和感知上的偏误、谬误及错觉。哈丽特·霍尔认为，如果我希望读者能够进一步学习掌握这些知识，仅提供一张术语清单是远远不够的，这么做也很令读者失望。她认为我应该详细解释书中提到的所有相关术语。于是，我为清单所列的每一种偏误和谬误都写了一段简短的介绍文字。为什么是 59 这个数字呢？好吧，我总不能无限制地一直写下去吧！

《非自然行为》出版发行以后，我决定将原有的简介段落扩展成完整的文章，并定于每周一在博客上发布一条妨碍我们进行明辨思维及做出良好判断的谬误、偏误术语，计划用 59 周时间完成这个连载项目。我将该博客命名为"能够提高思维能力的非自然行为"（Unnatural Acts That Can Improve Your Thinking）。连载结束以后，我对所有文章重新改写和润色了一遍，然后按字母顺序排列，《明辨思维者词典》就是这样诞生的。

我在《非自然行为》中解释过明辨思维能力为什么不是与生俱来的，这是因为人类进化史的大部分时候都不需要我们进行"明辨思维"。这一词汇的英文是 critical thinking，有人将其直译为"批判性思维"，但实际上这种思维方式的核心并非批评和批判。不论是批评还是批判，这些都是人性中固有的东西。我们所说的这种思维方式是自觉、自省的，会认真考虑各种可能性，关注的重点是"如何做才对"，而不是"如何做才不会错"。明辨思维不是一种自然行为；因为我们的自然思维方式是凭本能和直觉进行的，通常会受自己无法察觉的情感和欲望所驱动。马尔科姆·格莱德威尔（Malcolm Gladwell）在《眨眼之间：不用思考的思考能力》（*Blink: The Power of Thinking Without Thinking*）中表示，本能或快速判断与经过长时间深思熟虑做出的判断一样有价值。我将《非自然行为》一书视为针对《眨眼之间》的一剂解药，认为虽然按本能行事在很多情况下不会出太大的问题，但遇到重大问题我们还是需要用客观、冷静、理性的态度去收集、分析和评估数据，只有通过这些艰苦细致的工作才能提高作出公正、准确判断的几率。遵照人类的天性行事虽然大多数情况下不会出什么问题，但有些情况下非自然的明辨思维更能让我们拥有胜算。

引　言

古希腊哲学家亚里士多德（公元前 384-322）曾将人类定义为"理性的动物"，但实际上我们大部分时间都是非理性的；这一点亚里士多德知道，我们也知道。理性是一种理想，而不是客观事实。在人类历史上，很多思想家都认为情感是阻挡人类实现理性这一理想的主要障碍，认为理性的人能够控制住自己的情感，非理性的人则为自己的情感所控制。不过有些哲学家并不认同这一观点，比如苏格兰哲学家大卫·休谟（1711-1776）就将情感视为通往道德行为的唯一理性指南。进化论心理学家同意他的这一观点，相信人类虽然自认是唯一的道德动物，但很多其他动物也拥有与人类大体类似的情感构成，同样会以情感支配彼此互动的行为，而且与人类的进化过程十分相似。经济学家们不久前还一直相信活跃于商界和市场的全都是理性的动物，认为这些动物虽然会受渴望享乐、逃避痛苦等情感因素的驱动，但是他们还会用理性计算自己的最佳利益并根据计算结果采取相应的行动。

近年来的社会学研究发现，人类的非理性并非仅仅表现在推理错误及无法控制情感等方面，实现理性的道路上有很多障碍实际上恰恰源自人类的进化史。人类的进化过程决定我们这一物种会以某些特定的方式思考和行动；对我们来说，这些都是自然而然发生的事情，这样做因为顺从天性，所以会让我们感觉舒服。行为经济学等领域的社会科学家将这些障碍称为认知偏误与错觉。值得注意的是，有时违反自然本能行事会让我们得到更好的结果，有时我们需要放慢节奏，在做出判断或采取行动之前必须先进行认真的研究、讨论和思考。过去"理性的动物"其实就是今天的"明辨思维者"，要做到理性和明辨思维就必须认真学习人类天性中的一些认知偏误和错觉。如果你想成为一个理性的人，仅仅做到控制情感和不犯逻辑谬误是远远不够的。人类的天性就是要成为非理性动物，但仅凭本能行事并不能总是保证我们获得最佳利益。

　　明辨思维是非自然的思维方式；但是在做重要决定的时候，明辨思维几乎永远优于自然、本能的思维方式。以下个案研究就清楚显示出明辨思维的优越之处。有些人可能会在读后得出相反的结论，认为这一个案研究恰恰说明本能与个人经验优于明辨思维。当然，如果你坚持读完全书，自然就能明白他们为什么会这么想。

自然思维：个案研究

　　这是一位母亲的故事，她努力想要弄明白为什么自己的头生子会得神经系统紊乱症，并在过完一岁生日后不久即结束了

短暂、痛苦的一生。这个真实的案例说明强烈的情感体验极大
地影响了这位母亲的判断能力，最后发展到认为以科学为基础
的医学一无是处，而只要是反对疫苗接种的则一切都是好的。
我不能保证所有细节都准确无误，但是收集到的这些资料还是
能够为读者描绘出一幅大体上清晰的画面。

　　家住澳大利亚昆士兰州的斯蒂芬妮·麦森杰（Stephanie
Messenger）表示，她之所以创作童书《梅兰妮的奇妙麻疹》
（*Melanie's Marvelous Measles*）是因为疫苗接种无效。家长
们应该教育孩子们接受、拥抱儿童疾病，因为像麻疹这样的疾
病有助于孩子创建免疫能力。麦森杰在其网站"自然很重要！"
（Nature Matters！）上对自己的理论及其理由进行了详细的
解释。她撰文叙述自己的头生子四个月大的时候已经接受过两
次疫苗注射。这和美国的情况十分相似，医生建议婴儿从出生
到四个月大期间应接受两轮疫苗注射，使其对六种疾病产生免
疫功能。关于她儿子的首次疫苗注射体验，麦森杰是这样写的：

　　　　我儿子在接受疫苗注射后不久就开始厉声尖叫，并
　　且在注射疫苗当天持续了很长时间，一直都在尖叫和大
　　哭。这十分不同寻常，因为在这之前他一直都是个快乐、
　　平和的孩子，八周大就能翻身，见到妈妈嘴里就发出咕
　　咕嘎嘎的声音。医生说他的哭叫反应是"正常"的，还
　　说过几天就会好。

第一天过后，他基本恢复了正常，偶尔有一点烦躁不安的迹象。随后几个星期，他继续发育成长，似乎不再有什么问题了。

看上去医生说得没错，婴儿很快就不再哭闹，"继续发育成长"，然后迎来了第二轮疫苗注射：

孩子四个月大的时候，我带他去打第二轮疫苗。这次他哭叫得更厉害了，我根本就没有办法让他停下来。喂他母乳，结果全都呈喷射状被呕吐出来，然后继续哭叫。在那之前他从来都没有吐过奶。吐过两次奶后，我给医生打电话，告诉她孩子哭叫和吐奶的事。她让我停止哺乳，只喂孩子喝果汁。转喝果汁后孩子稍微好了一点，但还是经常呕吐。

第二天，我打电话问医生有没有可能是疫苗引起的，她说"不是，这两件事没关系，纯属巧合"，但还是让我带孩子过去给她看一下，我照办了。她看了孩子之后把我们转介给一位儿科专家。等专家预约门诊的那几天时间里，我的孩子开始做一些奇怪的事情：突然弓起背痛苦地大哭，身体僵硬得像一块木板，两只眼睛向上翻，露出眼白，还会突然全身发抖，但身子并不发冷（后来我从医生那里知道这些都是小儿惊厥和癫痫的症状）。

呕吐也还在继续，于是我听从诊所姐妹的建议停止了哺乳，可是转喂奶粉后他还是吐。我真的是吓坏了。

发生这种事情，有哪个家长会不害怕呢？

麦森杰在文章中没有提她为什么会认定是疫苗让孩子生病，有可能是受澳大利亚和其他国家反疫苗运动的影响，有可能是因为看了罗伯特·门德尔松（Robert S. Mendelsohn）在菲尔·多纳（Phil Donahue）主持的脱口秀节目中有关疫苗具有危险性的言论，当时澳洲电视网刚好在播放这个节目。不管是哪种情况，麦森杰最初认定是疫苗导致孩子出现惊厥和其他问题的时候，她的判断并非基于科学的证据，因为当时能够确认的只有一点，即孩子在接受疫苗注射后出现了上述病症。不论引发疾病的原因到底是什么，她最初对孩子癫痫的发作原因做出判断之前并没有做任何研究工作，相关的研究工作是在后来才做的。值得肯定的是，虽然医生告诉她疫苗和惊厥之间没有必然的联系，但她对此持怀疑态度，并不害怕单挑医生或整个医学界，也没有盲目地接受医学专家关于疫苗价值和安全性的判断，而是决定自己做一番研究。这些都是值得钦佩的品格，值得所有人学习。

但不幸的是，麦森杰接下来所做的一切却是大多数人自然而然会去做的事情：她开始寻找能够支持自己观点的证据，同时无视与自己所持观点相悖的证据（这种偏误被称为"确认偏误"）。几位专家查看了她儿子的病情以后，怀疑孩子患了一种十分罕见的疾病：亚历山大症，但她显然对这一诊断结果采取了无视的态度。对自己所持观点进行证伪是一种非自然行为；虽然大部分人都意识不到，但是如果你想要为任何观点寻找确认证据，这其实是一件再容易不过的事情。如果我们根本就不愿为否认自己所持观点付出任何努力的话，那就会加倍容易了。当麦森杰开始研究工作的时候，她只寻找那些能够证明疫苗导致孩子癫痫发作并最终死亡的有关证据，完全无视遗传性疾病或者某种与疫苗注射毫不相干的疾病等其他可能性。当然，她不费吹灰之力就找到了自己想要的确认证据，同时也得到了反疫苗运动中与她观点一致者的大力支持（这一偏误被称为"大众强化"）。她在文章中这样写道：

> 一定是疫苗杀死了他，我对此深信不疑。如果孩子爬到洗碗池下的柜子里，喝下含有重金属、甲醛、外源蛋白、病毒和其他毒素的有毒化合物，急诊医生全都会说这孩子中毒了。那为什么将同样的化合物做成注射液注入孩子体内就会被叫作"纯属巧合"呢！

她在文章中提到的"有毒化合物"这一名词就是反疫苗运动的常用词汇，她所列举的一连串有毒物质也经常见诸反疫苗文献资料；这些早已遭到科学家们的逐条驳斥和澄清。她和"澳洲免疫网"的其他两位成员梅丽尔·多瑞（Meryl Dorey）、苏珊·林伯格（Susan Lindberg）于1998年合作出版了《疫苗轮盘赌：经验、风险及替代方法》（*Vaccination Roulette: Experiences, Risks and Alternatives*）。1993年，澳大利亚医疗申诉委员会向澳洲免疫网发出公开警告，指其向公众"提供不准确且具误导性的信息"。该组织的名称也有误导公众的嫌疑，因为澳洲免疫网的主要任务就是建议家长不要给孩子注射疾病免疫疫苗。2012年，澳大利亚公平贸易委员会新南威尔士州办公室命令澳洲免疫网总裁梅丽尔·多瑞更改组织名称，因为该名称存在误导公众、损害医疗界声誉等问题。2013年5月，澳洲免疫网新任总裁格雷格·比提（Greg Beattie）警告那些选择为孩子注射免疫疫苗的家长，说他们这么做有可能会"损害孩子的健康"。他表示："不要相信家庭医生的判断，读一本关于疫苗的好书，你就能掌握比家庭医生多十倍的知识。"但是他并没有为上述观点提供任何支持证据。

　　不论反对者如何争辩，关于疫苗安全有效的证据不仅十分充足，而且非常令人信服。麦森杰认为是疫苗杀死了自己的孩子，这其实是围绕免疫这一概念的反向"光环效应"。她不仅无视导致孩子不幸遭遇背后存在其他原因的可能性，而且还妖魔化了整个科学医疗医药界：

　　　　每年都有成千上万的婴儿受到伤害、落下终身残疾或者因此丧命。婴儿不会发声，无法站出来指控那些产业化的强大医药公司，更不可能出来谴责整个医学界。

每当想到这些我就十分难过。

寻找证据证明"疫苗杀人"只不过是麦森杰万里远征的起点。她现在致力于说服公众相信得了麻疹之类的疾病是件好事。原因如前所述，但这些原因均未有任何科学证据能够证明（她和反疫苗战役的战友们声称疫苗无效，家长应该教育孩子们接受并拥抱儿童疾病，因为这些疾病能够通过自然的方式帮助孩子增强免疫系统功能。有一些反疫苗运动者甚至走得更远，倡导组织"水痘派对"，让孩子们传播自己所患疾病，帮助其他小朋友创建免疫力）。但是，与麦森杰所持观点恰好相反，疫苗是安全有效的，如果孩子真的得了麻疹或者百日咳，他们很有可能会因此丧命。通过传播疾病这种"自然方式"帮助儿童创建免疫力是非常危险的事情。

儿童健康研究所认为：

> 如果你听凭孩子得病，他们会面临重病甚至死亡的风险；与此相反，疫苗极少产生严重的不良影响。虽然疫苗无法 100% 保证长期有效的保护，但很多疾病也无法做到这一点。举例来说，HIB（b 型流感嗜血杆菌）、百日咳、脑膜炎、风疹等均非一次患病即可终身免疫的疾病。但是，如果儿童注射免疫疫苗之后，即使患病在

程度上也通常较轻，而且接受免疫的儿童大部分都能免于疾病影响。即使疫苗所提供的免疫力逐渐消退，如果有足够多的人注射了免疫疫苗，就会产生群体免疫效应，则疫苗所针对的疾病就不再是大问题，因为群体免疫效应也能够为失去免疫力的人提供保护。

所以不能信任所谓的"自然方式"，因为你的孩子如果得了麻疹、腮腺炎或者风疹，他们不会因此过得更好，孩子有可能会因此变聋、瘫痪或者死亡，有可能会将疾病传染给很小的婴儿并造成后者不幸夭折。

麦森杰所做的研究

那么，麦森杰到底做了哪些研究呢？以下是她自己的陈述：

几年后我又生了一个孩子，这次我绝不会大意，花了好几年时间认真研究了疫苗问题。我仔细阅读产品说明书，发现所有注射后可能产生的不良反应全都白纸黑字地印在上面。就算医生不说，这些说明书也能证实我对药品公司（产品制造商）的诸多怀疑。

在这之前我听到了太多的谎言，我对孩子注射疫苗后产生的忧虑和怀疑从来都没有被跟进调查，有的只是他们的一再否认。出于对医学专业的盲目信任，我当时并没有对此提出质疑。

但从那以后我阅读了几百本书籍，有些作者是勇气可嘉的医生，他们对这个问题进行了彻底的调查和研究。我还读了很多医学杂志，看了一些医生录制的视频节目。他们全都警告父母要小心防范疫苗的危险性。

今天，我的三个孩子从来都没打过防疫针，但他们个个都很健康，从来没有得过任何儿童疾病。反倒是他们那些打过防疫针的朋友经常生病，得的还恰恰是疫苗所针对的那些疾病。我用大自然的馈赠确保孩子们健康、强壮：天然食物、干净的饮用水、阳光、新鲜空气、运动、充足睡眠以及充满爱的成长环境。

麦森杰相信她第一个孩子的死亡是完全可以避免的。当然，将自己的不幸遭遇归咎于某个人或者某件事，这是很容易理解的。她和大多数人一样都想弄明白孩子生病的原因，希望能够控制疾病的预防和治愈。但"理解的错觉"和"控制错觉"正是源于这些自然的渴望。事实上，我们一生中碰到的大部分事件全都源自人类无法掌控的概率和偶然，一个人是否得病也是如此。麦杰森儿子的癫痫和死亡有可能源自她孕期的某种饮食，有可能源自婴儿本身潜在的基因缺陷。当然，相比自然概率导致孩子死亡，相信疫苗导致这一惨剧更具故事性，更能产生心理满足感。我这么说这并不是想要否认麦杰森所说的关于干净的饮用水、新鲜空气、运动、充足睡眠对我们的健康有影响这一观点。这些因素当然十分重要，但是健康的生活方式不能阻止某个基因引发神经系统紊乱或细胞疯狂复制（即患上癌症），摄入天然食物也无法消除基因缺陷所造成的一系列影响。

与麦森杰所持观点相反的是，科学证据已经强有力地证明了疫苗的诸多好处。据近期新闻报道披露，因为选择不注射免疫疫苗的人有所增加，麻疹病例以及死于百日咳的婴儿数量均呈上升趋势。这是对麦森杰所谓通过"自然方式"得病是件好事这一观点的有力驳斥。

麦森杰有三个健康的孩子，这很好；但我认为她最应该心怀感激的是孩子们的运气不错。她对免疫怀有强烈的负面情感，这不仅使她看不到注射疫苗的好处，还使她无视科学医学的好处。从她对自己亲身经验的阐释来看，她对疫苗的声讨和反对都是很自然的事情。但是如果你想要做到公正和准确的话，就必须对疫苗的安全和价值或者婴儿的死因这一类复杂问题进行非自然思考。

以上个案研究过程中只不过涉及了少数几个妨碍明辨思维能力的自然谬误。如果你能将本书从头看到尾，就会明白大自然并未将人类设计成天生的明辩思维者，而且我们也并非自己想象中那样了解自己。明辩思维者不是天生的，而是后天造就的；造就明辩思维者的不是他人，而是自己。

1. 特例假设（*ad hoc hypothesis*）

如果遇到与之前所持观点相悖的论据，你要先问下自己：是不是我错了？如果想要驳斥不利于自己所持观点的论据，则你提供的反证应可独立印证，不能受之前所持观点的影响。切忌使用不能独立证明的论据为自己进行合理化辩解。

在科学领域，科学家用"特例假设"来排除不符合某个既定理论的事实与发现，以免该理论被证伪。后这一词汇的含义大大延伸，泛指所有为保护某个观点不被驳倒而做出的假设。从这个意义上来说，或许称其为"合理化辩解"更为贴切。

对特定条件下理应发生的状态进行观察，并据此推断某个理论是否成立，这是证明科学理论的一个重要方法。通过实验创造所需各项条件，如果预期成真，则该理论即告得到证实。对理论进行论证的实验应该可以被别人复制。如果没有出现预期的实验结果且没有相应的实验结果则该理论不能成立，那么这个理论即被证伪。同样，如果实验未能得到重复确认且实验无法重复则该理论不成立，那么这个理论即被证伪。如果出现新的事实，且该事实与既定理论不符，则必须正视这一事实，要么对原理论进行修正，要么提出另外一种假设，证明新出现的事实并未背离既定理论。如果以上两种情况均不适用，则该事实即有可能证明原理论不成立。

1781 年，英国天文学家威廉·赫歇尔（William Hershel）在望远镜中第一次观察到天王星，同时发现新行星的运行轨道不符合牛顿定律。天王星的运行轨道不规则，这显然违背了牛顿所提出的模式。有些科学家因此振臂欢呼："瞧，牛顿也有犯错的时候！哈！"有些科学家则以"特例假设"来解释这种不规则轨道现象，认为是亚伯拉罕之神直接造成了运行轨道的异常：天王星的轨道之所以异于其他行星，是因为亚伯拉罕之神施展了超越自然法则的神迹，或许是为了借机向我们展示他的存在与神力。不过大多数科学家并不相信这种无法独立论证的假设，一直想要解开这个谜团。

科学家们先后提出过很多种可能成立的解释，其中最简单的一种就是假设在天王星的轨道之外还存在另外一颗行星，后者产生的引力影响了天王星的运行轨道。最重要的一点是，这一假设是可以被独立论证的，因为这颗行星的大小及运行轨道均可基于其对天王星运动的影响而进行精确的计算。就这样，人类发现了海王星。

但科学家们随后又发现，海王星的运行轨道也不符合牛顿定律，因此推断还有一颗未知的行星等待人类去发现。随着冥王星的出现，天文学家得到一系列新数据，通过计算最终得出结论：海王星的运行轨道完全符合牛顿定律。受当时知识与科技发展水平的限制，科学家们在论证过程中遇到不少困难，但以上这两个假设最终都得到了独立印证。

德国地球物理学家阿尔弗雷德·魏格纳（Alfred Wegener）于 1912 年提出大陆漂移说之前，人们一直相信地球的形成源自熔岩的冷却与收缩。魏格纳自己当时也无法解释大陆到底是如何移动的，只能推测导致大陆板块移动的力量或许来自地心引力，但一直都找不到任何科学证据来证明这一理论。相反，当时有很多科学家找到了不少相反的证据，证明地心引力十分微弱，并不足以推动板块运动。丹麦著名天文学家亚历克西斯·杜·托依特（Alexis du Toit）是魏格纳理论的坚定捍卫者，他认为大陆边缘海底的放射性熔岩有可能是导致板块移动的动力。美国古生物学家史蒂芬·杰伊·古尔德（Stephen Jay Gould）曾在其论著中这样写道："可惜这一特例假设并未给魏格纳的猜想增加任何可信度"。之后不久有人提出板块构造学说，认为大陆以板块为依托，地球内部运动使板块的边缘不断产生新的地壳层，旧的地壳层则脱落坠入海沟。这一学说解释了板块漂移的运动机制。古尔德认为，正是因为出现了板块构造这一全新的学说，人们才开始接受大陆漂移理论。时至今日，大陆漂移学说已经广为人知，成为一种常识。

曾经蝉联四届全美空手道冠军的乔治·迪尔曼（George Dillman）对外界声称他自己以及手下最好的学生都能够通过控

制"气"这种微妙的能量在不碰触对手的情况下将其击倒。利昂·杰(Leon Jay)是他手下顶尖的学生,同时也是八级黑带拳手,但有次比赛却未能如愿用"气"打败路易吉·加拉斯凯利(Luigi Garlaschelli)。迪尔曼在赛后用"特例假设"理论对此解释如下:首先,"气"发生作用的前提条件是对方必须相信世间存在这种能量,而加拉斯凯利对此并不相信;其次,比赛期间加拉斯凯利有可能一只脚的大脚趾朝上,另外一只则刚好朝下,在这种情况下,"气"也无法发挥作用;最后,如果当时加拉斯凯利的舌头摆放"位置不对",这也有可能是他没有倒下的原因。迪尔曼大师的几个假设貌似合理,实际上均存在不同程度的实证主义倾向。首先,即使是最精密的科学测量仪器恐怕也探测不到"气"的存在。不过关于脚趾和舌头的位置,我们还是有办法进行测量的。那么,在不接触其身体的情况下,如果加拉斯凯利的脚趾和舌头位置均符合迪尔曼的要求,但仍未能被对手击倒在地,那么即可证明上述"特例假设"不成立。相反,如果加拉斯凯利的脚趾和舌头位置均符合要求,杰或迪尔曼最后成功将其击倒,则可以证明上述假设是成立的。

美国预言家埃德加·凯西(Edgar Cayce)据说能够感应超自然力量,而一旦预言失败,他的拥趸们就会用"特例假设"这一经典理论为其进行辩解。凯西曾经"感应到"某处海滩埋有宝藏,并与著名探矿人亨利·格罗斯(Henry Gross)结伴前往该地寻宝,结果却空手而归。辩护者们声称,凯西和格罗斯虽然没有如愿找到宝藏，但这对其超能力的准确性没有丝毫影响，因为他们之所以会失败，要么是因为该地之前曾经埋过宝藏，但已先行被人发掘，要么就是预言的宝藏会在将来某个时刻出现在此地。问题是，这样的预言也太过笼统。虽然我们面对新鲜事物的时候要有开放的心态，但基本常识也是不可或缺的。

有科学家表示可以证明超感官意识的存在。在著名的齐讷卡片实验中，准备 25 张牌让实验对象猜；因为共有五种不同的图案，所以随机猜中率为 20%。超感论者坚持认为，有通灵能力的人虽然看不到牌面，在实验中猜中的几率却会大大高于 20% 的随机率。实验者不愿承认其实验具不可重复性，不愿承认这种实验其实无法确认超感官意识的存在。他们反而倒打一耙，指责充满敌意的旁观者在无意中影响了实验结果。当然，如果严格按照"特例假设"理论来解释，有关超感官意识及意念力的任何实验都不会以失败告终：因为不论实验结果如何，你都能用超自然的精神力量这一万能理由对其进行解释。如果实验成功，那是因为实验对象具有超能力；如果失败，那绝对是因为没有参加实验的人充满敌意的缘故。问题是，这种关于"敌意负能量"的假设无法进行独立印证，就像有些探矿人找不到矿藏就声称是因为怀疑者所产生的负能量干扰了他们的能力。

心理玄学家们喜欢用"超能力缺失"来解释为什么超感官意识的展示无法每次都获得成功，这也是一种"特例假设"。

超能者通常需要在这种测试中使用超能力辨别无法直接看到的物体，如齐讷卡片或图画等。如果测试结果未高于随机概率，他们就会辩称这是因为被测人发出下意识指令要求自己回避需要辨别的物体。

"超能力漂移"，这是心理玄学家喜欢用的另一个"特例假设"，即在测试超能力的实验中，非目标数据突如其来地闯入超能力的传输或接收过程。心理玄学家们声称这有可能是物体感应实验中猜错牌面、照片、视频短片的原因，因为实验对象在不经意间接收到一些拉斯维加斯牌局、爱丁堡超能力实验或莫斯科某户人家电视节目所发出的信息。当然，你也可以说这看上去更像是心理玄学家用来解释超能实验失败的又一个"特例假设"。

英国物理学家约翰·泰勒（John Taylor）认为，他所研究的超能儿童只有在无人注视的情况下才能用念力使勺子和叉子弯曲，这可以用"羞怯效应"来解释。但很显然，害羞的应该不是这些孩子，而是超自然现象，因为泰勒显然认为超自然现象无法展现于审视的目光之下。

当超感探矿人无法区分普通瓶装水和据称加持了治疗属性的水，他就会说这是因为那瓶"神水"已经为房间里所有的瓶装水进行了能量加持。美国 PBS 电视台科普系列片"新星"中有一集名为"通灵背后的秘密"，美国著名魔术大师及科学怀疑论者詹姆斯·兰迪（James Randi）就是这样为自己辩解的。

而这种做法其实早有先例。在解释为什么会同时存在好几件都灵裹尸布的时候，有些人就抛出这一论点，表示这是因为最初的裹尸布拥有特殊魔力，能够将印在布料内侧的人面图像传送到附近的布料上。

英戈·斯旺（Ingo Swann）是"远隔透视"的创始人之一及积极倡导者。他曾声称自己在一次星际旅行中看到了木星上有绵延长达 9 公里的山脉。反对者拿出科学证据证明木星上根本不存在这样的山脉。于是斯旺辩解道，星际旅行的速度很快，有可能他当时看到的不是木星，而是太阳系的另外一个行星！当然，说句公道话，外太空的星系浩如烟海，他所描述的这种巨大山脉肯定是存在的，只是不知道具体在哪颗行星上而已。

有些超能人士声称自己可以帮助交流障碍者与人正常沟通；当沟通失败的时候，他们就说这种测试让他们感到紧张，因此无法如常获取对方的交流信息。这种协助式交流技能也被称为"扶持式打字"，据称可以帮助自闭症、智障、脑损伤以及脑瘫患者进行口语或手语交流。拥有这种特殊能力的人将自己的手放在病人的手、臂或腕上，指引后者用一根手指在字板或键盘上指出、打出、画出字母、单词或图画。据说在这个过程中，病人通过自己的手将信息传达给超能协助者，然后由后者以字母、单词或图画的方式表达出来，拼出整个单词或表达出完整的意思。

在 20 世纪 50 年代的美国，多萝西·马丁（Dorothy Martin）

领导着一个 UFO 狂热小团体。她声称能够通过自动书写这种方式接收来自外星人"守护者"的信息。马丁及其追随者自称"追寻者"或"七道光兄弟会"成员,时刻等待着被外星人的宇宙飞船带离地球。四十年后出现的"天堂门"邪教在这一点上倒是与其一脉相承。马丁预言,地球将于 1954 年 12 月 21 日遭遇特大洪水这一灭顶之灾,而她这个十一人的小团体将会得到拯救。"世界末日"那天如常到来又顺利过去,没有出现任何特大洪水灾难,"守护者"也未见踪影。出乎人们意料的是,马丁对此欣喜非常,说自己刚收到外星人发来的最新感应信息,说某位神祇最后关头还是决定放过地球,以此报答她这个小团体抱持的坚定信念。她的追随者中只有两个人清醒地认识到这一逻辑思辨中的巨大漏洞,其他人则对其观点的荒诞不经毫无察觉,他们不仅继续追随在她的左右,对她的崇拜甚至变得更加狂热(有些信奉神迹以及祈祷能够治疗疾病的人也是这样,如果治疗不成功他们就说是因为祈祷之人不够诚心)。

生物节律论者认为节奏周期对我们的日常生活起着支配性作用,同时指责研究生物节奏的科学家对此选择视而不见的态度。如果有人用自己的亲身体验反驳其理论,他们就会说预测失败的原因在于有些人本身就是"失律的",所以结果作不得准。他们声称可以预测胎儿的性别,且准确率高达 95%。如果预测失误,他们竟然说因为有些胎儿是同性恋或性向未明!

我个人最"喜欢"的一个"特例假设"来自英国自然主

学者菲利普·亨利·高斯（Philip Henry Gosse）。在出版于 1857 年的《创始论（肚脐理论）：试解地质谜团》一书中，他表示上帝在几千年前创造世界的同时也一并创造了化石。排名第二的是法国预言家诺查丹玛斯（Nostradamus）的一位忠实追随者。他十分骄傲地指出，诺查丹玛斯早在四百多年前就预言了 1986 年 1 月 28 日挑战者号载人航天飞船爆炸坠毁这一灾难性事件，因为他的一首四行预言诗里有这样一句话："人群中将有九人会被带离"。鉴于坠毁的飞船上只有七名宇航员，于是他又进一步大胆推测：女教师宇航员克里斯塔·麦考利夫（Christa McAuliffe）当时怀有身孕，而且怀的是双胞胎。

还有一个著名的蹩脚论证出自以色列魔术师尤里·盖勒（Uri Geller）。1973 年他应邀担任强尼·卡森（Johnny Carson）"深夜脱口秀"电视节目的出场嘉宾，主持人请他展示一下用意念力使勺子弯曲以及不用眼睛辨认物体，但他却连试一下都不敢，打着太极说自己的超能力不是说有就有的，还说感受到自己在节目现场的超能力还不够强。而事实真相是，节目开始之前，詹姆斯·兰迪伙同制作人更换了盖勒自己带来的勺子和金属物品，盖勒到了节目现场才发现自己的道具被人动了手脚。

美国心理学家雷伊·海曼（Ray Hyman）的例子是我所见过的案例中最富有戏剧性的一个。为了证明脊椎按摩师能够通过测试病人的肌肉强度完成疾病诊治，他进行了一系列双盲、随机、对照实验。如果实验失败，他就宣布"结果无效"，不愿承认这些结果恰恰能够证明他所声称的应用人体机能学说本身并不成立。

　　为证明某个论点而提出其他可供选择的解释,这和提出"特例假设"并非一回事。举例来说,我认为所谓的能量治疗其本质只不过是一种安慰剂效应。但是如果真的有人在经过能量治疗后疾病痊愈,我会说她不接受治疗也有可能会恢复健康,因为她的病或许本来就属于可以自愈的范畴。我这么说并非想要通过提出"特例假设"来论证自己原来的观点,因为提供其他可能且合理的解释与为某个观点进行合理辩护不是一回事。如果该合理解释已经得到独立实验的广泛证实,则会更具说服力。

2. 人身攻击谬误（*ad hominem fallacy*）

切勿因为不喜欢对方或怀疑对方的动机就拒绝接受其提出的观点。即使对方思想僵化或者遭到你的痛恨和鄙视，他的某些观点也有可能是对的，而你则有可能是错的。

"人身攻击"是一种逻辑谬误，指一个人为了证明对方的观点错误而对其本人进行攻击。一个观点是否成立取决于提出的论据是否支持其结论（论据是因；结论是果，是论证者所辩护的观点）。在辩论过程中，对方的个人特点、亲朋好友、过往历史以及内在动机等均与论据是否支持结论的论证过程无关。

逻辑谬误指在论证推理过程中所犯的错误。在论辩时进行人身攻击就是对辩论人进行攻击，旨在削弱对方的观点。其关注重点并非探讨对方观点是否有瑕疵或者带有偏误，而是专门针对辩论者本人。问题是，即使心怀善意的好人也会得出逻辑荒谬的结论，而拥有邪恶动机的坏蛋却有可能提出令人信服的观点。

值得注意的是，人身攻击作为一种逻辑谬误与提供证据证明出庭证人的证言不足采信并非一回事。首先，出庭作证不是辩论，因此质疑证人的动机及其性格不仅合理，也与了解案情真相有实质性的关联。证人所提供的证词是否能够成立，取决于其所作的陈述是否可信。虽然证人的证词是陪审员进行最后裁决的依据之一，但证人的陈词只是客观的陈述，并非主观的观点。当一个人在辩论中反驳对方观点，不是将注意力放在对方的观点上，而是只顾纠缠对手本人的问题，只有在这种情况下才能说他犯了人身攻击的逻辑错误。

攻击辩论对手的内在动机是最常见的一种人身攻击。对司法判决提出异议的人经常质疑法官的动机，认为其裁决带有偏误。实际上，法官的动机与其是否能够做出公正的裁决之间并无关联。就算法官带有某种倾向性，他还是一样可以在庭审时做出有理有据的判决。不论是何种情况，你都不能以辩论对手有偏见作为理由来驳斥他提出的观点，因为辩论者的倾向性与论据是否足以支持论点无关。一定要记住：动机纯良者有时也会犯逻辑错误；动机不良者有时也能提出令人信服的观点。

另外一种较为常见的人身攻击是质疑辩护者受益于其支持的观点。例如，有观点认为儿童应该按照推荐的标准进行免疫注射，因为这样做有利于儿童及他人的健康。如果想要驳斥这一观点，你不能说医生及疫苗生产商均可以从儿童免疫项目中获利，所以免疫注射有利健康这一理论不足信，因为论据不能支持论点。

有些科学医学的倡导者不接受远距离治疗、顺势疗法或针灸等替代疗法，但是替代医疗的支持者们认为，这些人之所以反对，根本原因在于替代医疗是他们的竞争对手，抢了医学界的生意。就算他们说得对，事情的确如此，那又如何？就算替代医疗的反对者确实来自竞争对手的阵营，这丝毫不妨碍他们提出令人信服的观点。同样，反对替代医疗一方有时也会用同样的错误逻辑攻击替代医疗的支持者。实际上，所有医疗保健服务的从业人员均从同一个市场获利，这又有什么问题呢？

在某些情况下，你完全可以大谈特谈某人的个性、亲朋好友、职业、爱好、动机、心智健康、喜欢或不喜欢什么；但在辩论的时候提这些就不合适。我认为美国"9·11"事件的罪魁祸首并非来自布什政府内部，认为这是一场由伊斯兰圣战组织勾结阿尔盖达国际恐怖集团阴谋策划的恐怖袭击，如果你想要驳斥我的观点，就不能对我本人进行攻击，不管你说的一切是否属实。换言之，我可以是布什外交政策的支持者，可以是希望老有所养的耆英，我不必是工程师，不必是爆炸专家，因为提及这些个人因素均与反驳我的上述观点无关。如果想要驳斥我的观点，你就必须向公众证明我的论据不足，证明我的观点是建立在错误的或者未经证实的假设基础上，证明我所提供的论据与所陈述观点无关，证明我漏掉了某些重要的证据，或者证明我对不同的证据厚此薄彼、没有同等对待。判断一个观点是否成立，其关键在于提供的论据是否充分，是否站得住脚，而不是看提出这个观点的人个性如何、亲朋好友如何、有什么兴趣、动机怎样、信仰是什么等等。

就算我是怀疑论者、无神论者，信奉自由主义，这些事实与我是否有能力提出站得住脚的观点没有丝毫关联。指出对方的负面个人信息是典型的"井里下毒"或"扣帽子"行为，无非是想说因为某人本身有缺陷，所以他所提出的观点也有问题。实际上，就算是世界上最邪恶、最愚蠢之人也有可能提出完全正确的观点：因为观点的正确与否完全取决于你所呈现的论据以及据此得出的结论。一个观点不会因为是从好人嘴里说出来的就拥有了天然的正确性。因此，就观点进行辩论的时候，一定要将个人事务放在一边不予理会。

有位科学家发表论文声称，经过多次实验，已经掌握了充足数据，证明实验中测试的鹦鹉拥有心灵感应能力（他剔除了40% 的实验、数据，因为那只鹦鹉在这些测试中一声不吭）。我曾对他的这篇文章提出过公开批评，对其方法论和逻辑推理提出质疑。他在回应文章中没有答复我的任何质疑，却有不少针对我个人的人身攻击，以下仅为其中几例：

> "卡罗尔是个彻头彻尾的怀疑论者，一直致力于诋毁具有统计学意义的实验结果。我的这些测试只不过是想要探讨艾米和恩基西[1]之间无法解释的交流形式。"

---

[1] 艾米是非洲灰鹦鹉恩基西的主人，据称该鹦鹉可以掌握约 950 个英语单词，可与主人进行语言交流——译者注

卡罗尔是"一个彻头彻尾的观念论者，一心想要剥夺公众的知情权"。

"当然，他完全可以对所有不喜欢的研究嗤之以鼻；但是如果他披着科学的外衣误导读者，那就是他的不对了。"

"卡罗尔的评论是在故意误导读者。"

"卡罗尔在科学领域不具备任何专业资质；却因其执着的信念和狂热的固执己见变得有点忘乎所以。他的分析方法非常业余，但他自己却自命不凡。他的目的就是要引起争论。"

虽然上述观点我无法全部认同，但就算他说的全都对，这些与我对其论文的批评是否正确也没有任何关系。

有一种人身攻击的形式最具欺骗性，那就是"贼喊捉贼"，明明是自己先攻击别人，却倒打一耙地指责别人对他进行人身攻击。2009 年，有黑客盗取并公开了东英吉利亚大学气候研究部门多位世界顶级气候学家的邮件，揭露他们操纵数据，隐瞒全球气温下降趋势（新闻界沿用"水门事件"以来对丑闻的命名传统，称之为"气候门"。该事件使很多人对全球气候变暖产生怀疑并进而质疑整个低碳运动。——译者注）美国政治评论家史蒂文·海沃德（Steven F. Hayward）就此专门写了一篇分析文章。我不认同他的观点，撰文批驳他的观点，之后不久就收到这样一条匿名评论：

> 你对"气候门"（我恨这个词！）的辩护已经演变成对保守派的人身攻击。如果让政治信念左右了科学见解，那么科学就有大麻烦了……怀疑论者只会否定，而我们需要的是诚实。

此前我的确指出海沃德的观点背后可能存在政治动机，但我并没有据此反驳他的观点，只是想要弄明白他为什么看上去一点也不关心科学，为什么要歪曲和夸大电子邮件的内容，而且他这么做只是为了证明自己之前的观点都是对的，证明所谓的全球变暖问题根本就不存在，证明提出全球变暖问题的科学家全都有问题，完全无视科学家掌握了充足的证据证明"人为因素导致全球变暖"是事实。海沃德在文章导语中特别指出："全球变暖只不过是腐败的阴谋集团所发出的危言耸听之语"。这就是典型的往井里投毒，一竹竿打翻一船人，将所有持"人为因素导致气候变化"观点的科学家全都打入这个"腐败的阴谋集团"里。

此外，海沃德还将东英吉利亚大学邮件遭黑客盗取这一事件定义为"文件泄密"，并在没有证据的情况下草率猜测这些文件有可能是"内部告密者"故意"泄漏"出去的。关于人为因素导致地球变暖这一问题，我只关心两个方面：一是海沃德的个人观点与科学界的一致观点有很大差别，二是他认为邮件被盗是揭露腐败科学家阴谋的契机。我在文章中对他的批评有理有据，并非基于质疑他的政治动机。

此外，还有一种常见的方法也可以有效转移批评者的注意力，即将不是人身攻击的批评标签为"人身攻击"。以提出眼动脱敏及再处理治疗法（EMDR）而著称的美国心理学家弗朗欣·夏皮罗博士（Francine Shapiro）面对批评时使用的就是这种策略。一旦将对手的批评归类为"人身攻击"，这些批评就变得毫无根据、不值一驳。有人提出，既然该治疗方法对盲人也有效，那么除了让病人跟着治疗师手中的亮光或铅笔转动眼珠之外，一定还有别的什么因素在起作用。夏皮罗将这一批评也归为人身攻击之列，但实际上该批评是成立的，因为它针对的是治疗方法，而不是博士本人。

我在《怀疑论者词典》（ *The Skeptic's Dictionary* ）中为眼动脱敏及再处理治疗法专门列了一个词条。我并不是说没有人从这种治疗方法中受益，只是指出该治疗方法在包装上具有欺骗性，因为就其本质而言，它其实是一种认知行为疗法，只能通过一系列实证测试进行验证。问题是，他们声称一个人只要跟着治疗师移动的手来转动自己的眼睛，这个人的大脑就会发生某种神奇的变化。有位病人认为治疗对她很有帮助，对我的文章做了回应。她没有逐条反驳我文章中的观点，而是反问我："你写的每一本书是不是都在批评自己实际上一窍不通的事情？"此外，她还写道："两个疗程之间会有一些智力练习。不过我干嘛要跟你说这个，反正你也从来没有接受过什么培训，从来不用学这些，对不对？反正你从来没得过创伤后应激障碍，没体验过清醒时挥之不去的痛苦，对不对？"当然，她说的全都对，但也全都跟我想要表达的观点无关。我认为夏皮罗提供的是认知行为治疗，而这并非由她首创。实际上，上述那位既是病人又是批评者的女士说在疗程之间有"智力练习"，而这恰好佐证了我的观点，即 EMDR 的实质是一种认知行为疗法。不过她对此并不自知，继续对我进行人身攻击："其实我早该知道，你们这种哲学博士整天就会自以为是，最喜欢做的事不是学习，而是到处批评人。"至此她仍嫌不过瘾，最后又捅了我一刀："天啊，你看看你这个人，毫无逻辑可言，你究竟是怎么在哲学界混出来的呢？"此外，除了一连串的人身攻击，她还犯了"稻草人"这一逻辑谬误，即通过歪曲我的观点以达到攻击我之目的。她是这样写的："想让别人相信 EMDR 不起任何作用，你这样做对谁都没有好处。"如前所述，我从未说过 EMDR 不起作用，她对我的攻击完全不能成立。

曾经有学者提出非洲裔美国人源自古埃及，因为当时统治这个国家的是某个非洲黑人种族。美国学者玛丽·莱夫科维茨博士（Mary Lefkowitz）在其论著《不走出非洲》（*Not Out of Africa*）中提出了反对非洲中心论。在一次大学生辩论会上，主持人直接质问她："请问莱夫科维茨教授，您自己去过几次非洲？"实际上，教授是否去过非洲与她所持观点没有任何关系。

使用人身攻击这一逻辑谬误为自己辩护的人喜欢用的另一种手法是：如果有人反对你的观点，忽略他们的论点，直接批评其理念"过于狭隘"即可。不论我的态度是狭隘保守还是开放开明，我提出的观点是否能够立得住只取决于是否有充足的证据和理由支持这一结论。要知道，即使是思想狭隘的人也能提出令人信服的观点。就算某人能从所选立场中获得实际利益，某人之所以反对顺势疗法可能只是因为治疗师是他此生见过最丑的人，但那又如何呢？关键要看这个人所提出的理由是否足以支撑其结论，这才是评估一切观点的唯一标准。

3. 诉诸大众谬误（*ad populum fallacy*）

不要因为大家都接受某个观点而人云亦云，不要因为很多人都认同某个观点就认定它是正确的，因为支持者的数量与观点本身是否正确没有关系。

"诉诸大众"是逻辑谬误的一种，其主要特点是将某个观点的受欢迎程度当作判断其是否合理的证据；如果支持者众则要求所有人都必须接受该观点。实际上，支持者的数量与观点是否正确之间没有关系。就算五千万人全都相信太阳围绕着地球转，相信地球只有几千年历史，历史的发展也最终证明这些人全都错了，证明信众的数量与其相信的观点之间没有关系。所以就算有五十亿人全都相信整个宇宙的缔造者和统治者是某个看不见的神灵，也无法证明该观点就一定正确。诉诸大众有时也被称为"乐队花车谬误"（bandwagon fallacy）、"诉诸民众"、"民主谬误"、"诉诸人气"等。

需要注意的是，指出有多少人支持某个观点并非在所有情况下都与论证无关。在某些技术领域，比如气候变化这一专业领域，如果绝大多数专家已经达成共识，即使普通人无法理解他们所达成的共识，接受专家的一致意见不是在犯逻辑错误。
虽然绝大多数专家也有可能一起犯错，但在技术领域引用专家
的一致意见来支持自己的观点，这绝对不是逻辑不相关。因为
我们可以合理推测，科学家之所以能就某事达成一致意见，背
后一定有充足的证据作为支撑。这种情况与非专业人士就某些
传统观点达成共识完全不同，比如说相信世界上存在魔鬼或鬼
魂。就算有数以百万计的人相信有鬼魂和魔鬼的存在，这也是
一个典型的"诉诸大众"谬误。

　　与此同时，这一逻辑谬误深受广告商的青睐，补充及替代
医疗（CAM）理论和实践的支持者也对它偏爱有加。美国国家
补充及替代医学中心认为，使用 CAM 的人越多，它所得到的认
可就越大。2007 年，该中心声称美国总人口中有 38% 的人会
使用某种形式的补充及替代疗法。不过中心给出的 CAM 种类略
显怪异，其中包括节食、锻炼、冥想以及瑜伽，祈祷也曾一度
被列入这个清单（事实上，CAM 并没有这么受欢迎，因为大部
分美国人都不会使用针灸、能量治疗、灵气疗法、自然疗法、
气功、太极或者顺势疗法）。美国补充及替代医学中心之所以
夸大 CAM 的受欢迎程度，不仅是想证明其清单上所列的各种方
法均十分有效，还想证明自己的合法性。实际上，该中心自其
成立至今的二十多年时间里总共花了纳税人 25 亿美元，却没有
取得任何值得一提的成就，公民难免会质疑到底有没有必要继
续资助这样的机构。问题的关键是，CAM 是否有效并非取决于

有多少人使用它，而是除了无所事事及起安慰剂作用之外究竟有没有实质性改善接受治疗者的健康状况。

此外，政客也同样喜欢诉诸大众，常常热衷于宣扬自己的观点多么受人欢迎以及对手的观点多么与大众舆论相左。实际上，大众舆论经常都会与事实相左。

4. 影响偏误（*affect bias*）

做任何决定之前，你首先要思考一下有没有被个人的情感和喜恶影响甚至左右自己的决策。

"影响偏误"指基于自己的个人喜恶和偏好对事情做出判断，且做出判断前几乎没有经过任何慎重的推理过程。

当我们对某事某物进行成本效益判断时，与成本效益完全无关的图画、文字会对我们的情绪产生极大影响，并进而影响到我们对该事该物成本效益所做的最终判断。换言之，很多人固有的喜恶偏好会影响其决策，会让他们做出不理智的选择。丹尼尔·加德纳（Danie Gardner）曾在《关于恐惧的科学：我们为什么会害怕不该怕的事情并将自己置于更大的危险中》一书中指出，乘客购买航空旅行保险有两个选择，一种保险针对因恐怖袭击等原因所导致的死亡，另外一种保险则覆盖所有死亡原因。虽然前者需要缴纳更高保险金，但仍是很多人的第一选择，因为"恐怖袭击"这一词汇能够引发强烈的负面情绪，从而导致很多人做出不理智的选择，愿意掏更多钱购买赔付范围更小的保险。

丹尼尔·卡尼曼（Daniel Kahneman）在《思维的快与慢》一书中提到美国心理学家保罗·斯洛维奇（Paul Slovic）的"影响启发法"（affect heuristic），鼓励人们基于自己的喜恶偏好对不确定的事情进行判断与决策。但是，影响偏误使我们无法认清自己所做决定潜在的负面效应，也看不到未选项潜在的积极因素。加德纳在《关于恐惧的科学》中也特别提到了斯洛维奇的一个重要发现：人们总是高估癌症的严重性，同时却极大地低估了其他疾病的致命性。之所以会产生这样的误解，部分原因有可能在于"癌症"这个词带有强烈的负面情绪；相比之下，像"糖尿病"和"哮喘"这样的词语则明显杀伤力不足，不会导致强烈的情绪。

有些广告告诉公众人体遍布"毒素"，需要用灌肠等方法来为身体"排毒"，努力说服他们对器官与机体进行不必要的大清洗。这就是在利用影响偏误达到推销商品这一目的。因为"毒素"一词让人不禁心生恐惧，进而心甘情愿地接受毫无意义的"排毒"治疗。某些"女性保健品"的广告也采取了同样的策略，直截了当地告诉观众用了这种产品就能完全去除"下面"那种"令人不快的气味"。

广告商们之所以愿意用天价请名人代言自己的产品，正是寄望于消费者在做购买决定的时候被影响偏误左右。摇滚巨星迈克尔·杰克逊（Michael Jackson）年轻时曾是广告界的宠儿。有一次我在商店听到有个年轻人对店员说："给我来个迈克尔"，只见店员默默地给他拿了一瓶百事可乐，因为当时杰克逊代言百事可乐的广告铺天盖地到处都是。

民意调查机构最清楚影响偏误对公众意见的影响力，问卷设计采用不同的措辞就会得到不同的结果。如果想要调查公众对支持、鼓励聘用女性、少数族裔等受歧视者的平权法案持什么样的态度，你可以问他们"是否支持针对妇女和少数民族的优惠待遇"，也可以问他们"是否支持平权法案"，调查结果会有很大差别。同样，关于堕胎问题，直接问"你是否支持堕胎"以及委婉提问"你是否支持女性拥有自主选择权"，所得到的结果也会有很大的不同。

上过演讲训练班的人都知道，除了亲友团的现场助阵，争取观众最好的办法就是讲笑话、讲好笑的故事。开怀大笑总能让人感觉良好。如果观众感觉良好，他们接受你所传达信息的可能性就会大幅上升；反之，如果观众情绪低落或态度冷淡，你说什么他们都很难接受。罗伯特·莱文（Robert Levine）在其著作《说服别人的艺术》中表示，世界上最好的销售人员是那些知道如何让顾客放松并感觉良好的人。

聪明的演说家会视情况借助容易使人产生积极或消极情绪的词汇来操控观众。哲学家杰米·怀特（Jamie White）总结了一系列能让观众欢呼鼓掌的词语：和平、爱、胜利、幸福、安全、保护、无辜、自由、正义、民主、勇气、信心、减免税务等。如果你想要唤醒观众对你所持观点的认同感，不论该观点多么令人生厌、具有欺骗性或对社会有害，只要在演讲词中安排足够多的"欢呼词"，就能达到理想的效果。与之相对的则是"嘘声词"。如果你想要观众发出嘘声，记得在演讲中适时安插以下词汇：仇恨自由、恐怖主义、袭击、野蛮残暴、威胁、懦弱、邪恶、杀戮、极端主义分子、激进主义分子、暴君、独裁、傲慢、社会主义、神神叨叨、伪科学、自由主义分子等。演讲人通常使用这些"嘘声词"来煽动观众对反方的轻蔑情绪。当然，就算是同样的词汇，不同的观众对其也会有不同的反应。以"社会主义"一词为例，有些观众会对其产生正面情绪，有些则会对其持负面态度。不少共和党人将"政府"一词归为"嘘声词"一类，这是近年发展起来的一个新趋势。不论是共和党人还是民主党人，他们都将"制造更多就业机会"视为"欢呼词"。这一表达虽然在政治辩论中带有绝对正面的光环，但似乎没有太大认知意义。

美国政治专栏作家大卫·布鲁克斯（David Brooks）深谙影响偏误的作用。他曾在文章中写道："大多数人只想要一个能够替他们清楚表达仇恨的人，共和党总统候选人纽特·金里奇（Newt Gingrich）就非常乐意扮演这样的角色。"实际上，这正是金里奇多年以来一直在做的事情。

金里奇 2006 年担任美国众议院议长的时候，为了在十一月大选开始之前提高选民对共和党的支持率，生造出一个新的政敌：三藩市左翼分子。如果你是第一次听说这个词，以下是一些与之相关的基本信息：他们是一群"拥护三藩市左翼价值观"的人；他们支持自由主义价值观，把持精英媒体，希望政府提高税率，关于伊拉克问题主张"切割撤离"或"撤退远离"；他们代表着过去一系列的"失败政策"，其中包括提高税率、加强管制以及臃肿的官僚机构；他们支持绥靖主义和失败主义。用金里奇先生自己的话来说，"如果你觉得自己家的钱多得花不了，那么你就应该把自己的票投给这个党，因为民主党人将会非常乐意提高你的税率，把你们家的钱全都转移到华盛顿那班官僚的手中。"他还说："如果你们想要回到高税率、高利率、高通胀、经济增长缓慢的时代，想要看到更多人失业、银行储蓄减少、假期缩水、官僚主义盛行，那你们就赶紧投票给民主党人吧。"假期缩水？没错，据金里奇先生说，如果民主党人上台，就连公众假期都会缩短。三藩市那些激进的自由主义左派民主党人就是这么坏、就是这么强大！

最后，音乐是有效改变情绪的一个重要因素。如果有人觉得你的观点非常无聊或者令人不快，想让他改变主意最快的方法就是先改变他的情绪。如果我情绪低落、牢骚满腹，想要我改变情绪并进而支持你的行动计划，只需播放吉他大师马克·诺弗勒（Mark Knopfler）为电影《本地英雄》创作的"旷野主题曲"或者爵士乐钢琴家凯斯·杰瑞（Keith Jarrett）的著名专辑《科隆音乐会》给我听就行了。稍微有一些人生经验的人都曾有过普鲁斯特笔下的那种意识流经历，不经意间闻到的某种气味或品尝到的某种味道都会将你带回过去某个温馨的时刻，触动内心某个柔软的角落；当然，让你在冲动之下接受一两个不那么理性的提议也不在话下。

5. 锚定效应（*anchoring effect*）

有些问题与数字密切相关，如某个商品的价格或者某项结算的金额等，千万不要因为出现某些毫不相关的随意数字就决定提高或降低你的目标定位。

在决定频率、概率、价值的时候，我们经常会与某个锚定点进行比较；通常情况下，这个用来定位的点其实只不过是左右你决策的非理性偏误，而且这种偏误是可以用百分比来精确衡量的。卡赫曼在《思维的快与慢》一书中曾经提到过这样一个例子：

几年前有人做过一个实验，要求一组地产经纪人给一幢待售住宅估价。地产经纪参观了住宅，并认真研究地产手册，资料中包括屋主报价。他们不知道的是，一半经纪人看到的报价远高于屋主的实际报价，而另外一半看到的则远低于实际报价。实验者要求每位经纪人给出两个价格：一个是他们认为合理的购买价，另一个是他们作为屋主愿意出让该房屋的价格。此外，实验者还要求他们列出影响其出价的因素，结果没有一个人将屋主报价列入清单，认为该报价对他们的报价没什么影响，而且很为自己的专业精神感到骄傲。实际上，屋主报价对他们有很大的影响，确切地说，对他们产生的锚定效应为 41%。

换言之，看到低报价者与看到高报价者所报出的最低价之间相差 41%。

超市收银员很喜欢一边收钱一边告诉你这次购物又省了多少钱，你听了这话是不是跟我一样会十分气恼呢？因为你理智的大脑知道自己其实一分钱都没省，但在内心深处，你还是愿意相信自己刚花 12 块钱买的那瓶红酒其实值 16 块，如果你不是"省钱俱乐部"的成员就要多花 4 块钱才能买到。如果超市只有一两件商品在搞特价优惠，那你还能相信自己真的省钱了。可问题是这家店里几乎所有商品都标有两个价格，一个是"会员价"，一个是"非会员价"，于是你嗅出这里一定有猫腻。你是对的，超市正是在利用这些"锚定点"让我们相信自己在省钱。只要能省钱我们就会高兴，然后就会回来买更多东西；而这一切实际上就是一场骗局。每一个故意标高的"非会员价"都是一个锚定点，店家希望你看到这些心理定价就会去买那些本来没有列入购物单的商品。不过话说回来，看到这样的优惠，你又怎能忍心错过呢？虽然你根本就没想买红酒，但是能跟朋友炫耀一下自己买这瓶酒少花了四块钱，这不是很棒吗？

如果你跟我一样都是普通的消费者，那就不可能知道这瓶红酒的真正价值到底是多少。货架上陈列着二十种仙粉黛红酒，标价从 5 美元到 50 美元不等。就算将收成年份、酒庄规模、产地距离等多项因素全都综合考虑在内，这些葡萄酒的酿造成本也不应该有如此大的差距。你或许会认为红酒定价应该遵循某种理性的标准，如市场供需等。定价高的葡萄酒或许比定价低的更加珍稀罕见，定价高或许是因为质量更佳所以更受追捧，低价葡萄酒或许口味较差所以市场需求量不高。

其实如果能够换个角度来看这个问题，或许价格有高有低完全是因为定价为非理性行为，根本就没什么道理可讲。酒庄随意定一个数字，零售商以此为基数加上他们认为市场可以承受的利润值，然后给出一个数字，或者像"省钱俱乐部"那样给出两个数字：一个是锚定你心理价位的价格，另外一个是葡萄酒的价格。不论是标有一个价格还是两个价格，不论你选中哪款葡萄酒，旁边都会有一大堆同类商品价格供你参考，这些价格全都是锚定点。有些人会在定价高的红酒中选择，有可能会选价格最高的葡萄酒，相信价高者质最优。当然，我们不掌握任何相关信息，无法印证自己的想法是否正确。有些人则会将最高定价当作锚定点，然后将该价格下浮 20% 左右挑选价位合适的红酒。同样，这种选择也没有任何理性基础。有些人会直奔中价酒，因为这些酒的价格适中，不高也不低。还有一些人会选择货架上定价比最低价略高的红酒，认为这种酒口味不错，物超所值。很多人不知道的是，零售商决定红酒销售价格的时候，通常会将进价最低、最不受欢迎的红酒价格定为仅次于最低价位这一档次，目的就是要对付像你这样的消费者。不论你属于上述哪种情况，唯一理性的消费模式就是不看标价，直接购买自己真正喜欢的红酒。

根据我在超市购物以及在餐厅就餐的经验，我是否喜欢某款红酒与红酒价格之间几乎没有任何关系。有些餐厅在决定点酒单价格的时候精谙此道，对消费心理了如指掌，将锚定点这一技巧运用得十分纯熟。遇到这种情况，我认为一个真正理性的人最好还是什么葡萄酒都不点为好，最多让别人替你点。

如果去服装店买衣服，你有可能会看到一件衣服的标签上有三个不同的价格，上面两个较高的数字已被划掉，于是你想当然地认为自己捡了大便宜，这完全是因为你已将最高标价当作了锚定心理价位。

斯图亚特·萨瑟兰（Stuart Sutherland）在《非理性》中表示，如果先提供一个特定的数字，然后要求人们任意选择一个数字，"他们通常都会选择最接近这个锚定点的数字"；如果你给他们设定某个范围，他们一般会选择"最接近中点的数字"。

罗伯特·莱文在《说服别人的艺术》中举了以下这个例子：某有线公司打算提价，于是利用锚定效应让用户以为自己不仅没有损失，还赚了便宜。他们首先告诉公众，有人说公司今后每个月会多收 10 美元，这绝对是无稽的谣言。"大家尽可以放心，这是绝对不可能发生的事情，因为我们现在要告诉大家一个好消息……公司每月基本服务费仅上涨区区 2 美元。"

行为经济学家丹·艾瑞利（Dan Ariely）在《可预见的非理性：塑造决定的一些隐藏因素》中描述了他与同事组织的几次实验，结果显示：暗示的力量加上普遍存在的从众心理导致人们心甘情愿地将商品与服务的随意定价视为锚定价位。他在书中详细解释了我们是如何轻易跌入"随意相关性"这个陷阱的。换言之，我们一旦接受了某个锚定价格，这个数字不仅会影响到我们对当前某件商品标价的态度，对我们将来看价格的眼光也会产生影响。他曾要求实验对象写下他们社会保障号码的后两位数字，然后问他们是否愿意付同样数额的钱（79 或 12 美元）购买一瓶 1998 年产自罗讷河谷区的葡萄酒。实验结果表明，不论是1998 年的罗讷河谷葡萄酒还是 1996 年的嘉伯乐教堂园干红葡萄酒，社会保障号码均对实验对象的购买意愿产生了明显的影响。虽然他们不是葡萄酒行家，但其社保号码的后两位数字越低，他们愿意出的价格相应也较低。实验结果表明，社保号码和实验对象愿意出价之间的关系值为 0.33（0 表示两者之间毫无关系；1 表示有明显关联，即其中一个数字上升，另一个数字也有相应的增加）。这样看来，任意数字不仅能够影响人们对第一瓶酒的心理价位，还能对完全不同的另一瓶酒产生同样的影响。这个实验一共使用了六件不同商品，结果全都一样。

随意相关性对自由市场和自由贸易的基本原则提出了质疑。如果我们能够随意操控商品的价值，那么所谓的自由市场利益就变得非常可疑。如果价值与市场供求无关，不是由理性的我们根据需求以及愿意为需求付多少钱来决定的，那么真正从自由贸易中获利的就一定是那些操控市场价格的人。传统经济学为自由市场经济进行辩护的时候认为，人类的市场行为和选择都是建立在理性基础上的。现在，包括艾瑞利在内的科学家逐渐看清人类的市场行为其实更偏向于非理性。所以，如果下次再看到"先到先得，仅限12人"的标牌，先别忙着掏钱，想一想这句话背后的"锚定效应"再做决定。

看了以下这个摘自卡赫曼《思维的快与慢》书中的例子你就会知道，锚定效应还有可能会产生非常严重的后果。

貌似随意规定的锚定点所产生的威力有时远远超出你的想象，其后果十分令人不安。这次的实验对象是平均工作经验超过十五年的德国法官，我们要求他们先阅读某商店女扒手的卷宗，然后滚动一颗特制的骰子，上面只有两个数字：3和9。骰子停止转动以后，我们要求法官先回答判女扒手入狱的月数是高于还是低于骰子上的数字，然后再要求他们说出具体的数字。结果，转动骰子得到数字9的法官平均判她入狱8个月，转到3的法官则判她入狱5个月，锚定效应为50%。

　　当然，这些法官的判决并无法律效力，但是这个实验会让你不禁产生更多怀疑：审判时间是否会对法官的判决造成影响？审判安排在上午九点钟法官的态度有可能会比排在下午两点的时候更加严厉，谁知道呢？我们至少知道一点，法官是否饥肠辘辘、是否疲惫不堪，这些因素肯定会对他的判决有一定的影响。这正是卡赫曼在其发表于《美国国家科学院院刊》一篇文章中提到的例子。

　　参与研究的是以色列八个毫不知情的假释法官，研究人员要求他们连续几天审阅假释申请。提交给他们的申请材料没有特定的顺序，平均每个申请只有六分钟的审阅处理时间（默认结果为驳回假释申请，只有 35% 的申请得到批准。实验记录法官每个决定所需的确切时间以及他们早午晚三餐的用餐时间）。卡赫曼根据距上次用餐时间的间隔来计算法官们对假释申请的批准率，结果发现每次用餐后批准率都会大幅上升至约 65%，并在之后两个小时内呈平稳下降趋势，直至下次用餐前接近 0% 的批准率。

　　伯特·英格里奇（Birte Englich）、托马斯·马斯威乐（Thomas Mussweiler）、弗里茨·斯特拉克（Fritz Strack）也做过类似的研究，得出的结论是："由非专业人士提出的量刑要求会对平均工作年龄达 15 年的审判官产生影响。"

　　面对 34 个月和 12 个月这两个不同的量刑要求，法官们最后的判决竟然相差 8 个月之多；量刑要求越高，最后判决的入狱时间就越长。换言之，对同一罪案进行判决，仅仅是因为量刑要求的不同，被告就有可能多坐 8 个月的牢。尤其值得注意的是，既然量刑要求对法官有如此大的影响力，但提出这些要求的却是非专业人士：研究人员雇了一名计算机系的学生扮演检察官的角色，向法官提出量刑要求。

以上这些发现不禁让我心中疑窦丛生：那么，到底还有哪些未知因素会影响人类的判断呢？有哪些因素应该对人类的判断产生影响、但实际上却没起任何作用呢？

6. 轶事证据 / 亲历证词
（ *anecdotal evidence/testimonials* ）

正如人们常说的那样，再多的轶事传闻也不能当作实质性的数据。传闻逸事虽然很有说服力，但永远都比不上科学研究得出的结论，因为后者会对自我欺骗和偏误进行严格控制。

口碑、推荐以及轶事传闻在很多地方都被用来支持提出的观点。广告商们经常借助口口相传的推荐效应向消费者宣传产品或服务的价值和有效性。有些人用轶事传闻到处宣扬某些活动会造成令人恐怖的影响，宣称手机等广泛应用的电子设备十分危险。上世纪九十年代中期，包括执法人员在内的很多人都声称撒旦教教徒大规模诱拐、虐待儿童。有些传闻十分生动，用细节详细描述了针对无辜孩童的性虐待甚至冷血谋杀。由于全国性电视节目不断报道这一话题，加上福克斯首席新闻记者杰拉尔多·里弗拉（Geraldo Rivera）等著名媒体人的推波助澜，这些轶事传闻在当时具有极高的可信度。但后来经过四年的研究，人们发现关于撒旦教虐待儿童的指控全部都是无稽之谈，站不住脚。研究人员调查了超过 12,000 项指控，询问了

11,000 多名精神病专家、社会服务处及执法人员，没有找到任何证据能够证明撒旦邪教利用仪式虐待儿童。

之前经由轶事传闻煽动起来的公众恐惧还包括硅胶隆胸技术、手机、疫苗注射等。二十世纪九十年代，很多女性将自己罹患癌症和其他疾病归咎为隆胸手术。奥普拉·温弗瑞（Oprah Winfrey）和珍妮·琼斯（Jenny Jones）等很多著名电视节目主持人都邀请隆胸后被诊断出癌症等疾病的女性当她们的节目嘉宾。虽然她们亲口讲述的故事具有打动人心的力量，能让现场和电视机前软心肠的观众热泪盈眶，但是没有任何科学证据表明硅胶植入手术与疾病之间存在必然的联系。可惜，这一事实未能阻挡律师们从硅胶制造商那里榨取了合计高达 42.5 亿美元的赔偿金。《新英格兰医学杂志》前执行总编玛西亚·安吉尔（Marcia Angell）在 1992 年发表了一篇社论，驳斥美国食品药物管理局关于禁止生产硅胶隆胸植入产品的决定，结果引火上身，招致女权主义者非常愤怒的抨击。但她坚持认为上述禁令没有任何科学依据，并将自己在这场论战中的惨败经历结集出版，书名为《被审判的科学：植入隆胸手术的医学证据与法律之争》。时至今日，关于这个问题的辩论已经尘埃落定，研究人员掌握了充足的科学论据证明隆胸植入物不会导致癌症或其他疾病，美国食品药物管理局也撤销了之前对植入产品的禁令。调查数据显示，相比没有做过隆胸手术的女性人群，做过手术的人患癌症及其他相关疾病的比例并没有显著提高。

关于使用手机可能会导致脑瘤并因此引发公众普遍恐惧心理这个议题，始作俑者并非科学家，而是一个电视清谈节目的主持人。1993 年 1 月 23 日，美国"王牌主持人"拉里·金（Larry King）邀请大卫·雷纳德（David Reynard）当节目嘉宾，后者宣布自己正和妻子苏珊起诉美国通用电子 NEC 和日本电子企业 GTE 这两家公司，声称他送给妻子的手机导致她患上脑瘤恶疾。虽然苏珊所患脑瘤的位置确实靠近接听电话的一侧耳畔，但他们的起诉并没有任何科学依据。苏珊收到手机七个月后被诊断出脑瘤，向法院提出诉讼几个月后因病去世，其诉讼于 1995 年被驳回。之后法院又受理了十几个类似的案例，但无一例外所有起诉均被驳回。如果你认为科学家和生产企业对这类轶事传闻不够重视，那你就错了，因为在法院驳回苏珊的诉讼要求后不久，手机业界共计投资了 250 万美元用于手机的安全性能研究。自 1995 年开始，科学家们对此做了很多研究，但到目前为止尚未发现任何证据能够证明手机与脑癌之间存在因果联系。

在世界很多国家，疫苗注射率均大幅下降。我所在的北加州大学城，有三分之二的华德福幼儿园 2013 年没有安排孩子们接受疫苗注射。在萨克拉门托地区，提交申请让幼儿不接受规定免疫注射的家长人数过去几年内上升了 34%；而在整个美国，提交申请的人数同期增长了 37%。《萨克拉门托蜜蜂报》2013 年 1 月 6 日刊登了一篇文章"儿童疫苗注射率下降"，指出主动选择不为孩子注射疫苗的大部分都是较富裕家庭，父母均受过良好教育。他们之所以做出这样的选择，并不是因为有科学证据证明这些疫苗对孩子的健康有害，而是基于广为流传的一些轶事传闻，担心孩子会因为注射疫苗而患上自闭症或其他神经失调疾病。美国著名脱口秀主持人奥普拉因为收到了大量自闭症儿童家长的来信，于是专门邀请女演员珍妮·麦卡锡（Jenny McCarthy）担任节目嘉宾，讲述她儿子的经历。麦卡锡的儿子在注射疫苗后不久被诊断出自闭症，但经过家人不懈的努力，孩子最终恢复了健康。这就是典型的"事后归因谬误"案例；对于那些宁愿相信口口相传的说法也不愿意相信科学的人来说，这种谬误十分普遍。与此同时，科学研究一再证明，疫苗注射与自闭症以及神经失调之间不存在任何因果关系。相对于疫苗在某种未知情况下对一些人可能造成的潜在危害，疫苗注射能够帮助社会成员有效预防包括麻疹、腮腺炎、脊髓灰质炎以及白喉在内的各种传染病，其好处显然远远大于没有科学根据的猜测。

实际上，公众对疫苗的恐惧心理所造成的最直接后果就是导致一些地方爆发麻疹，出现婴儿死于百日咳的案例；而这些都是在我们今天这个时代根本就不应该再发生的悲剧。在日本，百日咳疫苗注射率 1974 至 1976 年间下降了 70%；与此同时，百日咳病例数量从 393 增加至超过 13,000 例，死于百日咳的婴儿人数从 0 增加至 41。

轶事传闻即使讲述得再生动也不足采信，原因有以下几个。个人陈述一般会受诸多因素的影响，其中包括个人信仰、过去的经验、听众的反馈、对细节进行主观选择等。大部分的故事都会在讲述及复述的过程中有不同程度的扭曲，有些事实被夸大，有些事情的先后顺序被混淆，有些细节被混为一谈。毕竟，人类的记忆形成于事实发生之后，是不完整的、有选择性。人们会曲解自己的经验，在进行解释的时候带有成见，在论证的时候对事实加以主观的选择。正因为经验是建立在偏误、记忆及信念基础之上的，因此个人的观点并不一定准确。我们中大部分都是诚实的人，有时面对欺骗也没有辨别能力。实际上，有些人的确会凭空捏造事实，有些故事完全是无稽之谈。相反，虽然有些事情看似完全不合理，但实际上却有一定的合理性。总而言之，轶事传闻的本质就在于其不确定性，而且通常其准确性很难印证。

对于某些领域来说，比如替代医疗、超自然能力以及伪科学等，口碑和传闻是它们赖以生存的唯一基础。关于针灸师、灵媒、通灵人、能量机的亲身经历都属于轶事传闻，在科学领域几乎没有多大的价值，均不足采信。有的人态度诚恳、绘声绘色地讲述自己见到了天使、圣母玛利亚、外星人、大脚野人，有的孩子声称自己有前世，有人看到濒死的病人头上有紫色光环，有人声称自己能够看到矿脉，有的宗教大师能够飘浮在空中，有的人能够用意念为病人做外科手术。想要让这些事情具有令人信服的合理性，只有个人体验和个人陈述是远远不够的。如果其他人不能在同等条件下拥有同样的体验，那么这些经验就无从论证；如果无法验证这些说法，就无法印证叙述者对自己的个人体验的阐释和解读是否正确。相反，如果其他人也可以有相同的体验，就可以设计科学实验来对个人经验进行测试，这样就能判定其是否可信。著名超感心理学家查尔斯·塔特（Charles Tart）曾提交过一份有关超感事件的传闻报告，表示："我们需要先做实验，了解事件发生有哪些条件。我们不能听了一个几年前的故事然后指望一切信息均准确无误。"同为超感心理学家的迪恩·雷丁（Dean Radin）在《意识宇宙：超感现象的科学事实》一书中也认为传闻轶事不能被当作超常现象的有力证据，因为记忆"比大部分人想象得还要不可靠"，目击者的证词"很容易被曲解"。

目击者的证词在科学领域几无用武之地，因为目击者无法控制其本身的成见及自我欺骗等因素，不能像科学观察和科学实验那样尽量减少偏误及自我欺骗因素对最后结果的影响。比如大部分心灵感应者或超感探矿人不会意识到需要对自己的能力进行对照测试，以剔除自我欺骗的可能性。只要能够得到正面的反馈意见，并且继续相信自己拥有超能力，这对他们来说就已经足够了。因此，对超能感应者和超感探矿人及其追随者来说，他们一般只会牢牢记住成功的例子，对失败则选择视而不见或迅速忘记。而对照测试还能判断出成功案例中是否存在作弊等因素。

这就产生了一个问题。如果目击者或亲历者的证词毫无科学价值，那为什么还会有这么多人愿意相信它们呢？原因有很多。首先，这些证词通常十分生动，有很多细节，让偶发事件显得具有特别的意义，从而使证人对因果关系的阐释带有超出实际水平的可信度。此外，这些证人一般都充满激情，为人诚实，看上去很值得信赖，貌似没有什么理由要骗我们。有的时候，证人刚刚经历了非凡的体验，这让他们情绪十分高涨。在这种情况下得到的体验和证词通常名不副实，不足以证明所支持的观点。提供证词的人通常拥有某种表面上的权威，可能来自身上穿的制服，也可能来自手中的哲学博士或医学博士学位。这类证词一般出自名人之口，并通过高收视率电视节目广为传播。黛安·索耶（Diane Sawyer）曾经在美国广播公司的电视新闻节目中报道过一项研究成果，科学家通过研究发现特殊膳食对自闭症儿童没疗效。问题是她在节目中采访的是珍妮·麦卡锡，而不是科学家。麦卡锡在采访中表示，科学家应该重视坊间传闻，因为包括她自己在内的很多家长确实用特殊膳食这种方法治好了患自闭症的孩子。麦卡锡的这段话只能显示她对科学的无知，因为所谓科学就是要用对照实验来剔除研究成果中典型的个人偏误与成见。可惜黛安·索耶并没有对她的无知提出任何质疑。科学家菲尔·普莱特（Phil Plait）在其博客上专门写了"美国广播公司新闻节目拥抱无稽之谈"一文来评论此事：

首先，科学家非常重视坊间传闻，所以他们才会去研究胃肠紊乱、饮食习惯和自闭症之间是否存在某种关联。研究结果表明这三者之间并没有任何联系。

其次，麦卡锡将坊间传闻与实际数据混为一谈。如前所述，坊间传闻是调查研究的起点，不是科学研究的终点；而这正是科学（也叫事实）与无稽之谈的区别所在。如果只有个人经验的话，那什么愚蠢的说法你都有可能会深信不疑。

在某种程度上，坊间传闻之所以具有可信性完全是因为人们愿意相信。有些人声称，导致某种新的癌症治疗方法或免费能量治疗仪无法面世的罪魁祸首就是政府或大医药公司。这种阴谋论在人群中很有市场。虽然没有任何证据，但人们就是愿意相信某个天才独行侠发明了可以治疗各种癌症的方法，发现了能医百病、价格低廉的天然灵药，制造出能让我们免费使用电力的设备，或者设计出能上天入海的汽车，愿意相信政府和工业巨头出于自身利益的考虑决定扼杀这些造福人类的发明创造。

很多领域都利用口碑、推荐以及轶事传闻支持所提出的观点，医学界也不例外。认真研究这些传闻、证词是明智的，不应被看作是愚蠢的表现。医生在决定治疗药物及疗程之前应该认真倾听病人的主诉，了解病人对某种新药的反应，并根据这一信息对用药剂量进行调整或对药品进行更换。这样做十分合理。但是医生不能选择性地倾听病人的主诉要求，不能只接受符合其预先判断的观点、无视与自己判断不符的表述，否则就有可能对病人造成伤害。同样道理，在其他领域我们也不应该有选择地去倾听有关个人经验的证词。

7. 意义妄想及虚幻妄想（*apophenia and pareidolia*）

这个世界的确存在巧合，一定要接受这个事实。天上的白云有时看上去的确像是一群奔腾的骏马；钟表有时会没有任何原因就停止走动。一定要遏制住想从世间万事万物中寻找意义的冲动。

意义妄想者总是想要从毫无关联的现象中寻找联系与意义。"意义妄想"一词最初用于精神病学领域，指精神病患者在随机体验中能够发现异乎寻常的意义。该词汇的使用范围后来得以扩大，泛指人类想要在偶然、巧合或者客观数据中寻找意义这种自然倾向。具体例子包括某人从噪音中寻找对个人有意义的信息；某人认为打开的安全别针两端像是指向下午两点钟的时针与分针，正是这个人的儿子自杀身亡的时间。

虚幻妄想是将含糊不清的信息当作清晰明确的事实，并在此刺激下产生幻觉或错觉。例如，有人从烤焦的墨西哥玉米饼上辨认出耶稣的面孔、有人从肉桂面包卷的皱褶中看出了特蕾莎修女的样子、有人从浴室浴帘的皂垢上看到了列宁。

意义妄想与虚幻妄想有可能会同时出现。如果有人从山羊的胎记中辨认出一个阿拉伯语单词，于是认为自己收到了真主阿拉发来的信息；有人从树皮的纹路中辨认出圣母玛利亚的样子，于是相信这是神对他的指引。这些都是意义妄想和虚幻妄想同时存在的典型案例。从星光中看出一艘外星人飞船的形状，这是典型的虚幻妄想；如果你相信飞船是外星人派来接你去外星球当特使的，这就属于意义妄想的范畴了。建筑物着火冒烟，如果你在浓烟中看到了魔鬼撒旦的影子，这属于虚幻妄想；如果你还认为这是撒旦发信息告诉世人他还活着，这就是意义妄想了。

正常情况下，意义妄想能够解释基于感觉和知觉的妄想症心理，如大部分 UFO 目击事件以及倒放录音能听到邪恶信息等。虚幻妄想则可以解释摇滚巨星猫王、大脚野人以及尼斯湖水怪等目击事件。这两个名词合起来可以解释为数众多的宗教神迹目击事件，以及为什么会有人从火星西多尼亚区的照片上看到人脸或建筑。

瑞士苏黎世大学医院神经科专家彼得·布鲁格（Peter Brugger）认为，"从貌似毫无关联的物体或观点中看出某种相关性，正是这样一种倾向将精神疾病与创造力紧密联系在一起……意义妄想与创造力甚至可以被看作是同一枚硬币的两面。"照他这么说来，人类历史上最具创造力的人一定也是最厉害的心理分析学家和心理治疗师，能够使用罗夏墨迹测验这一著名的投射型人格测试方法，能够从每一个情感问题中发现不堪回首的童年往事。

米尔伯恩·克里斯托弗（Milbourne Christopher）在《媒介、神秘主义及神秘学》一书中也有一个典型案例：圣公会主教詹姆斯·派克（James A. Pike）在儿子自杀身亡后不久便开始在日常生活中看到各种意义深远的信息，其中包括停摆的钟表、安全别针打开的角度、地板上两张明信片的夹角等，他相信所有这一切均指向他儿子吞枪自杀的时间。

在"从困扰重重的大脑到鬼魂出没的科学：以认知神经学角度探究超自然和伪科学观点"这篇文章中，布鲁格详细分析了瑞典著名剧作家奥古斯特·斯特林堡（August Strindberg）的《神秘日记》，列举剧作家在精神崩溃期间的一些虚幻妄想和意义妄想实例：

> 他在一块岩石上看到"象征女巫的两个标志性物品：山羊角和扫帚"，不禁疑惑"是怎样的魔鬼将它们……放在那里，在这样一个早晨放在我的必经之路"。接着他又看到一幢建筑，于是联想到但丁《神曲》里的地狱篇。
>
> 他从散落在地面的枝条中看到了希腊字母，认为这是一个男人姓名的缩写，恍然大悟地认定这就是那个一直在迫害他的人。他在箱底看到几根棍子，非常肯定它们组成了一个五角星的形状。
>
> 他把核桃放在显微镜下，看到了祈祷的一双小手，这让他"心生恐惧"。

他那布满皱褶的枕头看上去"就像是米开朗基罗创作出来的大理石头像"。斯特林堡自己认为："这些现象不能用偶然事件来解释；因为同一个枕头在不同的时候有不同的形状，有时是可怕的怪物，有时是哥特式建筑上的怪兽，有时是恶龙，还有一天晚上……魔鬼亲自现身问候我……"

布鲁格认为，一个人大脑分泌的多巴胺越多，就会越倾向于从虚幻中寻找意义和模式，也就越倾向于相信超自然力量的存在。

在统计学领域，意义妄想被称为"一类错误"，指接受根本不存在的事情，即"存伪"。很多不寻常的体验和现象极有可能均源于意义妄想和虚幻妄想，其中包括看到鬼魂和闹鬼现象、超自然电子异象、圣经密码、各种占卜、诺查丹玛斯预言、远隔透视等一系列超自然体验和超自然现象。

通灵、星象、掌纹、塔罗牌、灵媒等技术统称"冷读术"，指事先没有经过任何准备即可当场说出前来算命者的过去、现在与未来。意义妄想在这些领域扮演着十分关键的角色。问卦者能够从"冷读者"随意抛出的词语和表达中自行找到意义；即使有些词语过于随机，看似毫无意义，问卦者也会绞尽脑汁努力从中寻找适用于个人的信息与内容。

众所周知，意义妄想和虚幻妄想与人类寻找规律、寻找意义的本能有关，均植根于人类漫长的进化史。不可否认，发现规律这一非同寻常的能力是人类优于其他物种的优势之一。实际上，正是人类所特有的这个能力过于超乎寻常，导致我们经常发现根本不存在的规律，而且还能从规律中发现意义，从巧合中推断出因果关系。克里斯托弗·查布里斯（Christopher Chabris）和丹尼尔·西蒙斯（Daniel Simons）在 2010 年出版的《隐形的大猩猩：直觉欺骗我们的其他方式》中指出："我们认识了解世界的时候总是带有强烈的倾向性，拒绝接受随意性和巧合性，一定要从中寻找意义、寻找因果关系。与此同时，我们自己对这种倾向通常毫无察觉。"他们还在书中详细描述了人类大脑的某些活动具有高度自动化这一特点：

> ……只要看到与人的面孔大体相似的影像，人类大脑的视觉区就会被激活，能在五分之一秒内将人脸与周围的桌椅、汽车等物品加以区分。如果给大脑稍微多一点点时间，它就能将比较像人脸的物品，如泊车计价器或三脚插座等，与桌椅之类不像人脸的物品区分开来。这是因为看到类似人脸的物体会激活名叫"梭状回"的大脑区域，该区域对人类面孔的反应极为敏感。换言之，你在看到与人类面孔近似物体的一瞬间，大脑就已经将其当作人脸开始进行信息处理了，而对人脸的处理迥异于其他物体所激发的处理程序。

这也就是说，任何一件物体，只要有特定的形状，或者只有一些特定位置的阴影，大脑都有可能会将其当作人的面孔。如果在这个理论中加上少许宗教狂热或政治热忱，就能解释为什么经常有人在墨西哥玉米圆饼上看到"耶稣的面孔"，在烤芝士三明治上看到奥巴马总统或玛丽莲·梦露的样子。

虽然联想思维植根于人类进化史，但我们对形状、线条以及阴影的联想能力其实与当时的欲望、兴趣、希望以及痴迷点密切相关。大多数人都能正确看待幻象这个问题；但有些人却过于执着于自己的感受，将幻象变成了妄想。不过借助一些明辨思维的基本知识，大部分通情达理的人都能认识到，不论是看上去像印度象头神的土豆、还是隐约能辨认出特蕾莎修女形象的肉桂面包卷、或者是烤焦部分很像耶稣的玉米圆饼，所有这些都只不过是巧合，除此之外没有任何意义。如果有人从镜子里、地板反光中或者天上的云朵里见到了圣母玛利亚，与其相信一个两千年前辞世的人选择用这些方式再次现身人间，还是相信源于想象力过于丰富更为合理。

鉴于大多数人都是科学盲，所以我们总是会从纯属巧合的事件中寻找意义。如果你将自己一辈子经历过的事情全都罗列出来，然后探究它们之间的关系，寻找有意义的联系，我相信大部分人都能发现某些巧合的背后藏着不同寻常的深意。问题是，赋予这些偶然事件深刻意义的人是我们自己。地球上居住着几十亿人，这意味着有意义的巧合是个天文数字，难怪每天都有那么多人报告自己经历了世界上最不可思议的巧合。换言之，只要样本的数量足够大，几乎任何一种可能出现的怪异巧合都会成为现实。这就是专家所说的"巨数法则"。不过也有些人相信所有无意义的巧合都是有意义的，并用心理学家卡尔·荣格（Carl Jung）生造出来的一个词将其命名为"同步性"。

8. 诉诸权威（*appeal to authority*）

不要因为某个哲学博士、医学博士、甚至诺贝尔奖获得主说了什么你就对某个观点深信不疑。相信什么、不相信什么都要建立在证据的基础上，而不是听权威人士怎么说。

在辩论中诉诸权威，声称自己的观点之所以正确是因为某个权威人士或权威文本就是这么说的；如果该诉求与你想要证明的观点无关，那你就犯了典型的逻辑谬误。

如果某个做法或观点是正确的，那它一定是基于切实的理由和扎实的证据；这些理由和证据能够证明你所提出的观点是正确的，同时也能说明为什么会有权威人士或权威文本支持它。对权威进行无关引用与诉诸不相关的权威是两个不同的概念。前者是一种逻辑谬误，如加州大学洛杉矶分校医学院助理教授杰·戈登（Jay Gordon）2009 年 6 月 15 日在《赫芬顿邮报》上发表"自闭症和毒素"一文声称疫苗不安全，你不能据此便得出"疫苗不安全"的结论。这位儿科医生所说的话不能用来证明你关于疫苗安全的观点是正确的。同样，戈登医生的观点也不能用来证明以下这段话在逻辑上是正确的：

有研究认为疫苗及其种类繁多的成分并没有"引发自闭症"这个问题。但问题是这些研究存在很大问题，充斥着似是而非的逻辑，很多研究接受制药公司提供的资金赞助。至于声誉卓著的医学杂志所发表的那些文章，大部分作者都是医生，如果当前免疫项目能够得以延续，他们就能继续从中获得经济利益。当然，这样说并不足以完全推翻其科学研究的合理性，但足以让人产生怀疑。此外，鉴于美国和其他国家的自闭症患者人数均呈上升趋势，就此声称可以将疫苗注射从环境影响因素清单中划掉也是没有根据的做法。

关于疫苗注射是否会引发自闭症，唯一相关的论据只能来自科学研究，但上面这段引文却呼吁剔除那些"让人产生怀疑"的科学研究结果，而这些科学研究的目的正是要判定疫苗是否会引发自闭症。为了论证这些科学研究不足为凭，作者引用了戈登医生的观点，这在逻辑上是不相关的。更为合适的做法是分析、评价疫苗安全论者所进行的一系列研究，看他们在论证"疫苗与自闭症之间不存在任何联系"的过程中是否存在问题。戈登医生应该这么做，所有引用他的话证明疫苗不安全的人也应该这么做。戈登医生或许是医学界的专家，但探讨疫苗与自闭症之间关系的研究是否有价值取决于这些研究本身的客观特质，并不是他说什么就是什么。此外，医学界有很多专家拥有和他一样的专业资格，却和他的意见不同。虽然戈登医生和其他医学专家各持己见，这并不意味着他们所争论的事情没有定论。因为医学界普遍认为疫苗是安全的，认为疫苗注射与自闭症无关；戈登的观点显然与医学界的共识相左。因此，就算你能找到某个不认同科学共识的人，这并不意味着你发现了一个存在争议的话题。有些大众媒体喜欢请外行出来说话，试图营造出一种公平公正的讨论氛围，克里斯托弗·图米（Christopher Toumey）在《用魔法召唤科学：美国生活中的科学符号和文化含义》一书中将其称为"伪信息对称"。只有同一领域的专家就某个议题进行广泛争论和探讨，这才叫真正意义上的争议。

遇到关于癌症的替代疗法以及疫苗是否会损害儿童健康等专业问题，不去问专家意见而是询问毫无医学背景的女演员，这也是诉诸无关权威的典型案例。如引用女演员珍妮·麦卡锡的话回答科学或医学问题，这是典型的诉诸无关权威，因为她只是自闭症孩子的母亲，不是该领域的专家。就算她曾经与杰·戈登医生以及其他支持者进行过多次交谈，仅凭这些谈话也不能让她摇身变成医学领域的专家。

一般情况下辩论者会同时使用"无端诉诸权威"与"诉诸无关权威"这两种方法。前者指对权威进行无关引用，后者指诉诸非相关的权威人士或言论。如果对某个权威的观点引用与需要论证的观点无关，则对论证同一观点而言，诉诸其他更多权威也同样不相关。但诉诸权威的做法并非在任何情况下均与观点不相关。例如，你对医学一窍不通，于是医生对你详细解释了每项检查结果，并据此向你推荐某个治疗方案。如果你基于医生的推荐采纳了这种治疗方法，这不是无端诉诸权威的逻辑谬误。当然，你完全可以去找别的医生征求意见，但是如果你去征求看门人、女演员或者本地报纸星座专栏作家对此事的意见，那就太愚蠢了。

我们有时必须依赖专家意见，但问题是很多时候专家的意见都不一致。如果你因为持续的背疼去医院做检查，然后拿着检查结果去询问五个同等资历的医生，他们有可能会给你五个完全不同的治疗方案。为什么会这样？因为造成背部疼痛的原因有很多，关于如何治疗在医学界也存在着很大的争议。如果你坚持认为其中某个治疗方案是最佳方案，因为提出这一治疗方案的是医学界的专家；这当然是个愚蠢的回答，因为提出五个不同方案的全都是具有同等资历的医学专家。所以最后你还是应该列出每种方案的利弊，认真比较之后再选择一个看上去最有利的治疗方案。当然，如果有四五个同等资历的医生全都向你推荐同一个治疗方案，那么除非你能找到拒绝接受该方案的充足理由，否则最合理的做法就是接受它。

当某个专业领域的大部分专家均对某事持相同意见，我们称之为"达成共识"。关于人类活动引致全球变暖这一议题，气候专家已经达成了共识，相信是因为砍伐森林和燃烧化石燃料等人类活动导致二氧化碳和温室气体的排放量增加，从而引起地球气候的变化。他们还认为这种变化是不可逆的，很有可能会产生毁灭性的后果。但是有很多人，其中不乏科学家，并不认同这一共识。他们联名起草了一份请愿书，认为"没有令人信服的科学证据表明人类释放的二氧化碳在可预见的将来会导致地球大气层出现灾难性的升温"。超过 31,000 位科学家在请愿书上签了名。没错，31,000 看上去是个很大的数字；但是说到人类是否应该为气候变化负大部分责任以及二氧化碳的增加是否会导致大气层出现灾难性的升温，这一数字的大小其实并不相关。在请愿书上签名的 31,000 位科学家大部分都不是气候学家，而在气候变暖这个问题上，气候学家最有发言权，因为其他专家在非专业领域的发言权并不比门外汉多多少。接受"人类活动引致全球变暖"这一观点之所以是合理的，不是因为几乎所有气候学家都认同这一观点，而是他们为什么会达成这样的共识。其实，就算是门外汉也可以得出跟专家一致的结论：一项调查显示，1993 年至 2003 年间发表并经同行评议的所有"全球气候变化"主题论文中，没有一篇不接受"导致全球变暖的主要因素是人类活动"这一观点。气候学家现在关注的议题已经不再是气候有没有在变暖或者人类是否应该为全球变暖负主要责任，他们有可能已经开始讨论人类应该采取哪些应对措施。如果是这样的话，决策者应该将其意见纳入决策过程，聘请他们担任顾问。可惜，很多决策者完全无视气象学家的意见，更喜欢采纳符合石油天然气等产业利益的观点。当然，这些产业的利益也应该加以考虑，但绝不能因此就将科学专家排斥在决策圈外。

有些宗教学家也曾使用过同样的策略，声称进化论的科学事实与他们对《圣经》的解读相互矛盾。"发现研究所"是一个反进化论、支持创造论的组织，曾在 2001 年发表过一则广告，标题为"达尔文主义的科学异议"（"达尔文主义"并非科学术语，其具体含义存在一定争议；反进化论者用其指代进化论）。该广告得到 700 名"博士级科学家和工程师"的签名支持，声称"达尔文主义"，即进化论，不足以解释生物的复杂性。该研究所认为只有充满智慧的设计师，即神祇，才能设计出如此种类繁多的生物。就算他们说的对，诉诸观点一致的科学家和工程师与这个观点是否正确并不相关。

相关性不可与重要性或充分性相混淆。如果孩子是在注射疫苗后不久就被诊断出自闭症，那么提及这一事实具有相关性；对你来说孩子被诊断出自闭症很重要。但说到证据，为数众多的科学研究均未发现疫苗与自闭症之间存在因果联系。从两件事先后发生就断定二者之间存在因果关系（参见"事后归因谬误"词条），相比这种个人经验，上述科学发现无疑更有分量。换言之，你凭直觉断定是疫苗导致了自闭症，就算你信心满满认定二者之间必然存在因果联系，该一证据也不足以证明你的观点。

9. 诉诸传统（*appeal to tradition*）

不要因为某件事存在了很长时间就认定它是对的。很多迷信的说法盛行了几千年，但这并不能成为你相信它们的理由。

无端诉诸传统是一种推理谬误，指因为某个观点由来已久、一向如此，所以认定它一定是正确的。瓦莱丽·赖斯（Valerie Reiss）1995 年写过一篇文章，"见通灵人之前必须了解的五件事"，里面就有一个典型的例子。

> 基督教认为占卜违反了《圣经》关于"不得相信占卜之人"的教导，因为这意味着不信任全知全能的上帝。但是……世界上有很多宗教和文化都将占卜术纳入其中：印度教用吠陀占星术匹配姻缘；中国文化中，不论是结婚的日子还是定居的地点，大事小事都要请教专家。想要知道未来会发生什么，这是人类大脑不断进化的结果，总是想要拥有掌控感、想要找到答案；不仅如此，这也是人类几千年来一直没有间断过的传统。自从希腊人长途跋涉前往德尔斐聆听神谕开始，人类寻求预

言的脚步就没有停止过。

赖斯认为，不论《圣经》如何禁止、基督教如何反对，因为占卜术在不同文化中存在并延续了几千年，所以它是对的。实际上，虽然魔法与迷信观念在某些文化中有数千年的悠久历史，但这并不能说它们就是对的；正如奴隶制以及对女性的压迫与虐待同样有着几千年的历史，但这不能成为证明其合理性的证据。几千年以来，人类一直在拳击比赛中打得你死我活，这并不能说明这项运动存在就是合理。

印度教时至今日仍在使用吠陀占星术，这不能当作认定其合理的有力证据。实际上，吠陀占星术的存在并没有合理性，因为找不到有力的证据能够证明它可以有效预见未来。实际上，这种迷信观念在印度为欺诈与腐败大开方便之门。或许赖斯女士应该从自身利益出发切实考虑一下：你真的愿意让一个占星师来安排自己的婚姻吗？其实想要找到合适的伴侣有更好的办法（在伊格尔兄弟出品的纪录片《终结大师神话》中，一个腐败的神人／占星师被人揭露用骗局拆散了很多对年轻的恋人，于是气急败坏在全国性电视节目中呼吁追随者去杀死那些揭露骗局的人。在印度到处都是这种圣人，到处都能听到有关他们展示神迹的故事：有些能把自己挂在钩子上，有些能赤足穿越火堆，有些能凭空变出各种物品。该纪录片揭秘这些魔术表演，告诉观众这些都是骗局，即使普通人也能展示这些所谓的"神迹")。

赖斯在文章中没有点明中国人遇到大事小事会去咨询哪些专家，但根据上下文不难猜出所谓的专家就是打卦占卜之人。这些"专家"赖以生存的基础其实是问卦者的无知与迷信。毕竟，关于应该跟谁结婚以及应该把家安在什么地方，这些事情或许根本就不需要专家给你意见。

当然，赖斯女士并没有建议二十一世纪的现代人重拾古希腊的生活方式，我认为现在也不会有太多希腊人遇事先去神殿聆听神谕。相信神谕的人应该知道，预测未来还有其他更好的办法，毕竟自卡珊德拉之后人类已经有了很大的进步，对于不少事情的来龙去脉比古希腊人有了更多更深入的了解。事实证明，用这些知识对未来进行推理，辅以几千年来不断改善的推理技巧，这比通灵人、直觉或其他占卜打卦方法都更为有效。

就算某些事情有着悠久的历史，但并不能证明其存在具有合理性。时至今日，奇幻思维在很多领域仍然十分盛行，这并不意味着相信万事万物均以超越物理的力量彼此相关就是正确的。与其被远古祖先等而下之的方法牵着鼻子走，不如静下心来好好思考一下这些注重个人体验的原始方法为什么能够留存至今，认真想一想我们应该怎么做才能避免像无知的古人那样思考问题。与其沉浸于古老的错误中，不如培养自己走出谬误思维的能力。

最后还有一个问题，基督教禁止占卜虽然是建立在诉诸权威的基础上，却用反对传统来对抗赖斯女士的诉诸传统。赖斯女士为什么没有看出这个问题呢？或许她认为三个传统比一个传统更有道理？如果她真这么想的话，那就同时犯了"诉诸大众"的谬误。

10. 诉诸无知（*argumentum ad ignorantiam*）

不要因为无法证伪某事就接受其为真实；也不要因为尚未证实某事就认定其为错误。

加拿大著名学者道格拉斯·沃顿（Douglas Walton）1999年撰文介绍"诉诸无知"一词的起源，认为最早将其从拉丁语引入英语词汇的是英国哲学家约翰·洛克（1632-1704），他当时用该词描写一位辩手的辩论策略：

> 洛克说"人们通常用这种方法迫使对方辩手接受自己的观点"，并将这种辩论手法定义为：甲方要求乙方提出更好的观点，否则就必须接受甲方所提出的观点。换言之，诉诸无知的一方表示："我说了我的论据，如果你无法证明我的观点错误就必须先暂时接受它"。这就是说，辩论一方认为有权要求对方至少暂时接受自己的观点，直到对方证伪该观点或进行合理反驳。

随着时间的推移，我们今天所说的"诉诸无知"已经与洛克最初的解释有了很大的不同，含义近似于"缺乏证据"及"证据的缺乏"。此外，有人还将其与"否定证明"及"无法进行否定证明"相联系。

很多逻辑学著作均将诉诸无知列为推理谬误的一种。具体的例子有很多，其中最经常被人引用的是参议员约瑟夫·麦卡锡（Joseph McCarthy）的一句名言。在辩解为什么某人的名字总是出现在疑似共产党员的名单上，他表示那是因为"档案中找不到证据证明他与共产党没有任何联系"。我在教授逻辑学的时候将其命名为"迈克·华莱士谬误"，因为这是CBS王牌新闻节目《六十分钟杂志》著名主持人华莱士（Mike Wallace）经常使用的方法。比如他会出其不意地出现在毫无防备的受访者面前，指责他做了某些不该做的事情，然后随着镜头切换，观众看到大门被砰的一声关上或者一辆车从停车场急驰而去。接着华莱士就会面对镜头从容宣布：某某先生拒绝回答我们提出的问题，目前尚无任何迹象表明我们针对他的指责是错误的。

没有证据能证明某人不是共产党，这并不能证明他就一定是共产党；面对某项指控没有为自己辩护，这并不说明你对他的指控就是事实。这些本应是非常显而易见的逻辑推理。

教科书上经常提到的另外一个典型案例就是1692年发生在塞勒姆的一系列女巫审判事件。有些证人声称在被告周围看到了幽灵或光晕，但因为只有证人才能看到这些东西，所以别人根本就无从反驳他们的证词。这与灵媒声称自己可以接收逝者发出的信息属于同一个类别。正常情况下，不论是分析产生某个异常现象的原因还是判断其真实性，一个理性的人应该要求证人或灵媒提供更多证据。此外，受指控的女巫无法自证其身边没有魔鬼和幽灵缠绕，正如怀疑论者无法证明美国电视人约翰·爱德华（John Edward）其实没有接收到萨迪姨妈去世后发来的信息，但这并不意味着被告人就是女巫，也不能证明爱德华的确有通灵能力。

如果我没记错的话，美国前总统罗纳德·里根（Ronald Reagan）支持"胎儿是法人"这一观点，曾在一次电视讲话中表示科学家至今未能证明胎儿不是法人。他说的没错。但是在这个特定的语境中，胎儿到底是不是法人，这不属于科学发现，而属于人为定义的范畴，因为没有哪个科学家能够发现科学证据来证明胎儿是法人或不是法人。所以，就算科学家未能证明胎儿不是法人，这与正在讨论的观点无关。根据美国最高法院的裁决，公司是法人。谁知道呢，或许有一天某个国家的立法者会将海豚和猩猩也认定为法人。虽然我们不能将公司视为具有生物特征的人，但完全可以将其定义为法律意义上的人。

很显然，人类有些时候的确不知道某事某物是否存在，但是不知道并不意味着它们就真的不存在。乔治·W·布什总统下令入侵伊拉克之前，美国及其他国际机构均未在该国发现大规模杀伤性武器，但这不能证明伊拉克没有这种武器。如今几年时间过去了，美军有充足的时间去寻找这些武器的下落，但至今并没有任何发现。所以我们基本上可以得出这样的结论：伊拉克拥有这种大规模杀伤性武器的可能性非常小。

据说希伯来人的上帝曾经动用滔天洪水来惩罚地球上的人类，鉴于人们有充裕的时间寻找证据来证明这些圣经故事的真实性，所以还是将这些故事归类为神话比较合理。如果历史上真的发生过这种特大洪水的话，科学家相信它一定会在我们这个星球留下证据。如果没有确实的科学证据，口说无凭地表示大峡谷之类的地形地貌就是大洪水留下的证据，这只能让原本就没有依据的神话故事更添荒谬色彩。如果再试图用神迹或神的干预等理论来解释证据的匮乏，只会让这个故事更加站不住脚。很显然，这些论调均属于特例假设谬误，而且没有事实根据。当然，没有人可以证明地球上并未发生过这种大规模的洪水灾难。但是作为理性的人，我们应该做的是认真研究现有的全部证据，而不是相信神迹以及问题多多的超自然力量干预理论。如果你真这么做了，那么自然就很难相信地球上曾经发生过特大洪水。当人们要求圣经故事的辩护者提供切实证据的时候，他们最常使用的策略就是反过来要求对方提供证据证明不存在干预地球事务的超自然力量。我想在此引用英国哲学家伯特兰·罗素（Bertrand Russell）著名的"天体茶壶"理论：

如果我说地球和火星之间有一个瓷质茶壶，它沿椭圆形轨道围绕太阳转；只要我措辞严谨地补充：因为这个茶壶实在太小，所以人类即使用最高倍数的望远镜也看不到它。我相信没有人能够反驳我的观点。

但是如果我得寸进尺地表示，既然无人能够反驳我的观点，那么就人类理性而言，对其提出质疑就是不可容忍的。很显然，我完全是在胡说八道。

那么，如果茶壶的存在得到古代文献的认定，每个礼拜日都被当作神圣真理向众人传授，在学校向孩子们灌输这一观点；稍有怀疑即被视为异类，怀疑者在较文明时期会交给精神科医生处理，早期则被当作异教徒交由天主教会进行审判。

当然，此类斗争并非仅仅发生在宗教这一领域。为了寻找尼斯湖水怪，人们组织了无数次搜索行动，将整个湖泊搜了个遍，但仍然未能找到水怪。这一结果虽然不能证明湖里没有水怪，却足以使人相信存在水怪的可能性微乎其微。从未有确实的证据能够证明尼斯湖水怪的存在；而如果湖里真有水怪的话，就应该能够找到相应的证据。同样道理，虽然无法证明地球上真有大脚野人这一物种，鉴于人们花了那么多时间和精力去寻找，除了几次疑点重重的目击事件以及一些照片和印记之外并无其他证据，所以我可以据此认为其存在的可能性不大。我无法证明超能力的存在，但是虽然有无数相信超能力的人花了大量的时间、精力、智力和努力去寻找超自然现象的证据，可这些证据的水平仍低于理性之人能够接受的最低要求。我无法证明你昨天的个人体验不是传说中可以透视物体的"千里眼"，但不能证明不等于承认你体验到了"千里眼"。我无法证明你昨晚在天上看到的不是外星飞船，但这并不说明你看到的物体就是飞船，更何况有大量独立证据可以证明，你所看到的并非来自另外一个星球的飞行器，很有可能是别的东西。如果我们关注的重点是应该信什么才符合理性思维的要求，而不是执着于哪些事情有可能是真的，我们就会对所有证据进行综合考虑。

如果你认为自己有理由相信神的存在，因为不论是我还是其他人都无法证明神是不存在的；这在不少逻辑学教科书里都被列为"诉诸无知"这一谬误的经典案例。无人能证明神是不存在的，这与"神是存在的"这一观点的真相值毫无关系。换言之，就算我没有办法证明神的存在，这与"神是存在的"这一观点的真相值无关。同样道理，我们不知道其他星球上是否存在生命，但我们的无知与外星球生物是否存在无关。不管怎样，试图用诉诸无知来证明某事某物的存在是一种逻辑谬误，因为这里的核心问题并不是想要辨明神祇、蛇颈龙、超能力等是否存在，而是看有没有充分的证据支持你关于这些事物存在与否的初步判断。在探究是否有证据支持某方观点的推理过程中，神、鬼怪、妖精、水怪、大脚野人等是否真的存在或许已经变得不那么重要了。气功师所说的"气"也许真的存在，而我们又无法证明并非万事万物都包含"气";但这并不足以让我们相信这种能量真的存在,真的会对我们的健康产生影响。没错,我们无法证明你的癌症是化疗治好的,而不是灵气疗法和咖啡灌肠疗法的功劳;但我们可以指出,为数众多的科学证据均已证明化学疗法的有效性。就算你能列举出关于灵气疗法和咖啡灌肠疗法治愈癌症的一些轶事传闻,虽然我们不能证明这些替代疗法实际没有多少治疗效果,但这种无能不可当作证明其有效的证据。再说,在癌症治疗这一专业领域,轶事传闻与强有力的科学证据相比显然相形见绌。

美国生物化学教授迈克尔·比西(Michael Behe)等创世论者用智慧设计理论为其观点进行辩护,声称科学家至今也不清楚某些生化过程在细胞层面是如何进化的,并断言科学家永远无法找到这些过程的自然解释,所以据此得出结论:这只能是某个智慧设计者的杰作。英国生物化学及细胞生物学家鲁伯特·谢德拉克(Rupert Sheldrake)等二元论者认为,相信意识是一种非物质的存在,这就意味着科学家并不清楚大脑通过怎样的运作才会产生意识。没错,科学家至今尚未就大脑产生意识的具体物理、化学流程达成共识,这是事实,但是并不能当作支持非物质论学说的证据。同样道理,二元论者无法解释非物质的现实为什么会产生物质性的影响,这同样不能证明"大脑 = 意识"这一观点就是正确的。

虽然无人可以证明导致成千上万人死于非命的地震和海啸

并非出自神力，但相信神力干预地球事务的人应该知道：无法反驳其观点并不等同于该观点一定是对的。此外，一旦接受"你无法反驳就证明我说的对"这种设定，各种无稽、无据的推断就会变得层出不穷、没有止境，人们就可以随心所欲地说自己在这个可视的世界里看到了各种隐形物体，比如会飞的通心粉怪、粉红色的隐形独角兽等。有些读者可能会看出这里面的荒诞不经与嘲讽意味。

如何证明负命题，这是不少探讨诉诸无知谬误的论著经常提到的一个话题。如果我想证明自己口袋里没钱，只需把衣服口袋翻出来给你看就行；如果我想证明另外那个房间里没人，只需把你带到那个房间陪你一起搜遍每个角落就行。但是，我没办法证明你的车库里没有隐形龙。虽然我可以证明 −5 加 3 等于 −2，但这样就能证明负命题的正确性吗？如果我想为明天做计划，但是只知道自己明天不想做什么。那么，我不做自己不想做的事情就是想做什么的负命题吗？

还有，如果实验室报告显示你的癌症测试结果为阴性，这并不是说你体内没有活跃的癌细胞，只是没有检测出癌细胞。如果 X 光片显示没有骨折，这并不等于你真的没有骨折。换言之，放射科医生在 X 光片上没有看到骨折的迹象并不意味着你真的没有骨折。

最后，法庭上也存在不少诉诸无知、证据不足以及辩论争议案例。检察官手上不掌握确凿证据，不能向陪审团证明被告有罪，这不能证明被告就一定是清白的。被警察拘捕的嫌犯身上没有受害人的血迹，这不能证明他没有杀人。被告人无法自证清白，这不能证明他的被控罪名因此被坐实。被告无法提供案发时的不在场证明，这不能证明他当时一定在罪案现场。同样道理，怀疑受害者已经死亡却无法找到其尸体，这不足以成为某人免遭谋杀起诉及判刑的理由。总之，必须综合考虑所有证据，不可将关注点只放在某个证据的缺失上，不论后者有多重要都不能这么做。

11. 归因偏误（*attribution biases*）

切忌将他人的所作所为皆归因于其个人不良动机，也不可小觑环境对你的行为的影响力。

人类的行为一方面发自"内在"因素或个性，如动机、意图、性格等，另一方面也受"外在"因素影响，如身边的小环境、社会大环境以及其他个人力量无法控制的因素。人类是一种自私自利的生物，通常会将自己的成功归功于智力、知识、技能、毅力等内在个人优良品质，而将失败归咎于运气不好、他人阻挠、幸运符丢失等外在原因。这些归因偏误通常被称为情境归因和性格归因。而当我们解释他人的行为或信仰时情况则刚好相反：别人成功是因为运气好或动用了人际关系，他们失败则是因为愚蠢、邪恶或者不够努力。

我们将他人的信念和行为归因于其意图，是因为这样在认知上更容易做到。通常情况下，我们对影响他人行为的环境因素和心理驱动一无所知或所知甚少；相比之下，推测其行为背后的个人动机或个性特征会更容易一些。与之相反，我们对于影响自己行为的环境因素均有相当清楚的认识，因此经常会夸

大环境对自身行为的影响力，同时在事情进展不顺利的时候淡
化个人动机或性格所起的作用。社会心理学家将人类的这种倾
向称为"行为者与观察者偏误"。

　　在这里，我们需要汲取的教训就是阐释他人行为的时候要
慎之又慎，面对他人的失败，不要急于指责别人懒惰、欺诈、
愚蠢，或许他们的失败背后有我们不了解的环境因素。另一个
教训就是我们应该知道进行自我评估的时候会过分夸大自己的
努力，忽视周围环境对我们的影响，因为实际上我们有可能"只
是做了大部分人在同样情况下会做的事情"或者只不过是得到
了命运女神的格外青睐而已。

　　迈克尔·谢尔摩（Michael Shermer）和科学史专家弗兰
克·萨洛韦（Frank Sulloway）在《信仰的基础：从鬼魂、神
祇到政治与阴谋》中提到他们曾经调查过人们为什么信仰上帝，
结果发现大部分人将自己的信仰归因于理性推理，而将他人的
信仰归因于个人情感需求；用知识归因为自己的信念找到理性
基础，同时用情感归因为他人的信仰找到情感基础。此外，人
们在这个问题上还有一种潜在的价值判断，即认为理性动机优
于情感动机。谢尔摩认为这些偏误在政治信念中也很常见。以
枪支管制为例，自由派和保守派都认为自己的观点是建立在理
性基础上的。自由派批评对手冷酷无情，对武器有情感依赖；
保守派则指责对手心太软、天真得可笑。

　　即使在有些情况下明知环境因素起主导性的作用，人们还

是倾向于将他人的行为解释为受其性格影响。基于奥地利心理学家弗里茨·海德(Fritz Heider)所提出的研究理论,爱德华·琼斯(Edward E. Jones)和维克多·哈里斯(Victor Harris)在"探究态度背后的原因"一文中将该现象命名为"对应偏误"。社会心理学家利·罗斯(Lee Ross)则用"表达基本归因错误"这一术语描述人类这种用性格特征解释他人行为、完全不考虑环境对其行为更具决定性作用的倾向。

罗斯与曾与罗伯特·瓦隆(Robert Vallone)和马克·莱佩尔(Mark Lepper)合作发表文章"充满敌意的媒体现象:关于贝鲁特大屠杀报道中的认识偏误与媒体偏误认知",叙述他们在研究中发现,如果不同的读者对同一事件有很强的倾向性,让他们阅读与自己观点不同的媒体文章,即使媒体报道立场公正客观,他们也会认为新闻记者抱有偏见。三位研究人员让观点彼此对立的两组读者阅读同一篇新闻报道文章,结果双方均认为媒体立场不公,态度更加偏向他们的对立面。三位研究者将这种现象命名为"充满敌意的媒体效果"。类似的情况也同样见于体育比赛中。参赛双方的支持者均指责裁判偏向对方球队或选手,这种现象或可称为"充满敌意的裁判效应"。

12. 易得性偏误（*availability bias*）

思考问题的时候，千万不要认为你能想到的第一个念头就一定是对的。

朱迪·科林斯（Judy Collins）是美国上世纪六十年代民谣舞台最伟大的女歌手之一，因此当我从报纸上得知她即将在加州伯克利民歌天堂"货运救助咖啡屋"（Freight and Salvage Coffeehouse）登台演出这一消息，脑袋一热马上就跑去订票。花了一百块钱买到两张演出票之后，我开始怀疑起自己的一时冲动来。朱迪生于 1939 年，我买票的时候是 2012 年；我对她的所有记忆均来自家中的录音资料，其中大部分是她在上世纪六七十年代录制的，当时她的声音十分优美，那也是她创作上的黄金时期，写过不少好歌。实际上，我这次冲动行为就是犯了典型的易得性偏误。看到演出消息后，我马上就想到她那些脍炙人口的老歌，如"正反两面"、"我的父亲"、"将来某一天"等（这些记忆十分美好，因此"影响偏误"对我马上掏钱买票这个行为也产生了一定作用）。我之所以决定驱车 120 公里，到那么远的地方去看朱迪的现场演出，这并非基于我对她今天嗓音条件和演出状态的了解；在决定投入时间和金钱之前，我本应多做些调查研究工作，以免事后后悔。于是，我去票务网 Ticket Master 查看关于她近年来的演出评论，只见第一条这样写道：

> 整场演出都让我们十分享受。演出中间没有停顿，她的表现实在让人难以置信。她甚至连口水都没喝。朱迪今年 71 岁了，但她的声音这么多年来却一直都没变！她唱了很多首歌，从圣诞颂歌到摇篮曲应有尽有，当然也少不了最受欢迎的经典必唱歌曲。我一定会再去听一次现场。演出的上座率也很高！
>
> 最喜爱的时刻：为她伴奏的钢琴家非常出色，但她在演出期间曾经坐在钢琴前一口气弹了六首歌。原来她自己也是一位出色的钢琴家！

太棒了！虽然这条令人兴奋的评论发表时间是几年前，但是我已经处于"确认偏误"的巨大影响之下！接下来那条评论是几天前写的："美丽，才华横溢，优雅一如从前。我 1969 年看过朱迪的演出，这一次和那次相比毫不逊色。绝对是个美妙的夜晚。"此外，还有六条表扬帖，全都是过去几周内写的（总共有 150 多条评论，纯负面的批评贴很少）。

此刻，我觉得自己当初所做的决定或许不算太坏，但这一决定的基础仍是非理性的，因为买票去看朱迪·科林斯的现场演出是一时冲动之下做出的决定，是我大脑想到的第一个念头，由头就是报纸上的消息唤醒了我过去那些美好的记忆。实际上我在做决定之前还应该充分考虑其他因素。有些歌手早已过了歌唱事业的黄金期，我以前也看过他们的现场演唱会，效果很糟糕。朱迪当时已经七十多岁了，她的歌喉不大可能和四十年前的水平相提并论。看到近期发布的一些正面评价让我感觉稍微好了一点。但我也知道有些帖子的作者是"托儿"或者很容易取悦的人；虽然无法确认，但这种可能性是存在的。如果我是个尽职的调查员，就会去搜专家的评论。但这样一来我就有可能会看到相当负面的评论，而这些有关她近期演出的负面专业意见很有可能会让我质疑自己当初的决定。既然我已经做了决定买好了票，那为什么还要自寻烦恼、往自己的伤口上撒盐呢？（我曾经跟一位朋友说起过已经买好票准备去听朱迪·科林斯的现场演唱会，结果他说自己最近刚在 PBS 的一个电视节目上听过她唱歌，说她已经声音嘶哑，不再是当年那个优美的女高音了，有可能是因为抽烟太多的原因。可他知道什么呢？他自己都上了年纪，听力也不好，再说……）

易得性偏误指基于唤起的记忆以及首先进入意识层面的念头而迅速做出判断。影响记忆重现之速度的主要因素包括类似体验或信息近期出现的频率，以及该体验是否具有显著性、戏剧化色彩，以及是否带有个人特性。

在人类文化中，我们思考某件事的发生频率、重要性或者发生原因的时候，哪些因素会最先出现在大脑里，大众媒体有至关重要的决定性影响力。理性的判断应该基于对所有相关证据的综合考量，但我们自认为理性的很多判断其实都是建立在"易得性"这一基础上的。例如，豪华邮轮协和号在意大利吉廖岛外触礁倾覆，造成20多人丧生。听到这一消息后，原本打算乘坐邮轮去阿拉斯加游玩的人有可能就此打消念头，改变出行计划。虽然前往阿拉斯加邮轮的安全性能不会因为意大利近海所发生的灾难事件而有所降低，但电视和报纸连篇累牍的报道会让人第一时间想到邮轮有可能会倾覆，自己有可能会葬身大海，因而心生恐惧，从而使是否乘坐邮轮这一决定因协和号的灾难新闻而带上了特定的倾向性。同样道理，有很多人因为亲朋好友死于空难而从此拒绝搭乘航空班机，每年宁愿驱车数千公里也不愿当空中飞人。实际上，统计数据显示死于公路车祸的几率远远大于死于空难的概率。

如果有人问你对青少年吸毒、婚前性行为、政治家道德、哪些股票值得投资、暴力犯罪率以及经常见诸大众媒体的其他议题有什么看法，你的回答通常都是脑子里最先想到的那些观点，而这些观点通常都受你从大众媒体读到、看到、听到的观点影响，要不就深受你个人经验的影响，反正不大可能建立在科学、客观的知识基础上。这种根据观点的易得性而做出判断的倾向也被称为"易得性启发"。

我们在此可以详细探究一下美国人对暴力犯罪的看法。上世纪九十年代，全美凶杀案的发案率在五年时间里下降了20%，但 ABC、CBS、和 NBS 三大电视台全国性晚间新闻的谋杀案报道率同期却上升了721%。如果要研究人们对这段时期美国凶杀案的看法，你认为这两个数字中哪一个对他们的影响更大？

20 世纪 90 年代的犯罪率一直呈下降趋势，而过去十年内犯罪率一直保持稳定水平。但是 1990 年以后每年都有52%-89%的美国人认为罪案率持续上升。究其原因，除了新闻媒体对罪案肆意渲染和大加报道，严重影响了我们对实际情况的判断，影视作品也难辞其咎。普渡大学曾经发布过这样一条新闻：

普渡大学最新的一项研究结果表明，与那些不看法医鉴证及罪案电视剧的人相比，爱追剧的人对美国刑事司法制度的认识更加扭曲、更加偏离事实。

研究大众传媒影响的传播学教授格伦·斯巴克斯（Glenn Sparks）表示："《犯罪现场调查》、《法律与秩序》、《铁证悬案》以及《罪案终结》都是当今最受欢迎的电视剧，我们需要弄清这些罪案剧对观众有哪些影响，这一点非常重要。我们知道有些人受剧集影响会选择从事法医或执法工作，但除此以外罪案剧对观众还有哪些影响呢？我们通过研究发现，经常看罪案剧的人往往会高估严重刑事犯罪的发案率、错误估计罪案的重要事实、误判从事司法工作的人数。"

相比不追剧的人群，常看罪案剧的观众对谋杀案受害者人数的估计比实际数字高两倍半。律师和警察实际上各占司法系统总人数的比例不到百分之一，但调查发现热衷追看罪案剧的观众群认为该比例分别为 16% 和 18%。

我们这里的《萨克拉门托蜜蜂报》曾经委托民调机构默文·菲尔德（Mervin Field）对加州居民进行年度调查，了解他们每年最关心哪些事情。调查结果有两点十分突出。首先，受访者只能从民调机构提供的清单上选择，而上面列的全都是报纸杂志热衷报道的话题，比如犯罪与执法、国家经济、公立学校、控制艾滋病扩散、失业、新兴产业提供更多工作机会、非法用药、医疗保健、税收、通货膨胀、非法移民、有毒垃圾等。民调机构选择这些问题是因为它们均属于公共政策范畴。其次，调查结果每年都有所不同，取决于调查前报纸上刊登了哪些新闻。如果调查安排在切尔诺贝利核电站发生核泄漏事故之后不久，你猜加州人最关心什么？如果报纸杂志每天探讨的全都是经济话题，你猜调查结果又会是什么？如果政客们开口闭口谈的全都是移民问题，你猜加州人一般会在哪个选项前打钩？如果我看到报纸头版大标题将罪案列为加州面临的最大忧患，一般会将其解读为媒体最近对刑事案件的报道太多了，因为我知道大部分加州人最担心的事可能是如何保住自己的房子不被银行收走、找工作或者想办法支付孩子的学费。

经济心理学家丹尼尔·卡尼曼（Daniel Kahneman）与行为学家阿莫斯·特沃斯基（Amos Tversky）首次在其论著《思维的快与慢》中探讨了易得性偏误这一概念：

> 我们有一个项目专门研究可得性启发法这一思维模式。我们想要了解的是：当人们考虑某个现象的发生频率，如"60 岁以上人群的离婚率"或"危险植物的比率"，他们会怎么做。我们找到的答案并不复杂，而且十分直接：人们会在自己的记忆中进行搜索，如果他们能够在自己的生活中轻易想到相关实例，则通常会认为该现象的发生频率较高。我们将这种"易得性启发法"定义为"通过头脑中可获得实例的难易程度"判断发生频率的过程。虽然我们当初提出这一概念的时候对其定义解释得十分清楚，但"易得性"概念一直都在不断地完善和发展。

不断完善发展的结果之一就是将自然、自发的思维与反省式思维区分开来，同时认识到易得性在这两种思维模式中均起一定的作用。上述两位学者的早期论著主要探讨自然、自发的思维，卡尼曼将其命名为第一系统思维（第二系统思维指非自动、慎重、反省式思维）。

与其他直观或启发式判断方法一样，易得性启发法实际上是在用一个问题代替另外一个问题：你想要判断某个现象的规模或某一事件的发生频率，但得出的结论却基于大脑中是否容易获得的具体实例。替换问题会产生系统性错误，这是不可避免的后果。

后来，卡尼曼、特沃斯基及其他学者将易得性这一概念的适用范围进一步扩大，不再局限于评估某个现象的规模或某一事件的发生频率。杰罗姆·格鲁曼（Jerome Groopman）在《医生的思维方式》一书中用实例揭示了某些误诊背后的真正原因：这些诊断并非基于对病人所有症状的综合考虑，而是基于医生之前的看病经验以及脑子里最先想到的诊断结果。

格鲁曼在书中提到一位医生，他曾在过去几周内治疗了"几十位病人"，结果均被确诊为某种"厉害的病毒"引发的病毒性肺炎。然后来了位女病人，大部分症状都很相似，只是 X 光片并"未显示病毒性肺炎典型的白色条纹"，但这位医生还是将其诊断为病毒引发的肺炎。另外一位医生的诊断是正确的：阿司匹林中毒。前一位医生之所以得出病毒性肺炎的错误结论，完全是因为他之前接触了很多类似病例；如果不是这样的话，他很有可能也会做出正确的诊断。意识到自己的错误以后，他表示："病人呼吸急促，血电解质紊乱，其实中毒的症状十分明显，堪称典型病例。但是我却对这些视而不见，实在是太大意了。"

心理学家诺伯特·施瓦兹（Norbert Schwarz）和一些德国心理学家在二十世纪九十年代做过一项关于易得性启发法的专门研究，要求参与实验的人根据要求列举一定数量的具体实例，然后研究这一数字对他们估计频率的影响。你有可能会想当然地认为，实验对象列举的实例越多其估计的发生频率数字就越高，实际上刚好相反。为什么？因为列举的例子越多难度越大；越难完成任务，我们就会认为该事件的发生频率越小。这一研究结果为操纵大众行为打开了方便之门。如果你想让人给你的演讲打高分，不要直接让他们按五分制为你打分，先让他们在打分表上列出你十项有待改进的地方。因为完成这一任务难度极大，于是观众就会认为你的演讲实际上没有多少可改进的空间，所以更容易给你高分。此外，施瓦兹等人还发现，如果研究人员就回忆信息的流畅性向实验对象提供解释，就算这些解释纯属无稽之谈、毫无根据，但还是能够有效减少由回忆具体实例这一任务的难易程度而产生的频率评估差别。因此，卡尼曼建议将"易得性启发法"更名为"未作解释的不易得性启发法"。

有教授发现，如果要求学生列出某个课程有待改善的十项内容（相对来说比较困难的任务），相比传统课程评估表上仅要求填写两项内容，学生会给老师打更高分数。虽然学生根据前一个要求填写的平均改善建议同样约为两条，但是因为任务相对更加难以完成，仅此一点就足以让学生对老师更为宽容，打分的时候更加手下留情。

美国心理学教授保罗·斯洛维克（Paul Slovic）和萨拉·利切坦斯泰因（Sarah Lichtenstein）等学者也曾经做过一项针对易得性启发法的专门研究，发现人们对不同死因造成的死亡率进行判断的时候在很大程度上受媒体报道的影响。鉴于媒体报道的两大基本原则为猎奇与戏剧效果，记者编辑更关注肉毒杆菌中毒或某些罕见病毒造成的死亡，而不是肺癌之类的常见疾病，更关注空难之类的大规模灾难或吸引眼球的事件，而不是像印度铁路交通事故之类的日常事件。但实际上仅 2011 年就有超过 15,000 印度人死于铁路交通事故，与同年死于日本大地震及海啸的人数大体相等。研究人员调查了 660 位成年人，其中 80% 认为每年死于意外事件的人数超过因中风去世的人数，但实际上后者是前者的两倍。大部分受访者认为龙卷风造成的死亡数字大于哮喘病，但实际上后者是前者的将近二十倍。此外，施瓦兹和他的研究团队还发现，如果是跟自己有关的事情，人们通常不会根据易得性原则或脑海中自动出现的因素进行判断，而是会从记忆中尽可能挖掘所有相关实例加以综合考虑。卡尼曼在《思维的快与慢》中这样写道：

他们招募两组学生讨论威胁心脏健康的各种风险，

其中一组学生有心脏病家族遗传史，另外一组则没有，研究人员认为前者更加重视心脏健康问题。他们要求两组学生写出自己日常生活中影响心脏健康的三种或八种生活习惯（要求一部分学生列出高风险行为，另一部分列出预防保护措施）。无心脏病家族遗传史的学生态度较为随意，回答问题的时候遵循易得性思维方式。对于没有家族遗传史的那组学生来说，列不出八种高风险日常习惯的人认为自己相对安全，绞尽脑汁也写不出多少有利心脏健康生活习惯的学生则认为自己前途堪忧。而有家族遗传史的学生则刚好相反：罗列的健康生活习惯越多，他们越觉得自己安全；能回忆起来的不良习惯越多，他们认为自己得心脏病的风险就越大。此外，后一组学生也更加重视此次风险评估对其未来行为的影响。

问题是，在媒体栩栩如生、连篇累牍的轰炸式报道面前，面对这些报道所引发的强烈情感反应，专业知识以及个人经验几乎完全没有抵抗之力。在知识层面上，你可能十分清楚搭乘邮轮前往阿拉斯加中途发生海难的几率微乎其微，但说到自己究竟是应该按计划订船票还是取消行程这一类个人决定的时候，想要战胜媒体关于沉船报道所引起的恐惧心理几乎是不可能完成的任务。

关于酷刑、测谎、鬼魂、鬼屋、心灵感应、税收、政府、预言家诺查丹玛斯、大型制药公司等话题，你可以稍微花点时间思考一下自己的观点有没有受大众媒体的影响以及影响程度有多大。实际上，我们对很多事情的看法在很大程度上取决于看过多少大众媒体对相关话题的报道。

如果想要克服这种易得性偏误，首先要认识到它的存在，然后采取必要的措施尽最大可能搜集综合全面的信息，最后再据此做出判断。坏消息是，有科学研究表明，具有某些性格特征的人更容易带有这种偏误。施瓦兹等人发现，相信直觉的人以及大权在握的人（或者自认为强大的人）更容易受记忆或经验的易得性影响，是不是能记起具体内容相比之下对他们并不重要。此外，研究还表明，如果你从记忆中搜索到的第一条内容就是刻板印象或伴随着愉悦的情感，那么这种易得性偏误就会变得更加难以克服。

13. 逆火效应（*backfire effect*）

如果有人提出证据反驳你的观点，请花点时间对其进行认真的分析和思考。切勿一头钻进牛角尖，固执地一味为自己的观点进行辩护或者将对方提出的证据不当一回事。

逆火效应是一种很奇妙的反应。面对与自己所持观点相反的证据，很多人不是用开放的态度去对待它，认真考虑其是否正确，然后根据思考的结果继续坚持或者修正自己的观点，而是死抱住原有的观点不放手。没错，真的是这样。对有些人来说，反面的证据越多，他们就会越发坚信自己的观点正确无误。你可能会认为，作为一个理性的人，其观点一定是建立在证据的可信度这个唯一的基础之上，任何反面的证据都会削弱其信念，而不是使其更加坚信自己原有的观念。但越来越多的科学研究成果表明，在这个问题上，大多数人并没有他们自认的那么理性。

新闻记者戴维·麦克兰尼（David McRaney）对逆火效应的总结十分精妙："当你深信不疑的观点受到反面证据挑战的时候，你的信念反而会因此变得更加坚定。"

"逆火效应"这一术语的发明者为政治学家布伦丹·奈恩

（Brendan Nyhan）和杰森·雷夫勒（Jason Reifler），用以描述反面证据出现后反而更加死抱原有立场不放这种非理性反应。对于记者和其他试图通过辩论或讨论说服他人改变主意或纠正错误的人来说，逆火效应非常令人恼火：因为这意味着我们的目标毫无意义，我们的努力注定会失败。我们在辩论中表现得越好，对全球变暖持否定态度的人就越是坚持自己的错误，那么就算我们能提出全球变暖的有力证据或者指出对方观点所存在的明显问题，那又有什么用呢？我们花时间、费精力向年轻一代的地球创造论者解释进化论，逐条逐条地反驳他们的论点，如果所有这些努力只能让他们更加坚信自己错误的理念，那又有什么意义呢？我们对敌视疫苗的人苦口婆心地解释免疫对孩子有很多好处、不注射疫苗有很多可怕的后果，如果这只能进一步加深他们对疫苗的仇恨，那我们为什么还要在他们身上浪费时间呢？有些人相信奥巴马信奉穆斯林，不相信他出生在夏威夷，跟他们争论这些问题注定只会无功而返。不论你拿出多少证据，他们也不会改变主意；更糟糕的是，证明他们不对的证据越多，他们的信念反而会更加坚定。

有人说奥巴马总统的出生地不是夏威夷，有人说某个神灵在同一时间创造出地球上的所有物种，有人说根本就不存在物种进化，有人说疫苗内充斥着各种有害物质、会导致儿童智力退化、自闭症甚至死亡；你想要驳斥这些无稽之谈，真的会有成功的希望吗？澳洲昆士兰大学全球变化研究所的约翰·库克

（John Cook）和西澳大学心理学院的斯蒂芬·莱万多夫斯基（Stephan Lewandowsky）在《澄清真相》手册中提出了一些看上去不错的建议：

> 澄清真相的有效方法包含三大要素。首先，辩驳的焦点必须针对核心事实而不是无稽的传言，以避免错误的信息有机会在坊间流传并进而为公众所熟悉。其次，每次提及无稽传言之前都要明确警示读者以下所引用的信息是错误的。第三，辩驳中应提供对原错误信息重要论据的替代解释。

看上去很简单，不是吗？不管怎么说，像我们这种经常参与公开辩论的人都认为，只要提供实实在在的信息，应该就足以让辩论对手回心转意，改变立场。但是，在有些问题上，宣传机器就像巨人歌利亚，即使有再多的大卫也没有希望能将他打倒。唐纳德·普洛瑟罗（Donald Prothero）在"我们怎么知道全球变暖是真的而且是由人类活动所造成的"一文中提到："联合国政府间气候变化专门委员会发表 2007 年报告当天（2 月 2 日），英国《卫报》发布消息称，较为保守的美国企业研究所（主要赞助商为石油公司及保守派智库）向愿意写文章驳斥该报告的科学家提供 10,000 美元外加差旅费的研究资金。"虽然政府间气候变化专门委员会提供了气候变化的大量可靠信息供新闻记者、政府官员以及各国公民查阅，但只顾自己利益的石油公司、煤炭公司以及保守派智库手中掌握着强大的宣传机器和丰富的媒体渠道，科学数据的传播范围与影响力相比之下实在是太过微不足道。

古语云："三人成虎"，一句话说得多了也就变成真的了。当然，一个错误的观点就算重复再多遍，其真相值也不会有丝毫增加。但是人们总是倾向于将自己熟悉的观点当作事情的真相，而宣传机器最擅长的事情就是通过不同的媒体渠道一遍又一遍不停灌输同样的错误信息。如果你想通过提供准确信息来对抗错误信息，则有可能会产生意外后果，反倒进一步坚定了人们对错误信息的信念。那么明辩思维者在这种情况下又能做些什么呢？这就是所谓"做也错、不做也错"的两难境地。

像我们这些经常参与公众辩论的人会遇到各式各样的人：否认"9·11"、相信占星术、反对免疫注射、否认奥巴马出生在美国、否认气候变化、否认进化论、否认大屠杀、提倡顺势疗法、信奉玄学理论等等，我们对改变他们的观点并不抱什么希望。我们只希望那些读过我们的辩论文章、参与我们的辩论、听过我们的演讲或者看过我们视频节目的人能不全盘接受我们反对的那些观点，希望我们提供的信息和观点能够影响部分旁观者、观众、听众以及读者。举例来说，我们反对烟草公司的香烟宣传并不是为了敦促公司高层改变主意，而是为普罗大众、健康事务官员以及政治家提供可靠信息，以便他们在做出有关吸烟以及烟草制品销售管制决策的时候将这些信息纳入考虑范围。同样的，我们驳斥玛雅人早在几个世纪以前就预言世界将在 2012 年底毁灭这一传言，目的不是为了让那些专门为此写书、发帖广而告之的人改变想法，而是为了反驳神话贩子们的无稽之谈，缓解公众不必要的恐惧和焦虑情绪。

那么，我们到底应不应该相信提供切实可靠的信息能够对某些人产生正面的影响，进而让他们接受进化论、人类活动造成气候变化以及西医具有科学性这些观点呢？如果我们连这个都不信的话，那人类还不如干脆直接放弃教育算了。人对很多事情的看法都不是一成不变的，每个人都在不断地学习新的知识。尽管如此，我们还是应该清楚地认识到，人类的大脑并非如我们所想象是一枚直扑事实真相的火箭，只有充分了解人类自身的弱点，才能更好地说服别人。研究表明，人在情绪好的时候更容易接受与自己观点相左的意见。因此，在准备说服略带敌意的听众之前，我们最好运用影响偏误这一技巧引导他们先保持良好的自我感觉，让他们记起过去某个时间做了某件有价值的事情（自我肯定）。面对与自己观念相冲突的见解，人在自我感觉良好的时候不会感到太大威胁。当然，这个办法可能有效，但我不敢打包票。

逆火效应最集中的一个地方就是邪教组织。玛丽安·科琪（Marian Keech），真名多萝西·马丁（Dorothy Martin），是上世纪五十年代一个 UFO 邪教组织的领袖。她声称能够通过自动书写收到来自外星人"守护者"的信息。和四十年后出现的"天堂门"邪教徒一样，科琪及其自称"追寻者"或"七道光兄弟会"成员的追随者时刻准备搭乘飞碟离开地球。根据她的预言，地球将在 1954 年 12 月 21 日毁于特大洪水，只有她这个十一人小团体能够得救。当然，她预言之日并没有发生特大洪水，"守护者"也没有前来接走他们。罗伯特·莱文（Robert Levine）在《说服别人的艺术》一书中这样写道："于是科琪兴高采烈地说她刚刚收到守护者发来的感应信息，说由于她的信众团体信念坚定，光辉普照大众，因此上帝特别恩赐地球免于灾难"。更重要的是，"追寻者"们并没有抛弃她，反而在她预言失败之后变得更加虔诚。地球没有如她预言的那样毁灭，但之后只有两个人离开了这个邪教组织。"大部分信徒不仅留了下来，而且比以前更加坚信科琪自始至终一直都是对的……预言失败反而让他们成为真正的信徒"。

如果"追寻者"认为飞碟不会来接他们离开地球，那他们一开始就不会等待它的到来。当飞碟没有按时出现，有头脑的人就会意识到科琪当初的预言是错误的。但是，对科琪的忠诚让那些追随者成为没有独立思考能力的人。他们认为飞碟会将他们带离地球，这一观点的基础是信仰，而不是证据。同样，他们认为预言失灵不会影响他们的信念，这也说明证据对他们来说并不重要。面对拥有这种非理性思维的人，想要用证据来说服他们并让他们认清自己所犯的错误，这完全没有任何意义，最后只能无功而返。因为这种信念的基础不是证据，而是对某个人的忠诚。这种死心塌地的忠诚能够为最可鄙的预言注入合理性。不少实际例子均表明，出于对邪教领袖（伴侣或男友）的忠诚，有些人会为后者一些极端恶劣的精神及身体虐待行为进行合理化辩解或者干脆直接无视。如果一个人信念的基础是对某个强大人格毫无理性的忠诚，那么面对足以摧毁其信仰的证据，他唯一的选择就是继续非理性下去，除非他一开始信念就不够坚定。科琪到底是怎么让这些人相信她的？这些人为什么在科琪面前如此毫无抵抗能力？那两个离开邪教组织的人跟留下来的人有什么不同？我无法回答这些问题，只知道科琪和其他邪教领袖以及擅长说服别人的非邪教人士有很多共同点。

莱文在《说服别人的艺术》中指出："研究表明，说服别人的能力与感知权威、诚实度以及亲和力密切相关。"此外，我们一般会喜欢外形漂亮俊朗的人；我们越喜欢某个人，对他或她的信任度就越高。研究表明，与你有眼神接触且说话时态度自信的人更能得到你的信任，他们说些什么有时反而不那么重要。

莱文还表示，出乎人们意料的是，研究未能揭示具有哪种个性的人群更容易被邪教吸引；换言之，人群中不存在具有邪教倾向的个性类型，因为加入邪教的人在性格上不尽相同，什么样的都有。莱文对此表示十分诧异。最初开始研究邪教的时候，他跟大多数人一样相信大部分邪教信徒都有心理问题或属于宗教狂热分子。但他后来发现，吸引邪教信徒的几乎全都是看上去充满爱的社团组织。"关于邪教最具讽刺意味的是，最疯狂的团体和成员通常都非常关心他人。"莱文说邪教领袖吉姆·琼斯（Jim Jones）是个"超级销售员，能熟练运用各种说服别人的技巧"，具有极高的权威性、诚实度、亲和力。玛丽安·科琪或许也是这样。很多邪教成员或许在邪教组织那里找到了自己的替代家庭，并将领袖视为其代父或代母。

此外还应该记住的是，在大部分情况下，人并非一夜之间完成了对非理性观点的信仰，一定是经过一段时间的累积和逐渐升级，最后才会全身心投入进去。如果你一开始就对人说："跟我来吧，喝下这杯有毒但美味的水，跟我一起自杀吧。"我相信没人会加入这种邪教组织。不过琼斯镇里也不是所有人都自愿喝下掺了氰化物的草莓汁；科琪预言失败后还是有两位追随者选择了离开。那么，他们和其他人到底有什么不同？答案很简单：他们对领袖的信念不够坚定。

即使是那些错误地认为自己所持观念具有科学性的人，他们也经历了一个渐变的过程，经过逐渐升级，最后演变为不可逆转的非理性状态。心理学家雷伊·海曼（Ray Hyman）曾在"观念运动的恶作剧"中提到过一个有趣的逆火效应例子，参与测试的是加州一些相信应用运动学理论的脊椎按摩师（应用运动学是脊椎按摩师乔治·古德哈特发明的一种诊断方法，通过人工测试肌肉阻力判断人的健康程度）。

几年前我参加了在加州山景城华莱士·桑普森（Wallace Sampson）医生诊所举办的一次应用运动学测试。一组脊椎按摩师在现场演示治疗过程，几位医生进行观察。按摩师们一致同意先自行选择演示方式，然后由我们对其进行双盲测试。

按摩师们首先演示的是人体对葡萄糖（"坏"糖）和果糖（"好"糖）的不同反应，这也是他们认为比较重要的一个诊断方法。首先，他们循例表示不同的按摩师所产生的实际效果会有所不同，因此无法提供任何科学保证。根据按摩师的要求，志愿者仰面朝天平躺在台子上，抬高一侧手臂至与身体垂直。按摩师先在志愿者的舌头上滴一滴葡萄糖水，然后将其抬起的手臂用力向下按，直至与身体水平，同时要求志愿者用力抵抗这种向下的压力。几乎所有志愿者均无法抵抗按摩师向下的压力。按摩师解释说这是因为志愿者的身体识别出葡萄糖是一种"坏"糖。接着让志愿者用清水漱口，然后在他们舌头上滴一滴果糖水，这次几乎所有志愿者均成功抵抗住了按摩师对其手臂向下的压力。根据按摩师的解释，这是因为他们身体识别出果糖是一种"好"糖。

午休后，护士送来一大堆试管，每个试管上都有一个编号，没有人知道哪个试管里装的是葡萄糖，哪个试管里是果糖。护士放下试管后离开房间；这样一来，在下午的测试中，整个房间里没有人知道某个特定试管里装的到底是葡萄糖还是果糖。测试内容还是重复上午的手臂按压。所谓双盲测试就是指志愿者、按摩师、观察者均不知道滴在志愿者舌头上的溶液是葡萄糖还是果糖。和上午一样，志愿者有时能够抵抗得住按摩师向下的压力，有时不能，我们负责记录每次实验的结果以及装溶液的试管编号。测试结束以后，护士送来与试管编号对应的溶液种类表格。我们将其与测试结果一一对应，发现志愿者的手臂是否能够抵抗治疗师向下的按压力与"好"糖、"坏"糖毫无关系。

听我们宣布了最终结果以后，领队的按摩师转身对我说："你看，这就是我们为什么不愿意做这种双盲测试，因为从来都没成功过！"起初我以为他在开玩笑，谁知他是认真的。因为他"知道"应用运动学十分有效，虽然科学研究方法得出的结论刚好相反，但在他看来有问题的一定是科学方法。

脊椎按摩师与邪教组织成员的区别就在于前者的推理基于来自经验的证据，而后者的推理则基于纯粹的信仰以及对宗师或预言家的忠诚；但二者有一个共同点，那就是均不可被证伪，因为忠实的信徒不允许自己的信仰被人证伪，所以不接受任何

与其信仰相左的证据。所有将观点建立在经验以及他们自认为
实证或科学证据基础上的人，包括星象学家、看掌纹者、灵媒、
有特异功能的人、创世论者、脊椎按摩师等，他们假装愿意让
人对其观念进行测试，实际目的却是要捍卫自己的信念，反驳
一切挑战。从这个意义上说，他们是自我辩护者，而不是有思
辨能力的人。

14. 想当然（*begging the question*）

有些人认为自己的观点无需证明、天生正确；一定要小心这样的人，尤其当你认同他们观点的时候。[1]

想当然是一种推理谬误，指认为自己提出的观点无需证明，能够不证自明。论证是一种推理形式，要求必须用一个或多个理由以及严谨的推理过程来支持所提出的观点。理由也被称为前提条件，最后得出的观点就是结论。如果你根据前提条件得出结论，但前提条件本身存在问题，则该推理过程即被称为"想当然"。以下即为想当然的典型例子：

我们知道神一定存在，因为我们能够看到创造的完美秩序；而这种秩序在设计上明确展示了这种超自然的智慧。

上述推理的结论是"神一定存在"；前提条件是存在宇宙

---

[1] 很多人使用 "begs the question" 这一词组的时候将其等同于"提出问题"，这种用法与"想当然"这一逻辑谬误毫无关系。——作者注

的缔造者和设计者，即存在神。在这一推理过程中，论者不应该想当然地认为宇宙展示了智慧设计，应该为该观点提供支持证据。以下为想当然的另外一个例子：

> 堕胎是对人类不正当的杀戮，因此是一种谋杀。谋杀是非法的，因此堕胎也应该是非法的。

上述推理的结论来自前提条件。如果你认为堕胎是谋杀，就会很自然地推论堕胎非法，因为谋杀是非法的。因此，论者从"堕胎是一种谋杀"这一前提得出"堕胎非法"这一结论。在这个推理过程中，论者不应该想当然地认为堕胎是一种谋杀，而应该为这一观点提供支持证据（既然说谋杀是对人类不正当的杀戮，那么论者就必须证明每例堕胎都是对一个人不正当的杀戮；退一步说，虽然很多人并不同意，但就算每次堕胎都意味着杀了一个人，这也并不意味着每次堕胎都是一次不正当的杀戮）。以下为另外一个想当然的例子：

> 超自然现象是存在的，因为我所经历的那些只能用超自然现象来解释。

上述推理的结论是存在超自然现象；前提条件是论者有超自然的亲身体验，所以超自然体验确实存在。问题是，论者不应该想当然地认为其亲身体验属于超自然范畴，应该为该观点提供切实的支持证据。以下是另一个想当然的例子：

> 儿童的前世记忆证明人有前世，因为孩子不可能有其他的记忆源，这些记忆只能来自他们前世的生活。

上述推理的结论是"人有前世"；前提条件是儿童均有前世。论者不应该想当然地认为儿童都有前世，应该用证据证明这一论点（如果你想说孩子除了前世意外不可能有别的记忆源，那你就不应该想当然地认为这一论点无需证明，而是应该寻找证据来证明它）。佩里·马歇尔（Perry Marshall）在"如果你能读懂这句话，我就能证明上帝的存在"这篇文章中也提到过一个有趣的想当然例子：

> 1. DNA不仅是带有模式的分子，还是一种代码……一种信息存储机制。
> 2. 所有代码都是有意识的头脑创造出来的；科学界未发现能够创造代码信息的自然过程。
> 3. 因此DNA是由头脑设计出来的。

所有代码都是有意识的头脑创造出来的，这是一个需要证明的观点，马歇尔却直接将它拿来用，当作自己演绎推理过程的前提条件。

15. 偏误盲点（*bias blind spot*）

你有没有想过，为什么人对自己的偏误视而不见却能准确指出别人的偏误？这很有可能是因为我们都认为自己"优于平均水平"，认为别人不是这样。实际上，这种观点本身就是一种偏误。

普林斯顿大学心理学家艾米丽·普朗尼（Emily Pronin）及其同事于 2002 年提出"偏误盲点"这一概念，用来描述人们一般更能感知他人在认知和动机上的偏误，却对自己的偏误知之甚少。相比认知偏误，偏误盲点属于元偏误这一类别，因为它指的是对认知偏误判断不准确。

普朗尼等人通过研究发现，人们总是认为自己比其他人更少偏误。在他们的一项研究中，研究人员告诉带有"优于平均水平"这种认知偏误的实验对象，偏误会对人类产生下意识的影响；但仍有 63% 的人坚持认为其自我评估是准确和客观的。另一项研究表明，实验对象均认为"别人对考试表现的自利归因存在认知偏误，而他们自己的自利归因是公正和准确的"。

"优于平均水平"偏误指人们总是会认为自己在任何事情上的

表现都高于平均水平。例如，74% 的经理人认为自己的表现优于管理者的平均水平。漫画家司各特·亚当斯曾在 2013 年 1 月 18 日发表的系列办公室漫画作品中提到过这一研究成果。漫画主人公呆伯特的老板表示：这岂不是说还有 26% 的经理不知道自己优于平均水平。对此呆伯特只好回答："好吧，你们全都是排名前 110% 的最佳经理总行了吧。"

普朗尼和马修·库格勒（Matthew Kugler）在"重视思想，忽视行为"一文中认为偏误盲点是因为"人们在评估自身偏误的时候更关注内省信息，而不是行为信息"。偏误盲点所产生的后果就是人们总是相信自己的观点是正确的，来源是可靠的，认为持不同意见的人观点偏颇，来源不值得信赖。

理查德·韦斯特（Richard West）等人于 2012 年发表文章"认知成熟度不能减少偏误盲点"，认为"摆脱偏误盲点并不能让人避开经典认知偏误的陷阱"。他们还指出，拥有较高的认知能力并不意味着其偏误盲点水平一定会低于其他人。与此同时，韦斯特等人也不认同乔纳·雷尔（Jonah Lehrer）2012 年 6 月 12 日发表于《纽约客》的文章"为什么聪明人很傻"中所提出的观点，即"较为聪明的人更容易犯思维上的错误"。因为他们发现实际情况刚好相反：大部分认知偏误均与认知成熟度呈反比关系。

16. 因果谬误（*causal fallacies*）

　　事物具有相关性并不意味着一定有因果关系；两件事先后发生是一种时间关系，并不表示二者之间存在因果联系。

　　因果谬误指声称一件事（姑且称之为"X"）导致另外一件事（"Y"）的发生，但实际上并没有足够证据证明 X 是 Y 发生的必要条件或者充分条件。因果谬误通常表现为两种形式：一是后此谬误，即认为"后此，所以因此"；二是发现 X 与 Y 之间存在某种联系后便过早得出二者之间存在因果关系的结论。后此谬误也叫事后归因谬误，将在本书后面的章节里专门论述，这里我着重讲述由于相关性的误用而导致的因果谬误。

　　首先让我们来看一个正确的因果关系推理。吸烟会导致肺癌这一论点基于实实在在的统计数据，认为患某种特定肺癌的病人如果从不吸烟，则有很大概率不会患上这种癌症。换言之，抽烟是患这种特定肺癌的必要条件之一。当然，这样的表达有可能会误导读者，因此需要进一步的解释。显然，从来不抽烟的人也有可能患肺癌，因此得肺癌的人并不一定全都是烟民。如果我们说吸烟对某个具体的肺癌病例来说是其中一个必要条件，这就是说：对该特定病人来说，抽烟是罹患该种癌症的必要条件。我们换一种简单的表述方式来说，如果这个人不抽烟，那他有可能就不会得这种吸烟导致的肺癌。这样表述貌似已经无懈可击了；问题是还存在着另外一种可能性，即很多人都有抽烟的习惯，但他们并没有得这种吸烟导致的肺癌。

那么，究竟应该如何论证吸烟会导致肺癌以及吸烟是得癌症的必要条件这一观点呢？首先，你需要提出一个假设，然后对其进行实验测试。例如，如果吸烟的确能够导致癌症，那你随机挑选十万人，将他们分成吸烟和不吸烟两组，然后在随后的二十年时间里对他们进行跟踪观察，最后就会发现吸烟组别得肺癌的人数远远大于不吸烟组别。此外还需要运用统计公式衡量实验数据的统计学意义，证明两组数据之间的差别不大可能源于偶然概率。至此你仍然不能急于下结论说吸烟会导致肺癌，还需要提出更多假设，做更多的实验对这些假设进行验证。这些假设中应该综合考虑各种情况，包括吸烟史、每日抽烟量、戒烟时间有多长等等。

不过，如果想要建立因果关系，仅仅找到一个符合"因为X所以Y"这一假设的统计数字是远远不够的。例如，西弗吉尼亚州有家医院的肺癌病区里三十位病人全部都是煤矿工人，于是你推断出煤炭粉尘导致肺癌这一结论。如果你接着又发现这三十个人全都抽烟呢？问题就会变得有点复杂了，因为煤尘有可能是导致肺癌的因素之一，也有可能抽烟是导致肺癌的唯一因素。所以你需要进一步提出假设，继续进行实验测试，看是否能将煤尘从致癌因素中剔除出去。

如果 X 与 Y 之间存在因果关系，那么 X 和 Y 之间一定存在某种联系。换言之，Y 一定会紧随 X 之后发生，X 一定会发生在 Y 之前，当 X 增加或减少的时候，Y 也会随之发生相应的变化。但这并不是说只要 X 与 Y 之间存在某种联系，这种联系就一定是因果关系。人的年龄与鞋帽的码数、身高、体重之间有一定关系，但它们之间并没有因果关系。

仅凭二者之间有关联不能就此断言这种关联一定是因果关系；因为除了因果关系之外，相关性至少还有另外三种可能性。

首先，这两件事情的发生有可能纯属偶然。

其次，二者之间可能存在因果关系，但无法确定哪个是因哪个是果。例如，你发现高中性教育课的增加与青少年怀孕率的增加之间存在相关性，但你从这两者的关联性中无从得知这究竟是一种偶然现象、还是性教育课引发了青少年对性行为的兴趣（并导致怀孕率上升），或者是因为怀孕率的上升才促使学校管理层决定增加性教育课程。

第三，二者之间可能存在因果关系，但并非因为 X 导致 Y或者 Y 导致 X，而是因为第三个因素 Z 导致 X 和 Y 或者 Z 和 X共同导致 Y（或 Z 和 Y 共同导致 X）。例如，对某个特定年龄组的女性来说，服用避孕药与出现血液凝块之间存在一定的相关性，但是当吸烟行为受到控制以后，上述二者之间的关联便不复存在。关于这个问题的一项研究发现，相比只抽烟不服用避孕药的测试

人群，吸烟加服药人群发生血液凝块的几率明显增大，而不抽烟
只服药的人群出现血液凝块的概率与常规人群数字持平。

　　另一方面，如果 X 与 Y 之间存在因果关系，那么二者之间
必然存在密切关联，这样我们才能够提出 X 导致 Y 这一假设并
进行实验测试。例如，如果使用手机真的会引发脑瘤，那么手机
用户患脑瘤的几率会大大高于不用手机的人群。鉴于到目前为止
尚未有任何数据支持上述观点，这就说明使用手机并非导致脑瘤
的主要原因。就算我们找到了使用手机与患脑瘤之间密切关联的
证据，这也不足以证明二者之间一定存在因果关系。因为在你急
着下最后的定论说手机会导致脑瘤之前至少还应该再做两件事：
首先必须排除二者之间存在其他非因果关系的可能性；其次需要
提出更多可测试的假设，最好比起初提出的观点更加严谨。

　　很多人将随机对照研究方法当作科学界的黄金标准，在医
药界就更是如此。但很多变量都会影响对照研究的最后结果，
因此不要期望只靠一次研究就能解决全部问题。如果对照组的
规模较小，同时出现了不止一个结果，就需要更加谨慎。例如，
弗雷德·西歇尔（Fred Sicher）与伊丽莎白·塔格（Elisabeth
Targ）所做的远距离治疗研究项目只有 40 个艾滋病人，却得
出了 23 个不同的结果。其中一些病人接受过某祈祷小组的祈祷，
但不是全部病人。由于该项研究的样本规模过小，加上 23 个结
果中只有很少几个显示祈祷与治疗效果之间存在显著联系，再
加上随机率的影响，因此完全不足以证明祈祷与远距离治疗之

间存在因果关系。

　　由于实验结果确认了某个假设便因此认定该假设在很大程度上能够成立，这是最常见的一种因果逻辑错误。就算实验结果果真如你所愿证实了之前的假设，如果不能排除其他的合理解释，那么这一结果最多只能证明你所做的假设没有被排除。过去一个多世纪以来，心理玄学家们努力想用实验来证明超感官知觉和意志力的存在。在他们的这些实验中，上述错误的演绎推理随处可见，被专门命名为"超感官假设"，即认为在超能力的测试中，只要出现明显偏离偶发概率的事件就能证明发生了异常或超自然现象。偏离偶发概率的确符合超感官存在的假设，但在排除所有其他合理解释之前，不能因此就仓促下结论说找到了能够证明超心理存在的证据。因为关于超心理实验的数据还有其他的合理解释，其中最常见的是被测人弄虚作假。当然，实验者亲自在测试中作弊这种情况较为罕见，但也不是完全没有这样的先例（如索尔和古尔德尼在 1941-1943 年所做的实验）。有些实验结果曾被迪恩·雷丁（Dean Radin）等心理玄学家视为铁证，但后来被人发现很多方法论上的错误以及草率和不严谨之处。例如，卡尔·萨金特（Carl Sargent）的研究成果在达利尔·贝姆（Daryl Bem）与查尔斯·霍诺顿（Charles Honorton）所做的甘兹菲尔德超感官知觉全域实验中起了关键性的作用，被很多人视为存在心灵感应或隔物透视等超能力的铁证。但是当英国作家苏珊·布莱克摩尔（Susan Blackmore）第一次来到萨金特实验室参观时，她被眼前的景象惊呆了：

> ……我来到萨金特在剑桥的实验室，一些最好的甘兹菲尔德超感官知觉全域实验结果就是在这里得到的。霍诺顿总共做过二十八次实验，其中有九次都是在萨金特这个实验室里完成的。但是我在那里的所见所闻严重打击了我对整个研究领域的信心，包括那些宣称实验非常成功的学术论文。
>
> 这些实验在论文中看上去设计完美，无懈可击；但实际上很多地方存在欺诈与错误。我在实验室里按照设计程序做过一次实验，当场就发现了几个错误和问题。最后我得出结论：那些发表的论文关于实验的描述很不准确，实验结果不能作为证明超感官知觉存在的可靠证据。

你不能简单地用某个武断的公式判定实验数据不可能源于偶发概率，因此将其作为可证明存在超自然现象的证据；因为这么做之前你还必须考虑实验过程中是否存在其他错误因素，比如感官泄密、实验者影响、方法论有问题、滥用位移和超感官能力暂时缺失等借口、误用数据等（位移是心理玄学家经常使用的一个专门词汇，指超感官知觉卡片实验中信息发送者与受测者之间不同步，后者作为信息接收者在隔物透视或感应物体的时候会超前或落后一两张牌。超感官能力暂时缺失则是一种特例假设，有些心理玄学家用它来解释失败的测试。如果受测者的表现水平低于随机率，他们会说这对其提出的超感官知觉假设没有任何妨碍，因为受测者之所以失败，完全是因为他对超感能力或心理玄学家抱有消极的不信任态度）。

将相关性误当成因果关系在医学界也很常见。我在这里列举两个比较突出的例子，均与核磁共振成像技术的使用有关。二十世纪八十年代末，核磁共振开始广泛应用，如果病人出现严重背部疼痛，医生就会要求他们去做核磁共振检查。核磁共振成像能让医生看到很多东西，其中包括会导致严重背疼的椎间盘突出。医生根据核磁共振成像就能诊断出背疼是否由于椎间盘异常而导致。在没有核磁共振技术的时候，背疼最常见的治疗方法就是不做任何治疗，大部分情况下病人都能自愈。后来有了核磁共振术，于是便有了各种手术，以减轻椎间盘突出所带来的疼痛。但是严格说来，如果想要证明背疼的确是椎间盘异常所导致的，那么科学家还应该对照观察没有背部疼痛人群的核磁共振片。1994 年，终于有 98 个没有背疼症状的人照了核磁共振片，结果发现他们中三分之二都有腰间盘异常问题。这样看来，或许背痛根本就与腰椎间盘突出无关，如果人人都去做核磁共振检查的话，可能每个人都有问题。

还有一个例子就是在受伤运动员身上滥用核磁共振技术。棒球投手如果手臂受伤，医生通常会根据核磁共振检查结果对其异常部位进行手术。弗洛里达州著名运动医学骨科专家詹姆斯·安德鲁（James Andrews）提出核磁共振检查结果有可能会误导医生。他扫描了 31 位健康职业投手的肩膀。这些运动员既没有受伤，也没有感觉身体任何部位有疼痛，但是检查结果却显示 90% 的投手肩关节软骨异常，87% 的投手肩袖肌腱异常。这一发现成为核磁共振显示的异常状况不是导致投手疼痛原因的有力证据。

相比之下，流行病学家更容易基于相关性而得出因果关系的仓促判断。流行病学家沃德·罗宾逊（Ward Robinson）在"流行病领域存在的问题"一文中指出：

……塑料中含有一种化学元素，它无处不在，每个人身体里面都有，关于它的研究正在全国范围内展开。因为这是一种化学元素，加上普遍存在这一特点，人们理所当然地相信这不会是什么好事，而流行病学家们则开始思考哪些疾病有可能与之相关。于是，他们将目光投向一切可能的疾病……研究了数以百计的已知疾病，查看是否有统计数字指向该化学元素。其实，早在他们这项针对性的研究项目开始之前，我们就已经知道他们一定能发现一个甚至多个相关病例。一旦他们发现某种疾病可能与之相关，且套用公式计算出来的统计数字 p 大于或者等于 0.05，媒体就会大张旗鼓地告诉公众该化学元素为致癌物质，会导致脚趾脱落之类的怪病。结果可想而知，所有人都惊慌失措，一窝蜂冲向 REI[1] 户外用品商场抢购不含化学物质的塑料水壶。当然，肯定会有人进行后续研究，结果发现得出上述结论的实验根本无法复制。但就算这些后续研究能够推翻前论，却遭到媒体的冷落，相关文章只能刊登在报纸第 15 版而不是头版位置。最重要的是，损失已经无可挽回。整个塑料制品业一落千丈，为脚趾脱落者打索赔官司的律师如雨后春笋般出现；为了营造真实效果，每个人都开始一瘸一拐地走路。

有些心理玄学家发现每当发生大多数人都会关注的重要事件，如王妃去世等，随机数据生成器都会发出示警声，他们将这项工作命名为"全球意识项目"。项目负责人迪恩·雷丁（Dean Radin）和罗杰·尼尔森（Roger Nelson）相信，如果有很多人都将自己的注意力集中在同一件事情上，他们就能"影响整个世界"，而随机数据生成器可以捕捉到这种影响力，并以"哔哔"声通知他们。除了因为存在某种联系就断定存在因果关系这一错误，他们还有选择偏误的问题，后者也是流行病学家经常会犯的错误。

---

[1] REI（Recreational Equipment, Inc.）是美国也是全球最大的户外用品连锁零售组织。——译者注

17. 变化盲视（*change blindness*）

不要想当然地认为自己对眼前的一切都有足够的关注与认识。

变化盲视指无法察觉视线范围内的非细微变化，由罗纳德·伦辛克（Ronald Rensink）等人于 1997 年首次提出，不过在他们之前已经有过不少学者研究过这个话题。实验表明，人们通常会无视视野内较大幅度的变化；不论是逐渐发生的变化、短时间的闪烁，还是无规律的突然闪进闪出，结果全都一样。研究人员通过研究发现，大脑完成视觉再现似乎并不需要很多细节，也不会存储几十个细节对前后变化进行比较。人类的大脑不是录像机，无法持续处理接收到的所有感官数据，所以至少会在意识层面忽视大部分感官数据。

心理学家理查德·怀斯曼（Richard Wiseman）用变色牌小把戏视频所做的实验表明，人们对镜头切换或移动过程中发生的牌面变化几乎毫无察觉。其他实验也表明，如果在镜头切换后换上另外一位演员，大部分观众都没有留意到这种变化；测试者与站在柜台后的某人交谈，如果后者离开（弯腰藏在柜台后面或者离开房间），另一人迅速代替他站在原位，很少有人会注意到这一变化。

显然，变化盲视源自人类视觉处理系统进化的有效性，但同时也为欺骗打开了方便之门。当然，这也正是魔术师、巫师以及骗子们求之不得的事情。

18. 经典条件反射及安慰剂效应
(*classical conditioning and placebo effects*)

不要盲目相信让你病痛消失的那些神奇方法，因为这有可能只是一种经典的条件反射。

经典条件反射是一种学习形式，也可以说是一种生理变化，其基础是在刺激与反应之间建立起特定的联系，于是大脑就会记住这种联系并影响将来的类似体验。对刺激的生理反应中有一些是无条件的，会不受控制地自然发生，如眨眼、畏缩、吃到或闻到食物就自动分泌唾液等。其他生理反应则需要有相应的条件。巴甫洛夫做过一个非常有名的实验：喂狗吃东西之前先摇铃，后来狗只要听到铃声就会流口水，因为它已经将铃声与食物紧密联系在一起。注射吗啡会让狗分泌唾液；后来，就算改为注射生理盐水，狗仍然会分泌唾液。同样，条件反射训练也会让人类释放内啡肽、儿茶酚胺、皮质醇以及肾上腺素等化学物质。

如果没有注射过任何有效的止疼药，但病人却声称其病痛得到了缓解，这就是安慰剂效应。更准确地说，在有些情况下，病人已经学会将病痛的缓解与释放吗啡的按钮或吗啡针剂联系起来。根据我自己的亲身经验，当初发明吗啡注射装置让病人自己掌控注射剂量，其目的就是为了避免病人摄入超出安全范围的剂量。病人根据需要按下装置按钮释放吗啡药剂，但达到规定剂量之后，装置即自动停止供应吗啡，代之以释放生理盐水。但是病人仍然认为自己得到的是吗啡，所以在按下按钮后会条件反射地感觉疼痛得到缓解。

条件反射以及联想学习，再加上心理预期与自我欺骗，这些或许可以解释为什么有些动物能从灵气疗法、针灸或其他"能量治疗"中得到身心的安慰与放松。所谓灵气疗法就是治疗师用双手在病人身体的伤口、生病或酸痛部位的上方来回摆动，用产生的灵气达到治疗效果。有些人表示经过灵气治疗后确实感觉好多了。有位女治疗师声称自己曾经用灵气治好过几匹马。我认为马匹之所以在接受灵气治疗之后健康状况有所好转，这完全是安慰剂效应。她不同意我的观点，反驳道："动物对灵气疗法不报任何成见，对治疗也不会有什么期待，所以对动物来说根本就不存在安慰剂效应。"实际上，虽然我们称之为安慰剂效应，说到底其实只不过是对某个特定刺激的条件反射而已。既然大家都承认动物也会有条件反射，这就说明条件反射不是有意识的行为，不一定非得通过拍手或摇铃这些广受认可的方式表现出来，当然也不涉及相信与否。兽医或宠物主人在动物受伤或生病时通常会有一些固定的安慰手法和模式，这些都有可能导致动物产生条件反射。

为了向我证明安慰剂效应无法解释灵气治疗所产生的积极效果，上述女治疗师详细讲述了她是如何用灵气治好两匹马的故事。鉴于第一匹马在接受灵气治疗之前已经在兽医那里打过抗生素和消炎药，所以我认为这些药物有可能在兽医放弃之后才开始起作用，但因为刚好在灵气治疗之后药物开始奏效，所以实际上是灵气治疗师抢了兽医的功劳。由于兽医对马匹的治疗时间持续了好几个星期，与其相信某种难以捉摸的能量不知怎么就神奇地治愈了马匹，似乎还是相信口碑一向不错的医学更加靠谱。此外我还指出，一些未知因素可能也对马匹最终恢复健康起了一定的作用，或者是那匹马经过一段时间的修养自行恢复了健康。既然到目前为止还没有人提出过有关灵气的可靠运作机制，唯一的验证方法就是通过设计良好的双盲实验来证明灵气的功效。我查看了恩斯特（Edzard Ernst）、包塞尔（R. Barker Baussell）以及考科蓝合作组织的一些相关论文，却没有找到一例大样本、高质量的灵气双盲研究项目。但如果想证明灵气是一种可信可靠的治疗方法，这样的研究是必须的。当然，有些研究者找到了一些能够支持灵气疗法的证据，但我没有找到一例设计良好、大样本的双盲研究项目，更不用说对这些研究进行复制实验了。如果声誉卓著的专业期刊没有发表过此类研究论文，那我就有理由对此保持怀疑态度。

关于女治疗师用灵气治愈的第二匹马，我也提出了自己的疑问，即马匹在接受灵气治疗之前是否有人骑过它。之前因为主人担心马匹受伤，所以几年来一直都没骑过它；或许接受灵气治疗前马的伤腿已经痊愈了。治疗师完成灵气治疗后确实骑着马跑了一段路，但治好它的很有可能是几年前动过的那次手术，只不过之前从来没有人试骑过它，看它的伤腿是否已经痊愈，可以重新奔跑自如（当然，她没有回答我的疑问，出于什么原因还请读者自行忖度）。不管怎么说，虽然有人声称宇宙间存在一种难以捉摸的奇妙能量，能够对健康造成影响，能够被经过训练的灵气师操纵和利用；但在这种观点的可信性被证实以前，我们还是应该保持怀疑态度。对那些指责我思想保守、封闭的人，我只想说：有的时候，虽然出现了与我们所持观点不一致的证据，但我们仍然坚持原来的观点，那只不过是因为这些证据不够好。

条件反射不仅涉及较为明显的刺激手法，如针剂注射、服用药物、亲吻痛处等，还与治疗场所以及治疗流程等潜在因素有关，如医务人员身上穿的制服、嘴里说的医学术语以及手里用的医疗器具等。这些条件都会影响病人的心理预期，导致他们对治疗带来病痛缓解有所期待。此外，治疗者的行为举止对病人有很大的影响。研究表明，病人的期待会影响到很多治疗的实际有效性。包塞尔相信经典条件反射"是安慰剂效应的主要触发机制……必须先学习，然后才能起作用"。当条件反射与想要得到释放的欲望和动机相结合，不论是有效物质还是无效物质，都能迅速提高安慰剂效应。

此外，关于安慰剂存在一个较为普遍的误解，认为所谓的安慰剂一定以"假药片"这种特定形式出现，病人误以为自己服用的是内含有效成分的真药片，所以才会出现安慰剂效应。很多人都认为安慰剂效应不过是一种"心理作用"。实际上，如果有人误以为自己喝的是酒精饮料、服用的是毒品，即使饮料中不含酒精成分，所谓的"毒品"也是安全的替代品，他们仍会有服用酒精饮料或吸毒后才有的生理反应和行为表现。这就说明安慰剂效应并非仅仅停留在"心理作用"这一层面上。在重复服用有效药物以后，人就会形成条件反射，通过学习知道应该有什么样的预期，从而对不含有效成分的安慰剂也表现出同样的生理和行为反应。

安东奈拉·波洛（Antonella Pollo）等研究者在"安慰剂镇痛效果的反应预期及其临床意义"一文中指出，安慰剂的临床应用确实能够帮助人们缓解剧痛。马迪娜·阿曼佐（Martina Amanzio）等在"对止疼药的反应差异"一文中认为"安慰剂效应至少有部分生理基础呈现鸦片类药性"。这就说明我们的身体能够通过条件反射释放内啡肽、儿茶酚胺、皮质醇以及肾上腺素等化学物质。因此，有些人发现针灸与假针灸（针不刺穿皮肤）都能让他们的疼痛有所缓解，这是因为二者均为安慰剂，均可引发鸦片类药物培养起来的止痛效应。

疼痛学专家唐纳德·普莱斯（Donald D. Price）在"安慰

剂效应综合研究"一文中指出，条件反射和心理预期极大地影响了人们对疼痛的体验以及疼痛的缓解机制。包塞尔认为，对补充疗法及替代医疗的治疗师来说，他们最大的资产就是培养起病人对治疗效果的期待，因此"这些治疗方法通过详尽的解释、郑重其事的承诺、繁复的仪式流程培养人们对缓解疼痛的心理预期。"此外他还注意到，基于病人过去的个人经验和心理期待，医生开的止疼药能够对他们产生加倍的药效。关于经典条件反射所产生的效果、对疼痛缓解的心理预期导致焦虑和压力均大幅下降以及对能量医学的信念，不少能量治疗的倡导者将这些因素错误地当作是难以琢磨的神奇能量本身所带来的结果。

哈丽特·霍尔（Harriet Hall）医生说过两个关于条件反射的有趣例子。因为麻醉师误将生理盐水当成了利多卡因，有位病人在没打麻药的情况下做了输精管结扎手术。还有一位女病人再三声称只有杜冷丁才能治好她的头疼，但注射了生理盐水后马上头就不疼了。

所以，如果下次再看到有治疗师轻触病人的身体或者双手在病人的身体上方舞动，同时口中念念有词，然后病人就神奇地恢复了健康，请你花点时间思考一下有没有可能是条件反射在起作用。当然，并非你所见的一切都是安慰剂反应，有些安慰剂反应除了条件反射之外或许还有别的合理解释，问题有可能比你想的更加复杂。不过以下这些事情都不大可能会发生：治疗者打通了你体内的气或得到某个超自然存在的帮助、将其动物磁场传递给了你、释放出水的记忆中某种重要能量、敲一敲肚子就消除你疼痛的记忆。人们常说，如果听到马蹄声响，跑过来的多半是马而不是斑马，别想得太复杂。同样道理，如果听到某些神奇疗法，首先应该想到的是经典条件反射、自行痊愈、误诊、症状波动、病人的礼貌以及从属地位等因素。虽然你的第一个反应有可能是对神奇疗法发出赞叹，但这很有可能是因为受易得性偏误的影响而产生的反应。通常境况下，直觉是个不错的行为向导，但如果你想探求真理的话，就应该考虑直觉反应之外是否还有别的合理解释。

19. 集群错觉（*clustering illusion*）

大多数人都不擅长估算概率；而巧合也是确实存在的。如果你对统计学知识一无所知，最好不要假设某事具有统计学意义。不要因为发现事物之间存在某种关系就认定其一定是因果相关。

2003 年，萨克拉门托有位白血病患儿的母亲得知同一社区还有其他几个人也患了癌症，觉得这是有点蹊跷，于是对此事做了一番调查和研究，结果发现这个地区的癌症发病率奇高。我能理解这位母亲的迫切心情，她一心想要找到应该为自己孩子患病负责的过错方。此外，我也能理解为什么普通人一般都会认为自己的生活环境出了问题，才会导致这么多人患上癌症。但是，除此之外她至少还应该考虑以下几方面的问题。

首先，这位母亲的调查范围不够清晰明确，不仅仅局限于白血病，还涵盖了几乎所有癌症种类。其次，她的调查对象在其所在社区的居住时间并不一样，有些是土生土长的本地居民，有些则是成年以后搬过来住的移民。

流行病专家们认真研究了该地区的相关数据，认为它们并没有超出常规范围，并据此拒绝了对当地环境是否导致癌症高发的调查申请。他们认为相比萨克拉门托地区其他市镇，这位母亲所在地区的白血病发病率并没有太大的异常。后来，随着《萨克拉门托蜜蜂报》对这件事的跟进报道，政府最终还是启动了对当地水源的官方调查，但分析结果表明水中不含污染环境的毒素。2003 年 12 月 28 日，《蜜蜂报》又发表文章宣称在当地的树木中发现含有钨元素，并认为这种元素有可能就是导致癌症高发的罪魁祸首。实际上，钨并非已知的人类致癌物质，认为树木中所含的钨元素与人类患癌之间存在因果关系，这在很大程度上只是一种猜测。

对流行病学专家来说，《蜜蜂报》以及所谓的"癌症集群"正是集群错觉典型案例，即人们仅凭直觉就认定集中出现的偶然事件不是随机事件。对某些人来说，在某个特定空间出现了如此多的癌症病例，这足以证明癌症与未知的环境危害之间必定存在因果关系。但对那些熟悉数据并有一定数据分析知识和分析能力的人来说，在该特定空间出现这些数量的癌症病例完全符合概率法则。

1961 至 1990 年间，美国疾病控制中心调查过 108 个癌症集群，结果没有一例与环境因素有关。虽然这看上去似乎不大可能，但实际上加州任何一个社区的癌症群案例都有可能具有统计学意义。

统计概率通常情况下与人们的直觉刚好相反，因此人们对统计概率的评估往往是错误的，在此基础上进行选择性思考就会导致产生集群错觉。例如，很多人都认为抛硬币的时候不大可能一连四次全都正面朝上。实际上，如果连抛 20 次，那么接连四次全都正面朝上的几率高达 50%。连抛次数不同或者连续得到同一结果的次数不同，概率都会有很大的变化，其中有些概率数字乍看上去你会觉得完全不可能。

同样道理，在限定的时间范围内，超感官实验对象或探矿人的正确率有时会超过随机率，但这并不意味着某个事件就不是偶发事件。实际上，成功率是可以根据随机率预测的；因为这些成功的案例不代表非随机性，而正是随机性的表现。超感官能力研究者很喜欢将实验对象连续多次"猜中"的成功表现当作超能力不时发生变化的证据。

心理学家托马斯·吉洛维奇（Thomas Gilovich）及其同事曾经做过一项关于集群错误的研究，堪称经典案例，充分显示了我们在与自己观点不符的事实面前到底有多么固执己见。该项研究主要关注篮球运动中"连赢"、"连输"等概念，发现不论是运动员、教练员还是球迷，所有人都相信"连赢"、"连输"这些说法，认为某个特定的时间段有些运动员得分势头正旺，有些则运势不佳。研究团队认真分析了费城 76 人队 1980-1981 赛季的所有比赛数据，结果发现球员的投篮连续命中率与连续失误率和随机率相比并没有太大的出入。他们还分析了波士顿凯尔特人队在两个赛季中的罚球数据，发现球员第一次投篮命中后，第二球的命中率为 75%；如果一投未中，第二球的入篮命中率仍然是75%。篮球运动员的确会有连续得分的时候，但总体上这些表现均未超出随机率的范围，所谓的"连赢"与"连输"都是错觉。不过当研究人员将这些数据拿给球员、教练、球迷看的时候，他们一般都拒绝相信这一研究成果，认为经验让他们"更明白是怎么回事"。

集群错觉有时也被称为"德州神枪手谬误"，其命名源自坊间流传的故事，据说德州有个神枪手会先在谷仓外墙上打出枪眼，然后以枪眼为准画出靶心。

20. 大众强化（*communal reinforcement*）

你可以问一下自己，到底有多少观点是直接从家人、老师、朋友和流行文化圈那里不假思索全盘接收过来的。用丹尼尔·卡尼曼的话来说，你之所以相信某些观点，究其原因只不过是因为这些观点"得到意气相投者的一致支持"。

大众强化指团体成员通过不断重复某些观点并进而将其变成一种强烈的大众信念这一过程。该过程与相关观点是否经过严谨理性的研究论证、是否有足够的证据支撑、是否能够说服理性之人接受等均毫无关系。大众媒体通常会不加分辨地支持这些观点，从而进一步加强了大众强化的效果。对于一些十分怪异的观点，比如交谊舞老师或电话接线员收听到来自异度空间鬼魂发来的信息，大众媒体更是经常未加证实、未经求证即采取默认的态度进行报道，表示这没什么可怀疑的。大众强化加上易得性偏误，这两种逻辑谬误合在一起就能够解释亨利·路易斯·门肯（H. L. Mencken）称之为"明显不真实"的很多事情，虽然大众一般都会不加分辨地将其全盘接收。

大众强化效应也能解释为什么整个美国都会接受像处女产

子、神人、复活这种莫名其妙的胡说八道以及其他代代相传的奇迹故事，同时也解释了为什么治疗师、心理学家、神学家、政治家以及脱口秀主持人一再重复的某些陈词滥调能够战胜严谨的科学研究成果或立场公正的组织收集的准确数据。此外，大众强化一旦与服从权威这一倾向相结合，就很有可能会产生致命的后果。你可以回想一下二十世纪初期盛行一时的江湖医生、子虚乌有的精神疾病病因以及含有放射性物质的"无害"油漆这些典型案例。人类曾经相信巫术可以治病，相信有必要对恶魔附身的人进行驱魔。是的，我知道，即使是在今天，这个世界还是有江湖医生、巫师、魔鬼、驱魔的生存空间，而且不仅仅存在于那些"落后"的国家。

大众强化也在一定程度上解释了为什么美国有近一半的成年人拒绝接受进化论，相信整个宇宙是亚伯拉罕之神在六天时间里创造出来的，相信人类第一对男女是神用泥巴捏出来的，相信有条蛇说服女人违抗命令导致今天的人类必须经历生老病死诸多磨难。每一个邪教领袖都知道充分利用大众强化效应的重要性，还有隔离信众，不让他们接触反对意见。

如果你发现自己总是喜欢赞扬与你见解一致的人，总是对比自己更能明确表达恨意的人赞誉有加，同时对持不同意见者极尽批评、嘲讽之能事，那你就要小心了，因为这说明你可能已经开始对大众强化有点上瘾了。对于那些懒得自己动脑进行独立思考或者已经被洗脑了的人来说，大众强化就是情绪增强剂。

21. 虚构症（*confabulation*）

不要自己说什么就信什么，因为你有可能是在虚构而不自知。

你有没有过这样的经历？跟别人讲故事的时候将自己拔高美化成故事的主角，而实际上你当时根本就不在场。有时候你会信誓旦旦地说自己记得百分百准确，但证据确凿就摆在你面前，证明你记错了。当然，你可能会说，怎么会呢？没有的事，绝对没有这种事。那好吧，或许你认识的人做过这种事，见过或者听说过某人说起某事的时候添油加醋、虚构细节，或者拍着胸脯向你保证他绝对不会记错，但后来事实证明他就是记错了。

虚构症是一种不自觉的无意识行为，叙述者虚构自以为真实、但最后被证不实的细节。该词汇是精神学界人士喜欢使用的术语，用以描述脑损伤或精神障碍疾病患者讲述自己感受和记忆时的叙事虚构倾向。这些叙事有时纯属虚构，有时大部分出自幻想，但病人却相信这些全都是真实的。

神经学家奥利弗·塞克斯（Oliver Sacks）曾经记录过一位脑失调病人的症状，即丧失了形成新记忆的能力。这位"汤普森先生"每次见到萨克斯都不记得他是谁，每次都会给医生一个全新的身份，编造他们过去交往的故事。所以，萨克斯有时是汤普森在超市工作时认识的卖肉佬，几分钟后又摇身变成汤普森的一名客户，有着跟之前截然不同的相识经历。萨克斯认为汤普森借助虚构症找到了其长期记忆的意义。

你可能会想：可怜的家伙，他只能这样重建自己的记忆，用编造出来的内容填补记忆中的空白。没错，他的确是这样的；问题是，你也是这样的，我也是这样的，实际上我们和他并没有太大的不同。大量科学证据表明，记忆是由人类创造出来的，混合着事实与虚构两种元素。与此同时，人类的认知情况也和记忆差不多，主要包括两部分内容，一种是经过大脑处理的各种感官数据，一种是大脑对认知空白提供补充的其他数据。

越来越多的科学研究成果表明，虚构症并不仅限于精神病人或相信自己被外星人劫持的幻想症患者。有证据显示，我们每天所做的各种叙述，包括告诉别人我们内心的感受，解释自己为什么要做某件事情，为什么会做出这样而不是那样的判断，所有这些都带有虚构成分，既有事实也有我们信以为真的虚构内容。

这些研究成果非常值得我们深思。很多人都会指责别人在辩论的时候捏造事实，因此导致结论错误或观点可疑。问题是，人们在编造论据的时候很有可能并不自知，而且对自己编造出来的内容深信不疑。

例如，众议院预算委员会主席保罗·瑞恩（Paul Ryan）

2012 年在共和党全国代表大会上的发言之后被很多人指责为谎言和欺骗。他当时是这么说的：

> 我的家乡（威斯康星州）投了奥巴马总统一票。当他说到改变的时候，很多人喜欢这个词。简斯维尔的人们更是如此，因为我们当时马上就要眼睁睁看着当地一家大工厂关门。
>
> 我有很多高中同学都在那家通用汽车厂工作。总统候选人奥巴马在工厂演讲的时候表示："我相信，如果有政府为你们提供支持……这家工厂还将继续屹立一百年。"这是他在 2008 年说的话。
>
> 结果呢？工厂连一年都没能坚持，直到现在都还大门紧闭，里面空空荡荡的，像今天的很多城镇一样。政府当初承诺的经济复苏遥遥无期。

这些话里究竟有哪些是瑞恩自己的观点？有哪些是事实？他在说谎或者试图欺骗大众吗？他是否认为奥巴马政府未能使经济复苏，认为简斯维尔工厂的关闭只不过是美国当前经济衰退众多表现中的一个，像其他很多城镇一样？他是否在暗示他与共和党总统提名人米特·罗姆尼（Mitt Romney）一样均认为政府应该救助工厂使其避免倒闭，而奥巴马虽然嘴上说会支持工厂但实际上没有采取任何行动？那些指责瑞恩说谎或欺骗的人认为，他上述演讲的重点是指责奥巴马为伪君子，奥巴马政府很失败，因为奥巴马暗示自己（即政府）会支持工人，结果却导致工厂关闭（就在奥巴马这次演讲过后 10 个月，即他入主白宫椭圆办公室前 3 个月，简斯维尔工厂停止生产 SUV 车，几乎全厂员工均被裁减，4 月底之前偌大厂区仅余 50 人留守，而当时奥巴马已在几个月前宣誓成为总统。2012 年底，工厂即告彻底"闲置"）。

其实在我看来，瑞恩说的每句话都是真的。那么他的演讲是否具有欺骗性呢？实际上，他确实断章取义地引用了奥巴马的发言。在简斯维尔工厂发表演讲的时候，总统候选人奥巴马实际上用了很大的篇幅称赞工厂在开发混合动力及节能型汽车领域所做的贡献。他演讲的重点是调整工厂结构，关闭重组某些工厂，以便在清洁、可再生能源领域创造数以百万计的工作机会。他以附近一个小镇为例，详细描述那里的一家制造厂关闭以后，工人前往墨西哥参加再培训计划，成功转行从事风轮机的生产工作。奥巴马的确承诺过经济复苏；同样的话乔治·W·布什也说过。但他们两位同时强调没有人能够准确预测经济复苏的具体时间。既然简斯维尔工厂只是暂时"闲置"而不是完全关闭，所以还有希望有一天会重新开张，不过到时生产线上滚动生产的有可能是奥巴马政府支持的另一种产品。

所以我认为瑞恩的发言具有欺骗性，但原因不是尤金·罗宾逊（Eugene Robinson）等新闻界人士攻击他的时候所说的那些。我之所以说他的演讲具有欺骗性，是因为他在演讲的时候有意挑选能够证明自己观点的证据，完全无视经济复苏有望的证据。就在瑞恩发言的那次共和党全国代表大会上，新泽西州长克斯里·克里斯蒂（Chris Christie）说加利福尼亚州长杰瑞·布朗（Jerry Brown）"老而无用"。但实情却是，截至 2012 年 7 月底，加州在一年内新增 365,000 个工作机会，增长率高达 2.6%，是全国平均增长水平 1.3% 的两倍。《萨克拉门托蜜蜂报》2012 年 8 月 31 日刊登彼得·施拉格（Peter Schrag）的文章"抨击加州的人所没有看到的真实故事"，列举了一系列统计数字："……其中专业、科学、技术及信息服务业新增 60,000 个工作机会……2012 年第二季度，投资加州公司的风险资本超过其他 49 个州的总和。"虽然加州和美国一样，全面经济复苏的道路仍很漫长，但在字里行间暗示因为某些地区经济复苏"遥遥无期"所以奥巴马政府未能履行当初的承诺复苏经济，这是不对的。此外，我认为与其说瑞恩生编硬造，不如说他有意不提某些事实；与其说他虚构事实，不如说他是在故意误导大众。

学术界将上述这种行为称为选择盲点，指虚构事实的人通常对自己的行为并没有主观意识，他们对自己所说的一切都深信不疑。研究人员让男性实验对象看两位女士的大头照，然后要求他们回答觉得哪一张更有吸引力。接着，研究人员将两张照片先全都翻过去，再翻开其中一张，然后问实验对象为什么会选择这一张。实际上，研究人员有时候故意翻开实验对象没选的那张照片给他们看，但大部分人都没注意到这一点，而是绘声绘色地对着当初没选的照片详细解释自己的选择。这个实验证明大部分实验对象都会虚构事实；对于那些研究人员翻开的照片与选定照片一致的实验对象来说，他们可能也有同样的虚构症，只不过这次实验没有测试出来而已。

丹尼尔·卡尼曼与阿莫斯·特沃斯基对选择盲点的研究发现，大部分人回答研究人员提问的时候自动切换成另外一个较容易回答的问题。研究人员要求实验对象回答"哪位女士对你更有吸引力"。我知道，研究人员对实验对象衡量女性魅力的具体标准并不感兴趣，大多数人也不会认为判断一个人是否具有吸引力是件困难的事。但是有多少人认真想过自己到底依据怎样的标准去判断一个人是否具有吸引力的呢？就算只有一张照片，很多人也能马上知道自己是否喜欢照片中的人。但是你知道自己为什么会喜欢或不喜欢照片里的人吗？大脑一瞬间就完成了某种决策过程，给出了最后答案。但是，大脑到底动用了哪些数据来唤醒我们的情感呢？在判断照片上的人脸是否具有吸引力的时候，我们对这个决策过程一无所知，比较两张面孔的时候也是这样，因为一切都在瞬间完成，我们根本无从知道大脑用什么标准触发了内心的情感。所以，当有人问起为什么 A 比 B 更具吸引力的时候，我们就只能进行虚构了。

此外，回答"哪位女士对你更有吸引力"这种问题的时候，我们心里想的其实是另外一些更加具体的问题，比如"我最想亲吻哪位姑娘"、"哪位姑娘看上去态度更友好"，或者"哪位姑娘会更喜欢我"。于是在向研究人员解释自己所做出的选择时，我们有可能会说："她笑起来很可爱。她的发型很漂亮。她看上去很有趣。她很像我喜欢的一位女演员。"实际上，导致我们做出选择的真正原因很有可能跟我们嘴上说的理由毫无关系，但一般情况下，虽然我们自认所言不虚，实际上根本无从得知自己说的到底是不是真话。回答"哪位女士对你更有吸引力"这一问题的时候，我们嘴上说的原因一般都是大部分人在这种情况下会说的话，而不是我们自己做出特定选择的真正原因，因为真正的原因到底是什么有可能连我们自己都不知道。

除了"看脸"这个实验，研究人员还做过另外一个实验："商场里的魔法"，主要观察人们在选择果酱和茶叶时表现出来的盲点。研究人员让购物者品尝几种不同的果酱，选出自己最喜欢的口味，然后要求他们再次品尝自己选中的果酱。虽然购物者第二次吃的另外一种口味的果酱，但大部分人对此并未察觉，继续向研究人员解释自己为什么会喜欢这种果酱。其他类似研究项目所得出的结果也大体相同，均表明对没有患上任何大脑失调性疾病的正常人来说，虚构症同样是普遍存在的。

当我们对某些事情毫无头绪的时候，很多人都会虚构出一些貌似合理的细节，就像汤普森先生那样，编造故事让我们的经验、情感、认知以及记忆变得更加合理。与汤普森先生不同的是，大部分人没有脑损伤这个问题，能够在瞬间获取大量数据；由于大脑的整个运作流程全部都是在下意识层面完成的，通常情况下我们并不了解自己编造故事的原因是什么。

虽然这很难以置信，但大量证据表明我们并不像自己以为的那样了解自己。

22. 确认偏误（*confirmation bias*）

　　一定要想方设法寻找证据挑战自己认可的观点；要想方设法对你确认的观点进行证伪。

　　确认偏误是一种选择性思维方式，指人们对能够证明自己所持观点的证据格外留心并会刻意去寻找，与此同时有意无视、忽视、轻视、至少不去主动寻找与自己观点相左的证据。例如，如果你在急诊科工作，相信月满之日前来就诊的人数会有显著增加，那么你就会格外留意满月那天的就诊量，同时对平日求医人数漠不关心。如果这种倾向持续了一段时间，你之前的观点自然会得到进一步印证，从而使你错误地认为满月确实与事故率密切相关，相信月亮的阴晴圆缺对人类活动有巨大的影响力。

　　人类这种重视证实性证据、忽视证伪性证据的倾向一旦超出偏误的范畴就会变得十分有害。如果我们能够做到将自己的观点建立在可靠的证据以及有效的验证实验这一基础上，那么这种只愿意听顺耳之言、听不进逆耳之言的倾向应该不会让我们太过误入歧途；但如果只是因为对自己的观点不利就完全无视那些令人信服的证据，这就说明你已越过了划分理性思维与故步自封的那条重要分界线。

无数研究成果表明，人们总是夸大验证信息的价值，即为你的观点提供正面支持的数据。社会心理学教授托马斯·吉洛维奇（Thomas Gilovich）在 1993 年出版的论著《我们如何知道哪些事情并非如此：论人类理性在日常生活中的不可靠性》中表示，"验证信息之所以拥有过高影响力，这是因为人们在认知上处理这一类信息较为容易的缘故"。相比那些反对的意见，支持你的证据更容易理解。典型的超感或透视实验一般都是这样的：成功的案例通常在表述上均明确无误，对数据的阐释也不会产生任何歧义；而失败的例子则需要通过积极主观的思维活动才能解释得清楚、并认清它们的意义。此外，这种关注、重视正面肯定证据的倾向对人们的记忆也有一定的影响。每当我们需要从记忆中搜寻与某个观点相关的数据时，最先想到的一般都是支持该观点的那些证据。

研究者经常会犯这种错误，即设计实验或展示数据的时候首先想到的是该设计或实验安排是否能够证明他们所提出的假设，同时对不利于证明的反面数据则尽量避免。例如，有些心理玄学家在超感研究实验中会剔除不支持其假设的数据。如果想要避免或减少超感实验中确认偏误的影响，与持不同观点的同事合作是个很好的办法，理查德·怀斯曼（怀疑者）与玛丽莲·施利茨（支持者）的合作就是一个十分成功的例子。我们应该时刻牢记这种很难避免的思维倾向，主动积极地寻找与自己观点相左的数据。因为这是违反人类天性的做法，所以大部分人注定会被自己的各种偏误所埋葬。

　　为了对抗这种迫切地想要证明自己的天性，我们可以运用一些科学方法对自己所提出的观点进行证伪测试。如果调查超自然现象的研究人员坚信某家酒店或古城堡闹鬼，那么不论他们往自己的工具箱里塞多少电子设备，最后也做不到客观与科学。真正具有科学态度的研究人员在调查期间不会抱有任何成见，会尽可能收集、研究所有的相关证据、提出各种假设（不同的解释）、然后对其进行证伪。没错，科学家的主要工作是对其提出的假设进行证伪，而不是努力去证实自己提出的假设。如果你下定决心一定要竭尽全力证明自己所提出的假设是对的，那么很有可能会被这种确认偏误所误导；因为你会刻意去寻找那些能够证实自己观点的证据，同时系统性地忽视那些有可能推翻自己观点的证据。科学家应该像优秀的侦探一样开放思想，一定不要在调查伊始就提出假设意见，因为人类的天性就是想要确认自己所提出的假设。除非你很幸运，一开始就猜到了正确答案，否则你所有的努力都只不过是在证实一个错误的观点。科学家专门针对罪案分析员、心理分析师、侦探的一项研究也清晰表明这种确认偏误的危害性：不论是同事、媒体还是执法警员，一旦罪案分析团队或罪犯心理分析师提供了罪犯心理素描，他们就会将全部注意力放在寻找与之相关的证据上，完全忽略与上述预测无关的人或事。而正确的做法应该是尽量收集一切与罪案调查相关的数据，不让自己被确认偏误所左右，不错过任何可能推动调查取得进展的证据。尤其是在罪案调查中，这么做的重要性再怎么强调也不为过。

有些人喜欢用个人体验来阐释双盲、随机、对照研究实验结果，可以肯定的是，他们的研究注定会被自己的各种偏误所埋葬。想要对抗自己天性中的确认偏误，有效可行的方法就是不断寻找与自己观点相左的文献资料、和见解不同的人交朋友。与此同时，我们也要充分认识到上述做法是违反人类天性的，因此很少有人愿意去做。我承认，强迫自己阅读超感心理学家迪恩·雷丁、加里·施瓦茨、查尔斯·塔特、罗恩·哈巴德等人的著述是最困难的一件事。我在读哲学研究生期间也被老师要求阅读圣托马斯·阿奎那（St. Thomas Aquinas）、圣奥古斯丁（St. Augustine）、乔治·贝克莱主教（Bishop George Berkele）等人的著作，虽然我永远都不会认同他们提出的观点，但我知道这种阅读是必须的。假如我只去读休谟或者与我观点一致的其他哲学家的书，那么我所接受的教育就是平庸低下且不完整的。

23. 持续影响效应（ *continued influence effect* ）

记忆不会自动帮助你剔除错误的观点。

"持续影响效应"是"错误信息持续影响效应"的缩写，指错误观点进入人的记忆并被纠正以后仍继续影响人们的观点。可惜，大部分人都不了解记忆的这种运作机制。更糟糕的是，很少有人会对记忆这门科学感兴趣。如果某个错误观点刚好或多或少地与某人的世界观相契合，同时它还具有强烈的情感元素，那么人们通常会不经任何调查研究与明辨思考，本能地全盘接受这种错误观点。例如，有少数人操纵媒体，编造故事，声称奥巴马总统出生在肯尼亚且信奉伊斯兰教。这些人的动机在此先暂且不表。现在已经有大量证据表明总统先生是一名基督教徒，出生于夏威夷，但还是有很多美国人继续相信编造出来的虚假故事。2012 年 3 月 12 日，在阿拉巴马州和密西西比州的一次民意调查结果显示，共和党选民中有一半人相信奥巴马先生是穆斯林，其中大约 25% 的人认为应该裁定跨种族婚姻违法。后一数据清楚地表明情感因素和世界观对上述错误判定的巨大影响力（奥巴马的父亲是肯尼亚人，母亲的家族源头可追溯至爱尔兰）。2011 年的一次全国民意调查显示，全美国有四分之一的人相信奥巴马总统的出生地不在美国；45% 的共和党和茶党支持者相信他出生在国外。当一个人对某些信念抱有强烈的情感依赖，一旦面对与之相矛盾的新信息，他们评估该信息的时候就很难做到公正与平衡（为什么会有人关心奥巴马出生在哪里、父母是谁，或者他信奉哪种宗教，这些问题我们在此不做展开讨论）。

切尼副总统曾经表示："萨达姆·侯赛因现在拥有大规模杀伤性武器，这一点毫无疑问。他正在积累这种武器用来对付我们的朋友、我们的盟国，用来对付我们，这一点毫无疑问。"好消息是，后来收集的证据证明切尼所说并非实情，很多人因此在这个问题上改变了态度。几年以后，能够证明切尼上述一观点的证据仍然为零，相信萨达姆拥有大杀伤性武器等错误观点的美国人占总人口的比例从 36% 下降到 26%。尽管如此，我们对此也不应该感到骄傲，因为每四个美国人中仍有一人相信这些没有证据的指责是对的。2013 年，切尼仍公开表示，美国入侵伊拉克成功阻止了萨达姆·侯赛因向基地组织提供大杀伤性武器用来对付美国。

很显然，大部分人面对符合自己预期且掺杂强烈个人情感的信念时缺乏必要的客观态度与明辨思考能力。也许你认为只要有证据证明我们所相信的观点是错误的，我们就会放弃这些信念，毕竟我们从小就被教导一定要真实、诚实。但科学研究结果显示事实并非如此（参见"逆火效应"词条）。就算不了解上述科学研究成果，大多数人仅凭经验也知道有些人非常难以理喻，几乎不可能被人说服。宗教是受持续影响效应最为明显的领域之一。盖洛普去年做过一次民意调查，发现30%的美国人均将《圣经》视为亚伯拉罕之神的言谈实录；49%的人认为虽然不能按照字面意思去理解《圣经》，但其创作受神的启发。如果你自孩童时期就一直接受家庭和社区的某种特定教导，长大以后自然很难以公正、平衡的态度对待、处理与之相矛盾的证据。相比之下，在情感不占主导地位的领域，如果面对大量与原先信念相矛盾的证据，人们更容易纠正自己的错误认知。虽然想要说服原教旨主义宗教信徒几乎是不可能的事情，但在科学界转变立场却不是什么难事。

很长时间以来，人们一直都知道错误的信息会影响记忆。近期研究成果表明，即使纠正了错误的信息，这也很难改变人们原有的观点，因为被证为不实的信息在公开纠正以后仍会对人产生持续影响。有人看到别人的观点建立在错误的基础上，于是认为说服对方的第一步就是要将事实摆给对方看。如果这些人了解逆火效应和持续影响效应的话很有可能会感到沮丧。当人们相信自己所持观点建立在基本原则的基础上且不带任何偏误，认为与自己观点相左的人思维带有偏误而且动机不纯，那么想要纠正他们的错误观点就是一件毫无意义的事情。就算对方最后终于肯承认持不同意见者所言极是、更接近真相，如果你摆出来的数据与事实对其基本情感及核心信念构成巨大挑战，那么你基本上也是在浪费自己的时间。

在我们所身处的这个时代，有些媒体人，不论是左翼还是右翼，都会对自己不喜欢的人或事故意做出错误的报道。我认为这种事情虽然很糟糕却是无法避免的。那些传播错误信息的人自己也很清楚，就算这些错误报道后来得到纠正，其影响力将持续存在，而且还会有增无减。

信奉明辨思维的人都希望错误最终能够得到纠正；辨明是非至少能够避免某些错误的推论，能够防止错误观点造成更多危害。那么，对于那些顽固抱持原有信念不放的人来说，用证据说服他们真的有希望实现吗？是的，还是有希望的；但是希望不大。乌尔里希·埃克（Ullrich Ecker）、斯蒂芬·莱万多夫斯基（Stephan Lewandowsky）和戴维·唐（David Tang）在合著论文"纠正记忆中的错误信息：操纵错误信息编码及其提取"中指出，当实验者告诉实验对象有关持续影响效应的详细信息，可以有效降低他们对过时信息的依赖，但却无法完全根除其影响力。此外，提醒实验对象注意，发表在媒体上的信息通常都没有经过严格的检查与核对，这样做对减少错误信息的持续影响效应也没有太大的帮助。

霍莉·约翰逊（Holly M. Johnson）和考林·赛福特（Colleen M. Seifert）在1994年发表论文"探源持续影响效应"中指出，相比直接否定错误信息，提供更加合理的因果解释更能有效降低持续影响效应。该观点或许有一定道理，但是在占星术、针灸、顺势疗法、通灵学说以及应用运动学这些领域，我实在不知道提出更加合理的因果解释对真正的信徒会产生多大影响。不论是政治信念、宗教信仰、还是阴谋论观点，想要靠事实去改变它们几乎是不可能的事情，不直接与反对者发生对峙反倒可能有一定的机会。

在法庭上如果对错误信息产生依赖就会造成十分严重的危害，因为陪审员的判断非常容易受错误信息的影响。就算法官警告他们不要理会之前出示的不实证据，这也不能使他们免受其影响。一般人或许会认为法庭警告可以让我们的记忆免受歪曲，但就算错误的信息后来马上得到更正，而且我们也非常清楚其本质是错误信息，通常情况下人类的记忆机制仍会本能地照样使用之前接收到的错误信息。

如果有人坚决相信奥巴马出生在国外且信奉伊斯兰教，相信萨达姆·侯赛因就是"9·11"恐怖袭击背后的黑手，相信布什总统下令入侵伊拉克是因为这个国家拥有大规模杀伤性武器……那么，我们又该怎么说服他们放弃这些观点呢？我认为，如果你想要说服的对象受强烈的情感所驱动，尤其当他们的内心已被恐惧牢牢占据的时候，你基本上对此无能为力，毫无办法。相反，如果对方不受情感的控制，同时态度灵活，对新的信息有开放的心态，那么向他们提供来源可靠的准确信息还是有可能让他们改变原有看法的。但是，对奥巴马总统出生地持怀疑态度的人中又有多少是不受情感因素的驱使呢？有多少会看到可靠证据就马上改主意的呢？想清楚这个问题，你就大概知道自己有多大几率能够成功说服这些人从此放弃对奥巴马的指责。

最后，还有一个科学发现让原本就十分复杂的问题变得更加复杂，即有些人的性格与大脑构造决定了他们不可能接受与自己观点相左的任何证据与信息。这些人个个身披信念的盔甲，刀枪不入，只有直接诉诸他们的情感和内心感受，同时确保绝不挑战他们信念的核心，这样才可能有机会说服他们改变看法。有些人会被口耳相传、甚至生编硬造的逸闻趣事感动得热泪盈眶，同时对科学数据置若罔闻。具有独裁专制人格的那些人虽然十分清楚事实真相是什么，但内心充满对自由派主张的恐惧，担心后者会夺走他们的自由并创建一个无神论的社会主义国家，所以他们在奥巴马的出生地问题上也不会表现得太过开明。随着越来越多人的加入，错误信念的盔甲变得越来越厚重，越来越难以穿透，而这些人也因此更加坚信自己正走在探寻真理的道路上。

24. 对照组研究（*control group study*）

随机对照组研究能够帮助科学家将因果关系判断中的自我欺骗与偏误因素降至最低。这种研究方法比仅凭直觉去寻找可能的原因要可靠得多。

对照组研究指在测试因果关系假设的时候将受控组与实验组数据进行比较这一科学研究方法。它要求两个组的其他有关条件完全相同，然后将假设的原因条件引入实验组，如果该条件确实导致了某个结果的产生，按逻辑推理则能够肯定实验组的结果发生率会远远高于对照组的数据。举例来说，假设"C"导致了"E"，如果将"C"引入实验组，同时受控对照组与实验组相比只差"C"这个条件，那么我们就会看到实验组的发生率"E"会远远大于对照组。实验结果是否有意义是由其与偶发率之间的关系决定的：如果某个事件的发生率可以排除偶发概率这一因素，则可认定其具有统计学意义。在统计学上有意义并不等同于实验结果本身有意义或十分重要，而仅仅意味着实验结果并非出于巧合。

双盲研究指实验者与实验对象双方均不掌握某些实验的具

体安排细节，以免二者本身的偏误影响实验结果。在双盲研究实验过程中，双方均不知道实验对象是在实验组还是在对照组，或者均不知道实验对象得到的是有效物质还是无效对照物质。因为一旦知道某个特定实验对象使用的是哪一种实验物质，知道实验对象被分在实验组还是对照组，这些都会影响实验者的判断力和实验对象的反应。

随机研究指将物品或实验对象随机分配到控制对照组和实验组，这样做可以有效减少偏误对研究结果的影响。

对照、双盲、随机研究的目标是尽可能降低错误、自我欺骗、偏误等因素对实验结果的影响。以下研究案例能够说明为什么上述这些保障措施都是十分必要的。

测试美国 DKL 公司的 LifeGuard 生命探测仪

美国 DKL 公司研发的 LifeGuard 二型生命探测仪声称能够穿透任何一种物质并探测到距离仪器最远 20 米的心跳信号。当然，这只是生产商的一面之词。桑迪亚实验室随后对该产品进行了双盲、随机测试。该实验室隶属于美国航空航天制造商洛克希德·马丁旗下的桑迪亚公司，是美国能源部签约的国家安全实验室。他们需要测试的因果假设如下：人体心脏所发出的一种定向信号能够激活生命探测仪，因此不论目标与探测仪之间有什么样的障碍物，探测仪的操作者都能发现最远 20 米外的隐藏生命（目标）。

测试流程十分简单：五个大塑料箱，每隔 9 米左右摆放一个，排成一排；测试人员要用 LifeGuard 二型生命探测仪探测哪个箱子里藏着人，一共做二十五次测试。为了避免形成某种规律，人藏在哪个塑料箱里完全是随机安排的。

测试结果表明，该生命探测仪的准确率比随机概率高不了多少。值得一提的是，仪器操作者是 DKL 公司的职员，他只有一次准确探测到了目标，因为这一次他事先就知道目标所在的位置。只要操作员知道目标的确切藏身位置，生命探测仪在十次测试中每次都能成功找到里面藏着人的那个塑料箱。当然，你会觉得这很可笑，该实验本来就是为了要测试仪器的准确性，那为什么还要告诉操作员实验对象的具体位置呢？这样的安排是有道理的，主要是为了设定实验的基准线并证实仪器的实际有效性。只有当操作员认为仪器运作正常的时候，测试才能进行到第二阶段，即双盲测试阶段。因为经他亲测确认仪器运作一切正常，就算随后在双盲测试中出现了失败的情况，他也无法用特例假设对该结果进行辩护。

如果生命探测仪真的像制造商说的那样有效，如果箱子是空的，操作员理应接收不到任何信号；如果箱子里有人，他就应该能够接收到心跳的信号。但是在实际测试中，当仪器操作员和研究人员事先都不知道眼前的五个箱子里到底哪一个里面藏着人，操作员的表现很差（25 次只对了 6 次），而且所用时间是事先知道人藏在哪个箱子里用时的四倍。如果人的心跳信号真的能够激活测试仪，那么双盲测试结果一定不会只有6/25，因为这个数字已经非常接近随机概率了。

测试探矿者

上述实验中，10/10（知道人藏在哪个箱子里）和6/25（不知道人藏在哪个箱子里）这两种截然不同的结果充分显示了双盲测试的必要性，同时也说明双盲测试是剔除自我欺骗与主观验证因素的有效方法。之所以对研究人员也要保密是为了避免他们有意无意地将藏人信息透露给测试对象。因为如果事先知道哪个箱子是空的，哪个箱子里面藏着人，他们就可能往藏人的箱子那边多看几眼，从而通过这一身体语言将结果透露给仪器操作员。所以，为了杜绝一切作弊的可能、避免个人偏误因素的干扰，研究人员必须同样处在毫不知情的状态下。

因为缺乏对照组测试研究，很多灵媒、笔迹学家、占星家、探矿人、罪案分析师以及新时代的替代疗法治疗师都对自己的能力深信不疑。探矿人及其朋友会绘声绘色地列举哪些井是根据他们的建议挖出来的。但是，如果想用科学实验来测试探矿人的能力，我们不能满足于此，还应该进行随机、双盲测试。美国 PBS 电视台曾在 1997 年 11 月 19 日 "科学前沿" 节目中播出了雷伊·海曼（Ray Hyman）教授对一位探矿业界翘楚所做的测试。该探矿人声称能够找到埋在地下的金属物和水，并同意接受教授的测试。测试团队将桶倒扣在地上，桶上标有号码，然后随机抽取编号，在被抽中的桶下放置一件金属物体，同时规定放置金属物的人和陪探矿人寻找金属物的不是同一个人。测试团队事先算好随机找到金属物的概率是多少，比如，如果一共准备了 100 个桶，其中 10 个桶下倒扣着金属物，那么找到金属物的随机率即为 10%。换言之，只要多试几次，不论你手中是否持有探矿棒，所有人都会有 10% 的成功率。相反，如果探矿人能够持续保持 80% 甚至 90% 的正确率，同时测试团队确认他在整个过程中并没有任何作弊行为，这就能证实他确实拥有探矿超能力。

在电视节目中，只见探矿人手持探矿棒在倒扣着的桶前走来走去，然后说自己没有接收到什么强烈的信号。等他终于选定了一个桶，却又马上表示这次可能没选对。事实证明，整个测试中他只有"没选对"这句话正确率为百分之百！他试了好几次，但没一次选对过。该结果与所有用对照组方式测试探矿人能力的实验结果一致。此外，探矿人的反应也很典型，因为能看出来他对这一结果真的感到非常吃惊。和大多数人一样，这位探矿人并不知道有很多因素都会妨碍我们对事物进行完全理性的评估，其中包括自我欺骗、一厢情愿、暗示、选择性思维、主观验证、大众强化等。

无效对照物（安慰剂）研究

在不少对照组研究实验中，研究人员都会在对照组里使用无效对照物，同时不让实验对象知道自己拿到的究竟是有效成分还是无效对照物。例如，为了测试某种新药的有效性，对照组和实验组成员都会拿到看上去一模一样的药片，但其中只有一种内含有效成分，另外一种则为无效对照药片。如果是双盲研究，评估实验结果的研究人员也不会知道哪些实验对象拿到的是无效对照药片，谜底将会在全部评估工作完成以后才会最终揭晓。这样安排是为了避免评估人员本身的偏误影响观察与评估结果。

"英国海军卫生学之父"詹姆斯·林德（James Lind）是将对照组研究方法引入医学界的第一人，他最突出的贡献是发现了柑橘类水果和坏血病之间的关系。18世纪死于坏血病的海员人数甚至比战斗中的伤亡人数还要多。林德研究了六例治疗海员坏血病的病例，发现食用柠檬、橙子的海员一周内所有症状全都消失了，而其他人则没有明显好转，虽然饮用苹果酒对病情也略有帮助。如果你想了解更多关于随机、对照组研究的发展历程，请参阅埃德萨德·恩斯特（Edzard Ernst）和西蒙·辛格（Simon Singh）合著的《不给药就捣乱：关于替代医学不可否认的一些事实》（*Trick or Treatment: The Undeniable Facts about Alternative Medicine*）。

当然，林德并不知道预防坏血病的有效成分是柑橘类水果所富含的维生素C，他当时认为导致坏血病的原因是未完全消化的食物在人体内累积起来的毒素。林德所做的对照组实验结果显示，橙子和柠檬中有某种重要物质能够有效防止坏血病的发生。但是对病因的研究表明他仍然相信这种疾病是由人体内毒素引起的，所以应该进行相应的排毒治疗；这也是 19 世纪以前的医生所持的普遍观点。时至今日，只有江湖游医和骗子才会认为人体内积累的毒素是致病的主要原因，并声称排毒是最有效的治疗手段。

自林德开始，很多科学家经过很长时间的研究才最终完全弄清抗坏血酸维生素 C 在营养界所扮演的重要角色。如果科学家仍普遍认为人类的所有疾病都是由体内毒素所引起的，那他们就不可能相信食物内含有预防某些特定疾病的营养物质。假如林德生活、工作的时间能往后推迟几十年，加入他到时还没有放弃体内毒素致病这一信念的话，那他很有可能会测出坏血病人体内确切的毒素含量，并在此基础上进一步证实自己之前的观点。实际上，就算人体内真的测出毒素，这一结果有可能是坏血病引起的，也有可能是与坏血病完全无关的其他因素所导致的。

20 世纪初，当时权威医学教科书上仍将坏血病的致病原因定为"不卫生的环境、过度劳累、精神抑郁、寒冷与潮湿等"，这就是在 19 世纪同样流行的瘴气致病理论。

1917 年，美国生物化学家埃尔默·麦考伦（E. V. McCollum）第一次提出"维生素 A"和"维生素 B"这两个营养学概念，并认为坏血病是由便秘引起的。麦考伦是当时首屈一指的营养学家，但似乎也对毒素致病理论情有独钟。此外，有着长达几个世纪悠久历史的放血疗法所依据的也是这一理论基础，虽然这种治疗方法实际上导致不少病人死亡或健康受到损害。尽管如此，麦考伦的上述发现仍代表着医学的进步。毕竟，如果吃点泻药就能解决问题，谁还会再去选择放血呢？

非对照组研究

艾伦·赫奇博士（Alan Hirsch）是举世闻名的"嗅觉与味觉专家"。这位精神科医生研发出一种神奇的结晶体，声称能够"让人失去胃口以及对食物的渴求"，并将其命名为SprinkleThin™。他在自己的网站上宣传这种产品的神奇功效；虽然网站后来被取缔关闭，但有关内容在〈tinyurl.com/mtzcepc〉上仍可以继续查看。2005 年 7 月 25 日，我在该网站看到以下推荐文章。

美国全国广播公司新闻杂志节目"日界线"对
Sprinkle Thin 展开调查

（某些气味）似乎有控制食欲的作用，赫奇博士的这一发现可能会让你感到震惊。博士用半年时间对2,700个人进行了研究，让他们尝试了几乎所有想得到的膳食种类。我们的节目请了六个人，要求他们将赫奇博士发明的这种带有气味、不含卡路里的特殊晶体洒在自己要吃的食物上。

应节目组的要求,所有参与者均自行录制视频日记,证明自己使用了上述产品。我们在三个月以后对他们进行检查,发现六个人的体重全都有所减轻。

那么,"日界线"节目组的调查到底有什么问题?答案是有很多问题,没有做对照组测试就是其中的一个。赫奇博士说他在过去二十五年时间里一直都在研究人类的饮食行为与减肥,做过很多研究。但是,如果他的研究只是像节目里所说的,那就没有多少科学价值。

如果要对这种减肥晶体进行科学的评估,对照组研究是必不可少的一个内容。使用对照组虽然不能避免减肥研究的所有问题,但至少可以尽可能减少相关问题。体重下降受很多因素的影响,其中包括动机、饮食行为、运动量、健康状况、新陈代谢、压力大小等。虽然研究人员不能将实验对象关在笼子里,或者为了研究项目要求他们只能做什么、不能做什么,但至少应该安排对照组与实验组进行比对研究,以便了解哪些因素对实验结果有明显的影响。例如,如果研究祈祷是否会影响艾滋病人的生存期,对照组和实验组的实验对象就必须年龄相当。如果一个组里全都是六十多岁的老人,另一个组都是二十岁的年轻人,那么研究结果就不可能公正合理。

如果没有安排对照组作为实验参照,科学家就无法确认体重减轻的主要原因是服用了减肥晶体。就算这种晶体真的能够产生减肥效果，科学家也无从知道其有效机制是什么。实验过程中，如果实验对象对这些晶体的效用深信不疑，相信自己的味觉和嗅觉均深受其影响，那么这种信念的力量也有可能导致实验对象主动压抑自己的食欲。执着于某种信念的人本来就有强烈的自我欺骗倾向，而减肥晶体只不过起了推动的作用。就算你把屎壳郎滚成的粪球磨成粉给他们服用，也有可能产生同样的效果。减肥业界的科学家们不仅想要帮助人们减轻体重；更重要的是，如果某个产品有实际效用，他们还想要知道其背后的工作原理。

"日界线"节目组（和赫奇博士）不应该简单地将减肥药给实验对象，然后观察他们的体重是否有所减轻，而是应该安排另外一组想要减肥的人作为对照组。关键是不能给对照组的人同样的减肥晶体，而是给他们看上去一模一样、吃下去也没有什么区别的无效安慰药。然后对两组实验对象进行跟踪调查，时间至少需要几个星期，这样实验结果才能更加充分地展现出来。实验结束以后，节目组应该对两组人的体重变化进行比较：如果实验组的人平均减肥幅度远远高于对照组，则可以得出博士所研发的减肥晶体有效这一结论。

此外，进行对照组研究虽然十分必要，但这并非科学研究的全部内容。科学实验还要求有足够多的实验对象，六个人在数量上明显不足，如果能安排几百个人参与则实验效果会更好。

为什么？如果只有六名实验对象，只要其中一位表现出色就能有效拉高整个实验组的数据。问题是，这个人的成功有可能只是小概率偶然事件。如果测试对象的基数较大，研究人员就能有效减少偶发事件对最终实验结果的影响。

将实验对象随机分配到控制组和实验组，这样安排也能有效减少偶发事件的影响。如前所述，随机化对降低选取样本时的偏误倾向十分重要。如果分到服用减肥晶体组的全都是具有高度进取心的人，而分到对照组的全都是整天缩在沙发里的懒骨头，那么实验结果就会出现严重的偏误。一定要实现真正意义上的随机化，如使用随机编号进行分组，这一点十分重要。你可能觉得按头发颜色分组是个好办法，将深色头发的人分到一组，将浅色头发的人分到另外一组。实际上，你并不清楚头发的颜色和人的体重是否有关系。虽然二者之间存在某种关联的可能性不是很大，但科学家在随机化这个问题上绝对不能听凭直觉的摆布。

同时，研究过程中实验对象不应该知道自己拿到的是神奇晶体还是无效安慰剂，这一点也十分重要。虽然人们对欺骗实验对象是否道德这一问题存在不少争议，但从科学的角度看，实验对象最好连实验目的是关于减肥这一点都不知道。如果他们以为实验的目的是测试某种高血压新药的有效性，这就可以有效避免某些因素对实验结果产生影响，这些因素中包括想要减肥的强烈主观能动性、对神奇晶体能够有效抑制食欲的强烈信念等。不过，有不少科学家都认为在科学研究过程中欺骗实验参与者是不道德的行为，你可以不告诉他们被分到哪个组别，但应该告诉他们分组基于随机化原则，并在实验结束以后告诉他们被分在实验组还是对照组（在有些研究项目中，实验对象能够根据一些明显的事实判定自己所在的组别，如某项研究需要测试不同方法的降血压效果，如果研究人员告诉某个实验对象别做平时不做的事情，只需像平常日子一样过来量个血压就行，那么这个人大概能猜到自己被分到了对照组）。

上述对照组研究也被称为平行对照组研究。杰拉德·达拉尔（Gerard Dallal）医生在 2000 年出版的论文"电脑辅助交叉研究分析"中指出：如果每个实验对象都能先后接受两种不同的治疗，然后对同一个人的两种治疗效果进行比较，这样实验结果就不会因为实验对象本身的差异而受到影响，因为比较是基于同一个人进行的。即使是推崇平行对照组研究的人也不会否认这种研究的有效性。这种研究方法被称为交叉研究，目前在科学界备受推崇。

如果赫奇博士当初做的是双盲实验，就应该安排一名助手为实验对象进行随机分组，同时记录每个人被分到哪个组里，然后由赫奇博士或另外一名助手负责测量、记录所有实验对象的体重，并在全部数据收集完毕以后公开上述所有信息和数据。

科学研究的最后一步是对实验数据进行分析。你或许认为科学家可以看一眼实验结果就马上能得出神奇晶体是否有效的结论。如果每个组有几百人，且实验组的人平均减肥 50 斤，而对照组的人平均增肥 2 斤，那么研究人员的确可以马上得出结论。如果实验经过精心设计，符合科学原则，那么实验结果就不会受偶发事件的太大影响。但是如果实验组比对照组的减肥数字高 2% 呢？这在统计学上有意义吗？为了回答这一问题，科学家需要回过头去查看得出这一数据的统计公式，因为根据某些公式得出 2% 这一数据是有统计学意义的，但如果 2% 这一数字背后的意思是六个星期内减掉了一百多克体重，那大部分人就会认为体重变化不大，不值得花钱购买或者冒险使用这种晶体减肥药。更何况这种药物可能会有某种未知的副作用。

我列举赫奇博士的减肥药这一案例是想说，邀请六个人参与实验这种做法可能对电视观众会产生一定效果，但具有明辨思维能力的人都十分清楚，如果没有经过科学、严密的对照组研究，这样的证明实际上并没有多少科学价值。

具有明辨思维能力的人还知道，所有信息都应该放在适当的语境中进行讨论，这就要求必须掌握某种程度的背景知识。例如，有很多设计严密的科学研究取得了重要成果，但问题是这些实验均无法复制或者无法得出始终如一的实验结果。如果晶体减肥药和体重下降之间存在因果关系的话，其药效理应保持一致水平，而不是偶尔起作用；否则就只能认定影响体重的因素太多，无法确认是某个单项因素在起作用。实际上，不论研究实验的设计如何精良，其实验结果如何具有重大意义，如果只有一次实验，这些均不足以一劳永逸地证明因果关系的存在。

最后，上述晶体减肥药可能具有尚未被发现的有害副作用。就算 SprinkleThin™ 真的能够帮你减肥，如果你最后因为服用它而丧命，那又有什么用呢？

25. 明辨思维 / 明辨思维者
(*critical thinking/critical thinker*)

"明辨思维"这一术语最近变得流行起来；每当就生活中的重大问题出现意见分歧的时候，人们总是声称自己的思维才是严谨、审慎、有理有据、不偏不倚的，而对手则不是。

布莱恩学院是一所基督教圣经学院，其官方网站上的院训倡导"基于圣经的明辨思维"。英国著名的无神论者和演化论拥护者理查德·道金斯（Richard Dawkins）在《上帝错觉》一书中对此提出异议，公开提倡"基于自然主义的明辨思维"。你可以想象一下布莱恩学院的人对此会有什么样的反应。

"基于圣经的明辨思维"这一提法本身就与明辨思维的基本概念相悖。"明辨思维"一词在过去四十年内被很多学者和教育工作者广泛使用。1981 年，美国索诺马州立大学教授理查德·保罗（Richard Paul）和几个志同道合的同事组织了一次关于明辨思维的国际研讨会。我有幸参加了这次会议，并在这之后几年连续参加了多次研讨会。来自伊利诺伊大学香槟分校的教育学专家罗伯特·恩尼斯（Robert Ennis）曾在一次会议发言中将明辨思维定义为"一种关于该做什么或者该信什么的理性反省式思维。"需要注意的是，我们应该将这一定义和其他定义都看做是搭建明辨思维理论和教程的材料，而不是将其视为努力实现的唯一目标。保罗强调，反省式思维意味着我们在对与己意见不同者的观点进行审慎、理性分析的同时，对自己的世界观也必须进行同样审慎、理性的分析。如果倡导"基于圣经的明辨思维"，这就意味着不得质疑、挑战圣经的观点（虽然其具体内容因人而异，没有定论）；而明辨思维则从根本上反对用逻辑与讨论技巧去推广某种不容置疑的世界观。

通过布莱恩学院以下关于其明辨思维研究中心的描述，我们可以清楚认识到他们对"明辨思维"这一术语的具体理解：

布莱恩学院致力于帮助学生培养圣经的世界观，并奉行以基督为中心的教育体系，提供相关教育课程。明辨思维研究中心的核心工作与任务就是组织激动人心的学术论坛，为基督教学者提供高水平的学术交流平台，讨论重要的国家核心话题，其中包括自然法、联邦司法系统、教育、税务、科学、体育、艺术以及文化等领域存在的广泛问题。

中心通过一年四次研讨会为各学术部门提供平台，鼓励学者深入探讨与自己专业相关的文化议题。

从上述简介的行文措辞来看，布莱恩学院似乎认定"明辨思维"的意思就是思考对他们十分关键、重要的议题，帮助他们完成推广圣经的世界观这一任务，同时用符合这一世界观的方法思考一切问题。

实际上，他们并非唯一这样理解"明辨思维"的人。佐治亚州科博镇学校董事会就明确鼓励明辨思维，要求供学生使用的所有生物教材上都必须标有以下警示文字："本教材含有进化论内容。进化论是一种关于生命起源的理论，而不是事实。建议以开放的心态去了解这种理论，认真学习，并用批判的眼光加以理解。"表面上看，以上"警示"似乎非常合理：它鼓励学生开放思想，认真学习。但实际上，这段文字是在鼓励学生去质疑一种已经形成共识的科学观点，究其原因只不过是因为校董会成员认为这种理论与他们对圣经的理解相悖。在他们看来，鼓励学生质疑与圣经的世界观相矛盾的科学理论就是在鼓励明辨思维方式。

但这并非我们所说的明辨思维；不论是老师、学者、论文撰写者、还是教材编撰者，大部分人都一致认为明辨思维的基础应该是真正意义上的开放思想。在开始学习之前就罔顾科学界所达成的共识，告诉学生他们即将学习的不是事实，说实话这绝不是在鼓励学生开放思想。教导学生用批判的眼光和圣经的观点去看问题，鼓励学生用圣经的信念去过滤科学的知识，敦促学生用宗教神话抗衡进化生物学、胚胎学、结构解剖学、遗传学、生物学、心理学以及其他支持物种进化论理论的学科，这实际上是在鼓励狭隘的思想，与倡导开放的心态完全背道而驰。

明辨思维要求对各种不同的观点进行公平公正的评估，但科博镇学校董事会的做法却恰恰相反。因为对于物种进化的科学研究来说，圣经中那些古怪离奇的故事算不上是不同的见解和观点。校董会想对进化论提出质疑，认为这么做能够进一步巩固其创世论观点。他们不是在鼓励学生了解、钻研各种不同的进化理论和机制；他们感兴趣的不是推动调查和研究，而是推动其固有的宗教信念。

用明辨思维的各种技能支持自己的观点、削弱对立观点的可信性，这当然是合理的；但是用后两种行为反过来定义明辨思维，则是错误的。布莱恩学院人文科学项目的宣传手册上明确指出，明辨思维能够让学生"从历史和逻辑的角度认识观点并对相互矛盾的观点进行比较分析"。这话听上去不错，以开放的思想认真对待对立的观点，这是明辨思维的关键。但是就圣经的创世故事而言（而且有两个不同的版本），与其对立的观点应该来自其他宗教神话，而不应该来自科学领域。如果将圣经创世论与物竞天择等理论相提并论，这种做法本身就是一种误导，就像将占星术与天文学或者数字命理学与欧氏几何相提并论一样。

关于明辨思维，认识到自己所持的观点反倒有可能是妨碍你保持公平公正立场的最大障碍，这一点至关重要。想要保持公平公正的立场，最低限度的要求就是愿意认真对待与己对立和矛盾的观点。换言之，你首先必须承认自己也有可能会犯错。如果坚持认为自己的观点在面对评估、判断的时候具有豁免权，这本身就有问题，因为你的观点很有可能是建立在偏误、误判以及错误理念的基础上。所有人的经验和记忆全都经过各自不同信念与价值观的筛选；接受明辨思维就意味着愿意用一视同仁的态度对待不同意见，意味着愿意接受自己一直深信不疑的观点有可能是错的。即使目前还做不到这一点，只要能够运用某些基本技能，如对不同的观点进行比较、将理想与实践进行对照等，能够熟练运用明辨思维的标准，就达到了明辨思维的入门水平。如果想要得到进一步的提高，达到严格意义上的明辨思维，就必须对可能抑制、歪曲判断力的各种情感、认知、感知方面的偏误均保持足够清醒的认识。

如果一定要给明辨思维一个简洁的定义，我认为明辨思维是一种思维方式，在决定信什么或做什么的时候能够做到清晰、准确、以知识为基础、自省以及公平。当然，正如我一开始所说的那样，这个简短的定义只是个框架，需要进一步填充更多材料。

明辨思维的标准

入门级别的明辨思维要求思维清晰、准确，只使用相关证据并在可能的情况下使用所有可得的相关证据。属于这一明辨思维级别的人不会认为每个证据都具有同等重要性，能够认识到每个证据的不同意义。他们不会在辩驳的时候故意歪曲论据，并相信某个观点越是能够通过不同的途径进行证实、提供的支持证据越多就越具有合理性和可信性。最后，这一级别的明辨思维具有连贯性，没有前后矛盾的地方，能为结论提供足够的论据与支持。

明辨思维的技能

具有明辨思维能力的人必须认识到语言在表意上具有含混模糊的性质，有时甚至会对人产生误导，因此应该尽可能避免这些倾向。他们应该清楚假设在论证过程中所扮演的角色，了解有理有据的推论与虚妄无稽的推论之间的区别。他们知道如何对信息源、观点与论证进行评估，有能力辨认出普通的假设谬误、相关性谬误及疏漏谬误，知道某个证据是否足以支持某个结论，知道如何对包括采样、类比、因果在内的基本归纳推理类别进行评估，能够区分论点与解释，能够区分实证性理论与概念性理论。

明辨思维者应具备的态度和品格

严格意义上的明辨思维者具有开放的思想和健康的怀疑态度，能够做到公平公正、不偏不倚，认为所有观点均非最终结论，一旦出现新的证据即需进行修订。

严格意义上的明辨思维者最本质的特点就是在知识领域始终保持谦卑的心态，即必要时愿意承认错误，愿意转变观点，愿意暂时叫停自己对某个观点的判断。

严格意义上的明辨思维者对理性深信不疑，愿意前往证据所指引的任何方向。

严格意义上的明辨思维者永远保持对知识的好奇心，热爱探索新话题、学习新东西、获取更多知识。

严格意义上的明辨思维者在知识和学术领域是独立的，即愿意以诚实的态度、公平的立场研究对立的观点，敢于质疑权威、传统以及主流意见。

明辨思维的能力不是与生俱来的，必须经过后天培养才能得到；如果想了解这一点就必须对人类如何获取观点以及如何决策有较为深入的洞察。

洞察明辨思维

严格意义上的明辨思维者能够认识到情感、认知和感知偏误等都是普遍存在的，了解这些偏误是如何影响我们对经验、证词以及其他证据的阐释。

严格意义上的明辨思维者明白同一种经验会有不同的解释，明白从这些不同的解释中进行选择需要综合考虑不同的解释所导致的不同结果、不同含义，同时了解这些解释背后的假设基础。

如果想要了解有关明辨思维的详细定义，请登录明辨思维基金会的官方网站：www.criticalthinking.org/pages/defining-critical-thinking/766

26. 去偏误化（*debiasing*）

那么，我们应该怎么做才能减少认知偏误所带来的影响呢？还是我们注定会死于自己根深蒂固的偏误？

人类最重要的信念中有些其实是没有任何证据的，我们只知道这个世界上最受爱戴和信任的人都对其深信不疑。我们坚持自己的信念，同时对自己所坚持的信念又知之甚少，这实在是太过荒诞——但同时又十分必要。

——丹尼尔·卡尼曼（Daniel Kahneman）

去偏误化也称"除偏"或"去偏"，指使用各种方法、策略和技巧克服不同的思维偏误。很多思维偏误均植根于人类的进化史，有些源于文化传统，有些则基于个人和社会因素。

带有偏误的思维方式并不总是产生不良判断或错误决定。偏误是一种倾向。以易得性偏误为例，某人基于易得性偏误迅速做出某种判断或决策，如果该判断或决策建立在扎实的知识、公认的专业技能以及长期的经验这些基础之上，则并不一定是错误的。正如丹尼尔·卡尼曼在《思维的快与慢》一书中所指出的那样：

我们或许会觉得专家的直觉非常神奇，实际上他们的直觉反应一点也不神奇，我们每个人每天都会有好几次能够运用专业技能和直觉成功解决问题。大部分人接听电话的时候只要听对方说出第一个字就知道他在生气，刚走进一个房间没多久凭感觉就知道自己是大家谈论的话题，能从一些微不足道的迹象中判定路上与自己并行的那辆车司机有问题……这些准确无误的直觉背后是心理学，而不是神奇的魔法。赫伯特·西蒙（Herbert Simon）专门研究国际象棋大师。他认为经过几千小时的练习以后，大师们看棋子的方式已与常人截然不同。在解释这种专业人士的直觉时，他在文章的字里行间流露出对外界认为他们"神乎其技"的不耐烦和不以为然："眼前的棋局给了他们一个提示信号，他们会根据这个提示信号去搜寻储存在记忆中的某个信息，找到这个信息眼前的棋局就有了答案。直觉其实不过是认出了最初的那个提示信号而已。"

问题是，大部分人既称不上学识渊博，也不是公认的专家，在大部分领域都缺乏必要的经验。虽然很多情况下，思考问题的时候带有偏误不是什么太大的问题，但如果事关重大，跟着感觉走或许并非最佳选择。一般情况下，对普通人来说，认知偏误主要表现为认知错觉。那么，我们是否能够学习克服认知错觉呢？作为认知偏误与认知错觉领域首屈一指的研究专家，卡尼曼认为希望不是很大。让人难以接受的是，人类几乎无法控制自己大脑的运作方式，且对自身的认识远远低于我们的想象；但这些都是事实。我们大部分思维活动都是自动进行的，而且无法随心所欲地终止。卡尼曼认为："永远质疑自己的思考不仅乏味，也是不可能做到的……那样会让思维变得迟缓、低效……我们最多只能做到妥协和折中，即能够通过学习识别哪些情况下容易犯错并尽量避免犯后果严重的大错。"

过于重视个人直觉、轻视科学数据，这是所有人都应该小心防范的一种偏误。鲍里斯·约翰逊（Boris Johnson）亲身经历了一个非常寒冷的冬天，因此便认定这足以说明科学界关于地球变暖的说法不对。当然，他不是专家，我们可以原谅他这种重直觉轻数据的偏误。但是，如果专家认识不到自己所处的环境妨碍其做出可信的预测，却仍一意孤行地追随自己的直觉，不去做进一步的调查研究，那就不可原谅了。艾维·沙弗朗（Avi Shafran）在"营养不良的谦逊"一文中就提到过这样一个例子。

路易斯·托马斯（Lewis Thoma）医生在其文集《最年轻的科学：一位医学观察员的笔记》中说起过一位颇有名气的医生。这位医生在纽约罗斯福医院工作，是作者的父亲当实习医生时认识的，从医前曾受过专门的训练，因此了解疾病的传播途径。

这位老医生有一项非常著名的技能，即能够迅速诊断出当时在纽约很常见的伤寒症。他的秘密武器就是仔细查看病人的舌头。根据托马斯医生的叙述，每次查房的时候，"他的主要工作就是检查病人的舌头"。每个病人都伸出舌头让医生检查有无异常之处，他据此便能在伤寒初期准确做出诊断。神奇的是，病情经过大约一周的发展以后，几乎全都印证了他当初的诊断，且屡试不爽，实在令人惊异。

作者在文章最后调侃道："他本人一定是超级带菌者，比伤寒玛丽还要厉害；他的手碰到谁，谁就一定会得伤寒。"

在努力克服认知偏误与认知错觉的道路上会遇到很多困难和障碍，第一步应该怎么做是显而易见的。我们首先必须学习主要的认知偏误和错觉，了解它们的具体表现以及一般会在哪些情况下出现。第二步也是显而易见的：制订计划应对各种不同的偏误，至少应该在做最后的判断之前先进行一番研究与思考。第三步是辨别哪些情况无法预测，哪些情况需要耐心等待一段时间才会有反馈信息。相比前两个步骤，第三步的难度较大，尤其对那些信心满满认为自己能够迅速做出重要决定的人来说更是如此。但是，如果你面对的是根本就无法预测的情况，跟着感觉走绝对不是明智之举；在这种情况下，明智的做法是先尽可能收集反馈意见，然后再做决定。

我认为最理想的做法是将去除偏误作为一个主要教育目标。对一个社会来说，让全体人民了解如何铲除通往良好决策和判断道路上的主要障碍，还有什么比这更重要的呢？但实际上，很少有中学生在走出校园的时候知道人类都有哪些固有的偏误，更别提怎样去克服这些偏误对我们的影响了；大学生的表现也好不到哪里去。

有鉴于此，我有理由对成功克服认知偏误与认知错觉的前途表示悲观。在研究认知偏误及其影响这一领域，丹尼尔·卡尼曼堪称个中翘楚，但他在《思维的快与慢》一书最后也承认：

> 除了某些由于年龄的增长所带来的自然效果，与开始研究这些问题的时候相比，我现在的直觉思维仍然有跟以前一样的倾向：过度自信、极端预测、规划谬误。唯一得到提高和改善的仅仅是认识到哪些情况下更有可能犯这些错误……但我辨别他人错误的能力还是远远大于辨认自身错误的能力。

话虽如此，对普通人来说并非完全没有希望。例如，虽然针对个体的乐观偏误很难克服，有证据表明我们还是可以有效减少对组织机构的乐观偏误。"乐观偏误"是卡尼曼使用的一个专门术语，指虽然世界冷酷、人性本恶、目标大多很难实现，但"大多数人都将世界看成一个美好的所在，认为人性善良，相信我们的目标能够实现"。此外，在预测未来的时候，我们也经常会有不切实际的观点，错误地认为自己在这方面很擅长。如果有人就其想要达成的目标前来征求意见，我们应该让他们自行思考两个问题：哪些地方有可能会出岔子？如果失败了会怎样？考虑失败这种可能性不一定就会导致梦想破灭。实际上，通过事先规划来避免可能出现的问题，这恰恰是避免失败的一个良好途径。卡尼曼曾在书中提到过心理学家加里·克莱恩（Gary Klein）对组织机构的一个建议：

> ……当一个组织即将做出重大决策但还没有最后下定决心的时候，克莱恩建议召集一次工作会议，参与者包括所有知晓该决策的人。会议简短的开场白如下："请诸位想象自己身处一年以后的今天，计划已经如期实施，但事实证明结果是一场灾难。请用五到十分钟的时间写下这场灾难的整个发展过程。"

克莱恩将该建议命名为"事先解剖"。卡尼曼对此有如下评论：

> "事先解剖"主要有两个好处：首先，当团队成员均认为某个决策似乎已经到了箭在弦上这一阶段，"事

先解剖"能够帮助他们克服集体思维的禁锢；其次，这种方法能够释放知识渊博者的想象力，而这正是规划发展到最后阶段所迫切需要的……压制疑虑情绪，只允许决策支持者发声，这样做的结果只能导致整个团体犯过度自信的错误。"事先解剖"最大的好处就是将疑虑合法化。此外，它还鼓励决策支持者主动寻找之前没有纳入考量范围的潜在威胁。

人们在规划谬误这一领域的去偏努力也比较成功。"规划谬误"是卡尼曼和阿莫斯·特沃斯基创造的一个术语，指人们不切实际地认为"自己的规划与预测接近理想状态"。这种错误倾向一般可以通过掌握类似案例的数据加以纠正。例如，如果想要预测完成某个任务所需的时间，为了减少不切实际的倾向，应该查看已经完成的同类任务，了解这些任务当初的计划完成时间和实际用时。卡尼曼表示："进行预测的时候使用类似项目的相关信息，这种方法被称为'客观视角'，是解决规划谬误的一个重要方法。"鉴于这一建议被广泛采纳，它后来有了自己的专有名称：参考类别预测，并广泛适用于英国、荷兰、丹麦、瑞士等国家。那么，既然现实中不乏成功的去偏案例，我们应该就此感到前景乐观吗？我不知道；只知道在去除个人的偏误这一领域，到目前为止并没有多少成功的方法与案例。

27. 实验者效应（*experimenter effect*）

在提问或下达指令的时候，人们虽然主观上认为自己做到了不偏不倚、态度公正，但很有可能会通过身体语言向别人发出某些信号和暗示。

"实验者效应"指在针对人类或动物的科学研究实验过程中，实验者向实验对象提供线索或信号，并对后者的表现或反应产生影响。实验者所提供的线索有可能完全出于下意识且微不足道，有时甚至无需借助语言表达，仅通过肌肉的紧张程度或某些下意识的手势等表现出来。当然，声音也是一种提示，比如实验者说话时的语气和语调、对控制组和实验组成员发布的口头指令略有不同等。所有这些暗示都有可能导致实验对象对科学实验产生某种期待。

研究表明，实验者的期望与倾向会以下意识的、细微的方式传递给实验对象，而且这些貌似微不足道的提示会对实验结果造成重大影响。这种情况在非实验场景中也很常见。例如，罪案调查人员在询问证人或受害者的时候就必须格外小心谨慎，以免不经意间通过点头或选择性认同某些回答等方式为对方提供某种暗示。如果想要在讯问中保持公平公正、不偏不倚的立场，问讯人就不得对任何答案进行褒贬评判。

斯蒂芬·铎彦（Stéphane Doyen）等在研究激发效应时曾经重做约翰·巴奇（John A Bargh）等人早期的一项科学实验。该实验发现，"通过激发对年长者固有的刻板印象，实验组成员完成任务离开时的行走速度远远低于未收到任何暗示的对照组成员，自觉地在行为上反射了上述刻板印象的内容"。在铎彦的复制实验中，研究人员故意让其中的一半实验者"认为被刻板印象激发的实验对象会放慢步速"，同时向另一半实验者灌输相反的观点。实验结果证明，当实验者以为该项测试的任务是要了解与年老相关的措辞和表达是否能够激发实验对象模仿老年人的典型行为，他们主导的实验对象就会表现出预期的"步速效应"。

鉴于普通人一般不会做科学实验，因此我在这里关注的重点不是想要帮助实验者降低实验中的偏误倾向，而是针对大众读者提供帮助，帮助他们了解应该怎样辨别某项科学研究成果是否受到实验者自身偏误的严重影响，使他们在对记者关于某项科学研究的报道进行评估的时候能够从字里行间捕捉到实验者偏误的蛛丝马迹。

几年前，我曾参加过由两个怀疑主义团体赞助的研讨会。萨拉·斯特兰德博士（Sarah Strand）曾就宗教体验的神经病学观点发表了主题演讲，其中提到加拿大安大略省萨德伯里劳伦森大学认知神经学研究人员迈克尔·博辛格（Michael Persinger）的研究成果。她和很多其他学者均认为博辛格通过向颞叶发送低磁脉冲能够诱发某些不同寻常的感受，如"现场感"以及某些经常被描述为"神秘的"、"精神上的"感觉。实验对象头戴被人戏称为"上帝头盔"的特殊装置，独自在没有光线、没有声音的房间里静坐 30-60 分钟。博辛格在十五年时间里做了无数次这种实验，累积了几吨重的数据资料，并在备受同行赞誉的期刊杂志上发表过无数论文。后来无神论者及反有神论者理查德·道金斯也戴上这顶头盔，独自一人坐在房间里，暂时被剥夺一切视听感受；结果除了脑袋上的头盔，他没有感受到现场出现或存在任何其他东西。根据道金斯等人的猜测，博辛格的实验对象之所以会有不同寻常的体验，这并不是由颞叶接收到的低磁脉冲所引发的，很有可能是暗示与期待以及渴望奇特体验等因素共同作用的结果。实验对象知道自己参与的这个试验的目的，同时非常渴望拥有"精神上的"体验。博辛格在测试开始前向他们暗示会出现某种特殊体验。正是因为他作为实验者向实验对象提出了这种暗示，后者在测试中就真的有了这种体验。

于是我在研讨会上对斯特兰德博士说应该对博辛格的研究成果保持怀疑态度，因为诱发那些奇特感觉的有可能不是向颞叶发送的低磁脉冲。但她拒绝接受我的观点，继续向我展示那些能够支持博辛格的证据。可惜，除了来自博辛格本人的证据以及他自己对数据的分析，她并没有其他的支持性证据。实际上，博辛格对自己的实验数据进行分析评估的时候，不可能做到完全公正，不可能不带任何偏误和倾向。如果实验对象对实验内容并非一无所知，如果有些实验对象对奇特经历抱有十分期待的态度，那么博辛格根本就不需要在他们身上使用磁脉冲。但是斯特兰德博士不提这些显而易见的因素，也没有提及可以通过特定的实验排除实验者偏误这一影响因素并进而证明磁脉冲是导致上述奇特感受的唯一诱因，她只是单纯地强调博辛格对经年收集的数据进行了初步分析，多年后又做了再次分析，结果全都证实他之前得出的结论是正确的。

如果想要彻底排除实验者偏误可能造成的影响，最好的办法就是由其他研究人员在不同实验室里进行随机、双盲、对照研究，研究目的是要证明实验对象之所以产生"现场感"体验并非源于实验者的暗示效应，不是剥夺实验对象视听感受功能的结果。但是斯特兰德博士没有提供其他人的研究成果，因为根本就没有这样的研究成果。瑞典乌普萨拉大学的派尔·格兰维斯特（Pehr Granqvist）及其团队曾经试图想要复制博辛格的实验。他们设计了双盲、对照实验，招募了90名实验对象，结果发现磁脉冲并未产生明显的效果。与此同时他们还发现，实验组和对照组都有不少人声称实验过程中有较为强烈的宗教体验。"在瑞典进行这项实验的时候，声称有较强精神体验的实验对象中有三分之二来自对照组；22名声称有较弱精神体验

的实验对象中有 11 人来自对照组。"博辛格曾对上述实验结果
进行批驳，认为磁脉冲之所以不起作用应该是因为强度不够或
者持续时间不够长。但是，鉴于两个组里都有很多人声称或强
或弱的不同效果，他的这一批驳似乎并不成立。

如果不是其他无利益相关的实验室一而再、再而三地证实
了格兰维斯特的实验结果，迈克尔·博辛格很有可能还会在长
达十五年的时间里继续自欺欺人。实际上，欺骗整个学术界的
专家学者并非只此一人，他也不是第一个以无心的偏误影响最
终实验结果的人。如果你想了解为什么博辛格认为刺激颞叶能
够诱发"精神"体验，我想这大概是因为有不少颞叶癫痫病人
均有过"人物合一"的体验。关于与颞叶癫痫相关的"精神"
体验，请参见拉马钱德兰（V.S. Ramachandran）1998 年出版
的《大脑中的幽灵》（*Phantoms in the Brain*）。

此外我们还应该注意，当科学家的实验结果与某些同行或
媒体记者所持观点相悖的时候，后二者往往也会用实验者偏误
这一借口来指责前者。确实，持怀疑态度的玄学家一般都会在
超感研究中得出否定的结果，而对超感能力深信不疑的则多会
得出肯定的结果。不过凡事都有例外。苏珊·布莱克摩（Susan
Blackmore）相信超感能力是存在的，却在实验中一再得到否
定的结果。她后来因此放弃了超心理学研究，转向其他研究领域，
其中包括研究为什么在切实证据十分匮乏的情况下还是有人会
相信超感能力。此外，理查德·怀斯曼（怀疑者）和玛丽莲·施

利茨（深信不疑者）曾经合作研究"目光注视"这一实验者效果。结果呢？

> 本篇论文的两位作者曾经试图重复这一"注视效果"实验。第一位作者（理查德·怀斯曼）对超心理学持怀疑态度，想知道是否可以在自己的实验室里复制这一实验。第二位作者（玛丽莲·施利茨）相信超感能力的存在，之前也曾做过不少相关实验，经常得到肯定的结果。由怀斯曼主持的注视效果实验没有找到任何精神作用的证据……而由施利茨主持的研究结果则刚好相反……

虽然上述实验是由两位作者共同设计的，但是怀疑论者得到否定的结果，而对超感能力深信不疑的则得到了肯定的结果。关于实验结果上的这种分歧，两位研究人员给出了几种可能的解释，我希望读者有机会能够读一下他们的有关文章。但他们似乎没有考虑到还有另外一种可能性，即他们的实验结果之所以有差别很有可能只是偶然事件。当然，要解决这个问题最好的办法就是安排更多此类合作性实验项目。但是鉴于怀疑论者和玄学家之间存在太多敌意，像怀斯曼和施利茨这样愿意合作的学者实在是少而又少。不管怎样，不论是怀疑者还是支持者，除非有确切的证据能够证明确实存在实验者偏误，否则双方均无法指责联合实验中存在实验者偏误。而声称怀疑论者或相信超感能力者本身所持观点会影响实验对象的心灵感应或预知能力，这纯属没有根据的推测，只是想当然而已。

除了对研究抱有成见的实验者会在不知不觉间用声音或动作向参与实验的人或动物提供暗示，旁边的人也有可能在无意间向实验对象透露信息。不少科学家都注意到这一问题，并做过很多相关研究，心理学家奥斯卡·普法格斯特（Oskar Pfungst）就是其中的一个。当时据称有一匹马能听懂德语，会数数，而且能够表达当天的确切日期。普法格斯特设计了一个实验测试这匹马的超常能力，结果发现它只不过是在响应一些不起眼的身体语言提示（念动反应），人们却将它的反应误以为是能听懂语言，能算算术。"汉斯（马的名字）实际上只不过是在响应提问者下意识的身体姿势调整，知道什么时候应该开始轻敲马蹄。当提问者难以察觉地下意识晃动一下自己的头，它就知道是时候停下来了"。如今，人们将实验者下意识地向实验对象提供暗示所产生的这种效果命名为"聪明的汉斯"效应。

我也曾亲眼目睹过这种"聪明的汉斯"效应。有个电视节目声称狗能够通过嗅觉闻出癌细胞的位置。实验者把狗带到一个房间，让它们用鼻子去闻放在地板上的几个碟子。狗会挨个闻一遍这些盘子，最后停在其中的一个跟前，结果那个盘子里装的正是癌细胞。我注意到，实验者在整个过程中一直都跟狗待在同一个房间里，因此看节目的时候就在想是不是因为狗能够接收到实验者不由自主发出的某种不易察觉的信号。结果，实验者会径直走向狗停留的那个碟子，然后大声宣布选对了。这更进一步加深了我的怀疑。如果是双盲实验的话，实验者不应知道哪个盘子里装的是癌细胞，这样就能有效避免向实验对象提供下意识的暗示。

双盲实验的设计目的就是用对照组来避免或者大幅减少实验者效应对研究结果的影响。当然，双盲实验的设计本身也有可能存在偏误和倾向，如未随机分配实验对象或者样本数量太少，即使随机分配也无济于事。实验者有可能在不知情的情况下将个人偏误与倾向投射在研究实验上。在某些心灵感应的测试中，实验者要求实验对象猜出身处另外一个房间的发送者通过心灵感应传送的是四张图片中的哪一张。实验者必须以随机方式向传送者和接收者展示图片。与此同时，向接收者展示图片的实验者不应事先知道哪一张是正确答案，负责将图片放入信封的实验者也必须保证正确答案出现在一、二、三、四这四个位置的概率大体相同，负责向不同的接收者展示图片的实验者必须保证展示方式完全相同，如第一张图片放在左上角、第二张放在右上角、第三张放在左下角等。这样做能够有效避免可能发生的无意识偏误，如实验对象有可能会习惯性地选择第一张图片或者放在右上角的图片。

心理玄学家对实验者效应肯定会更加敏感，因为从实验者到实验对象通过任何普通感官传递的信息对其超感官信息传递这一观点都能造成重大打击。这个问题对他们来说非常严重，

所以他们为此专门发明了一个术语：感官泄密。达利尔·贝姆
（Daryl Bem）认为这是超感官能力研究中最致命的一个潜在
缺陷。

　　实验者的偏误与倾向会以很多种方式影响其最终的研究结
果，因此所谓完美的科学研究几乎是不存在的，总是会有某些
地方可以得到进一步的改善和提高。此外还要考虑作弊、媒体
歪曲、实验者操纵等各种可能性，更何况有些实验者本身根本
就不称职，最缺的就是研究能力。

28. 谬误（*fallacies*）

好的推论不会有可疑的假设，也不会用无关的理由支持最后的结论。好的推论不会特意强调某些证据或者刻意忽略相关数据。如果你所提供的证据全都是真实可信、密切相关的，而且并未忽略所有与之相关的证据，但仍没有足够的证据能够证明自己的观点，那么你就应该清楚地认识到自己的观点是错误的。

逻辑谬误指推论过程中所犯的错误。在逻辑学领域，推论指用理由（即前提）去支持某个观点（即结论）。推论可分为两大类：演绎和归纳。如果前提是正确的，那么结论也一定是正确的，这是演绎推论；或者说演绎推论认为结论是前提的必然结果。归纳推论指前提为结论提供足够支持；或者说归纳推论认为结论在某种程度上是可能的，但并不是必然的。即使某个归纳推理的前提是正确的，结论也并不一定正确；但是如果前提能够为结论提供足够支持，那么怀疑结论就是不合理的。[1]

---

[1] 本条目主要讨论非演绎推理谬误。如果想要了解有关演绎推论的详细内容，请查阅逻辑学经典书籍，如帕特里克·赫尔利的《简明逻辑学导论》。——作者注

演绎推论须经有效性评估方可宣告成立。如果某个演绎推理的结论是前提的必然结果，则该推理被认定为有效；如果某个演绎推理的结论并非前提的必然结果，则该推理无效。决定某个推理是否有效的是推理的形式，而不是前提或结论是否正确。这类推理的形式为：如果 p，则 q；因为 p，所以 q。不论 p 和 q 所代表的是什么，只要符合这个形式，则推理均告成立；即使实际上就算满足了前两个条件，得出的结论也未必正确，但该推理依然是成立的，仍被视为有效（注意：说某个结论未必正确并不等于说这个结论一定是错误的。例如，"现在正在下雨"这个结论未必正确，但有可能是正确的）。上述无效推论被称为"肯定后件"，是一种形式谬误。归纳推理可以从形式上进行评估，但通常情况下均使用其他评估标准。因为不是通过评估推理形式判定其有效性，所以归纳谬误有时也被称为非形式谬误。我在下文中讨论非形式谬误的部分将会提到令人信服的归纳推论应遵循的评估标准。

非形式逻辑谬误的分类形式有很多种，我更喜欢先将有说服力的推论应该具备的条件列举出来，然后再根据未满足哪些条件来对逻辑谬误进行归类分析。

假设谬误

每个推论都会先进行假设；令人信服的推论只做有保证的假设，即这些假设毫无可疑之处，不是错误的假设（一个假设不会因为受到某人或者某几个局外人的质疑就变得可疑起来）。
假设谬误是逻辑谬误的一种，其中最常见的就是想当然，即推
论者假设自己的观点已经得到证实，很多为超感能力辩护的人
都犯了这一谬误。例如，相信超感能力存在的人会将甘兹菲尔
德所做的超感官知觉全域试验当作超自然活动的证据。在这些
实验中，信息发送者会在一个房间里看到一张图片或一段视
频，然后通过心灵感应将信息传递给另外一个房间里的接收者。
1974 至 1981 年间一共做了 42 次有记录的甘兹菲尔德实验。根
据查尔斯·霍诺顿（Charles Honorton）的统计，其中 55% 的
实验得出的结果是肯定的，汇总分析结果显示成功率为 38%，
偶然概率为 25%。曾经有人为超感能力进行辩护，声称这些实
验能有 38% 的正确率，这相当于一百万亿比一的概率。这种说
法可能没错，但如果将这一了不起的统计数字完全归功于超自
然能力，这就有点太过想当然了。成功率有可能证明了超自然
活动的存在，但也可能还有别的解释。统计数字出色并不能证
明产生这一数字背后的原因到底是什么。实验者做上述实验是
为了找到超感能力存在的证据，但该事实在此并不相关。如果
有人做了同样的实验，但目的是要寻找天使、黑暗物质或外星
人能够直接与某些人沟通交流的证据，这同样与导致"了不起
的统计数字"具体原因是什么无关。实验者只不过是在假设：
之所以产生惊人的统计数字完全是因为某种超自然的因素在起
作用。

并非所有的假设谬误都是致命的。有些好的推理也可能包含一两个可疑或者错误的假设，但最重要的是同时也有足够可靠的证据支持最后的结论。不过有些假设谬误非常严重，"赌徒谬误"就是其中之一。赌徒谬误是一种错误的假设，主要表现为根据最近发生的事件预测某个固定概率的升降。如果轮盘游戏中骰子已经连续四次落在黑色区域，某些人就会赌下次一定会落在红色区域，认为落在红色区域的概率要比落在黑色区域的概率大得多。其实不然。骰子落在红色区域还是黑色区域的概率永远都不会改变，一直保持在略低于 50 ：50 的水平，因为除了红和黑之外还存在两个"绿色"区域，即不是红色也不是黑色，而是 0 和 00。

"滑坡谬误"是另一种致命的假设谬误，指在不提供任何支持证据的情况下，假设采取某种行动或者不作为会引发一连串的事件。换言之，推论者假设会发生一连串事件，但没有提供任何证据。这种谬误的负面版本通常会与诉诸恐惧相结合。一般说来，即将发生的一连串事件越恐怖，这种谬误对不假思索即全盘接收的人影响就会越大。政治广告中经常使用这一谬误。如声称假如某某人当选的话，他就会任命某某人为最高法院大法官，后者就会废除准许个人拥有枪支的宪法第二修正案；夺走我们手里的枪支以后，他们就会夺走我们的财富分发给靠福利救济生活的人；然后他们就该告诉我们必须去哪里工作、何时可以享受到医疗保健、甚至每天什么时候必须起床等等。

这种谬误的正面版本通常会与诉诸希望、幸福或者贪婪相结合。例如，"如果我能当选，每个人都会有工作，人民会为这个国家创造更大的财富，国家会得到更多的税收，这样就能为人民提供更多的保健和教育服务，我们很快就会成为地球上最富有的人。"

关联性谬误

站得住脚的推理还有一个重要特点，那就是前提与所支持的结论密切相关。即使所提供的理由与结论没有关系，只要有足够且相关的证据能够支持你的结论，那就不会有太严重的危害。但是，如果你所提供的所有理由均与结论无关，那么你的推理就被称为不合逻辑的推论。例如，以下这个推理就是不合逻辑的：贫穷的妇女无法支付人工流产费用，所以政府应该替她们支付这笔钱。虽然穷人付不起人流费用是事实，但这一事实与政府应该为人民提供哪些服务这一议题无关。如果这种逻辑也能成立的话，那你大可以说穷人买不起车，所以政府应该出钱为他们买车。如果想要在两件事之间建立起关联性，那你首先必须论证每个人都享有免费人工流产或拥有新车的权利，因此政府必须满足人民的要求，为人民提供他们有权拥有的一切。当然，如果你真的想要着手证明这一观点的话，那我只能祝你好运了。

关联性谬误中最常见的一种就是"人身攻击"，即攻击提出某个观点的人而不是其提出的观点。人身攻击有很多种，其中最常见的是攻击对方的动机，而不是攻击其证据或推理过程。例如，当辩论对手拒绝接受你的某个关键论点，你就用"无神论者"、"冥顽不灵"或者"思想封闭"等标签去攻击他。个人特点或个人动机与他所提出的前提是否能够有效支持其结论是毫无关联的。要知道，好人有时也会得出错误的结论，坏人有时也能提出令人信服的观点；拥有良好动机的人有时也会有不合逻辑的推理，动机不良者有时也能做到逻辑严密。

诉诸大众、诉诸传统、诉诸权威、诉诸无知，这些都属于无关联性推理的典型表现形式。某个观点信者甚众或者自古有之，这些都与该观点是否正确无关；信奉某个观点的人品德高尚、知识渊博、位高权重，这些与该观点是否正确无关；某个观点是否经过证实或者证伪，这些也与该观点是否正确无关。

人们为了证明自己的观点提出过多少不相关的理由，就存在多少种关联性谬误。其中最常见的两种是无关联性比较和非关联性诉诸情感。读者们可以在广告中找到有关这两种谬误的很多例子。复印机厂商将自己价格相对低廉、同时功能也较为单一的复印机与价格高昂的多功能复印机相比较，试图说服潜在用户购买他们的产品，反正复印质量一样，为什么不购买我们的产品好节省一大笔钱呢？这就是典型的无关联性比较，因为除了复印质量，两种复印机还有很多不同之处可以比较，但广告中丝毫没有提及，因为全部比较起来就会像苹果与水果色拉一样优劣立显。

人们通常会诉诸恐惧、贪婪、怜悯、虚荣、快乐、羞耻、内疚等情绪来激发某人去做某事或相信某个观点，但这些一般都与推理无关。

此外，在辩论过程中提起一个不相关的话题在英语中有时会被称为"红鲱鱼"，起转移注意力的作用。在回答指责性提问时故意改变话题有时也会被叫做"回避问题"。例如，就保健法的好处进行辩论的时候，辩论一方用电脑软件问题干扰讨论；被控说谎的时候辩称某人曾经说过更大的谎言，这些都属于转移话题、回避真正问题的具体表现形式。

省略谬误

好的推理所具备的第三个特点就是具有完整性，有时也叫做完整性要求：即一个站得住脚的推理应该包括所有相关证据。在现实生活中，想要了解全部的相关证据几乎是不可能的，因此我们能做的就是尽量不忽略所有已知的相关证据，同时努力发现尽可能多的相关证据。相比购买哪种车或者用哪种颜色的铅笔写作业这些决定，对审理刑事案件的完整性要求会更高一些，我们也应该更加努力地去满足这一要求。这里要注意的是，我们通常会有选择性地去寻找证据，这是人类的自然天性所决定的。确认偏误会让我们只留意那些支持我们原有信念的证据，让我们只看到自己想要看到的证据。

为了证明 X 对 Y 十分重要且必不可少，只要将所有 X 与 Y 无关的例子全都省略不提就行了，这种谬误公式常见于某些教人如何幸福、如何成功、如何致富、如何减肥、如何聆听自己内心召唤这种畅销的心灵鸡汤类书籍之中。例如，想要证明与人为善对于成功的 CEO 来说十分重要，只需提供大量实例告诉读者成功的 CEO 全都是好人，同时将不善良但同样成功的 CEO 以及善良但不成功的 CEO 例子全都藏起来不提就行了。不必惊讶，只要你真的这么做了，一定会有很多人相信你的理论，愿意排长队买你的书！

对于那些相信所谓"读心者"和"灵媒"具有超自然能力的人来说，选择性思维是这些信念的基础，它同时也是大部分神秘论和伪科学观的基础。对那些为未经测试、未经证实的替代医学治疗手段进行辩护的人来说，选择性思维也不可或缺。将相关证据秘而不发或干脆省略不提，这对增强某个观点的说服力当然会有帮助，但该观点的合理性也会因此而大打折扣。回归性谬误就是省略谬误的一种，因为它在确定事件原因的时候未将自然的、不可避免的波动因素考虑在内。错误的二分法也是一种省略谬误，因为未能将所有合理的可能性均考虑在内，这种谬误有时也被称为非黑即白谬误或非此即彼谬误：看上去像是只能二选一的情况，不选这个就必须选那个，但实际上还有其他可能性和选项。

在詹姆斯·兰迪教育基金会赞助的第五次理性与怀疑主义年会上，我认识了安德雷·科尔（André Kole）。他说自己是位魔术师，是兰迪多年的老朋友，问我是否可以看一下他写的宣传小册子，对他的观点提出我的个人意见。我只看了一眼标题就指出他犯了非黑即白的错误。那篇文章的标题是："耶稣是魔术师还是神？"（科尔是位"基督徒魔术师"，会变"基于信念的戏法"）。我说不用阅读小册子的正文也可以跟他说出别的几种可能性，如除了魔术师和神之外还有疯子、骗子、神话等多种选项。虽然大部分基督徒认为《四福音书》中所描写的主人公"真实可信"，但我个人认为那只不过是一个神话人物。历史上的确存在过一个名叫耶稣的男子，但其神迹均来自对原本毫无神奇可言的真实事件的夸大或者歪曲，要不就是结合了来自其他传统的神话故事（如密特拉教传统）。耶稣之所以被传为拥有神奇的治愈能力，有可能只是利用了人们对因果关系的无知，使用无效安慰剂让人们对他深信不疑。

我读了一遍宣传册子上的文章，对科尔说他在论证耶稣不是魔术师这一部分的推理很好，但耶稣不是魔术师并不能证明他就一定是神。说实话，我当时没有兴趣和科尔就《圣经》或者据传的那些神迹进行辩论，但既然他问到了推理的问题，我就实话实说。如果他想要证明耶稣是神，显然只证明耶稣不是魔术师是远远不够的。

科尔对我的评语很不满意，质问我：如果《圣经》记录的不是亚伯拉罕之神所说的话，那又该怎么解释某些预言的准确性呢？由于小册子上的文章主要内容不是预言故事，所以我说自己对讨论预言不感兴趣。实际上，不论我是否有能力证明或解释《圣经》中的故事是否属实，这和《圣经》所记载的到底是不是亚伯拉罕之神所说的话之间毫无关系。

我们应该知道的是，有很多观点之所以看上去比实际上更有道理，那是因为有些相关证据被有意识地埋没或省略了。

不公或歪曲谬误

一个好的推理应具有的第四个特点是公平性。站得住脚的推理不会歪曲证据，也不会夸大或降低某个特定数据的价值。"稻草人谬误"就违反了这种公平原则，因为使用者所攻击的不是对方的观点，而是先歪曲对方的观点，再攻击这一歪曲版本。这样一来，使用稻草人谬误的人所反驳的只不过是他自己创造出来的观点，而不是别人提出的原始观点。当然，如果你对原始辩论观点一无所知，那么或许还会觉得反驳得很有道理呢。如果怀疑主义委员会里没有女性成员，我出于性别歧视表示"因为这是男人的事"，于是你就来攻击我，指责我认为女性智商不够，所以没资格加入委员会，那么你就犯了典型的稻草人谬误。

不同的证据其重要性也有所不同，未能正确认识这种差异也是最常见的推理谬误之一。虽然在推理过程中应该全面考虑所有的相关证据，但每个证据的意义并不一样。换言之，你不能将相对不是那么重要的证据抬举到重要的位置，同时也不能因为某个证据与你的观点不符就将其打入冷宫。每个证据都需要经过综合衡量，需要对其意义进行综合评估。卡罗尔·托德（Carroll Todd）和罗伯特·托德（Robert Todd）在 2005 年出版的《如何成为一名明辨思维者》中这样写道：

> 在对某前提的重要性进行评估的时候，需要考虑的其中一个因素就是该前提的来源。在其他条件全都一样的情况下，来源越可靠，该前提的重要性就越大。此外，如果其他条件全都相同，最有保证的前提应该得到最大程度的重视。
>
> ……不同证据应得到不同程度的重视，为了让大家对此有个大体的了解，试以刑事案件的审理为例。有些目击证人的证词很能说明问题，有些证人的证词则较弱。有些物证与案件密切相关，显示被告人与罪案之间有某种联系，有些物证则只能显示被告人与罪案之间可能存在某种联系。有些间接证据显示被告极有可能有罪，但如果有物证显示被告与罪案无关，则物证显然比间接证据更应该得到重视。发现作案动机表明被告人有可能犯

案，但是如果除此之外没有任何其他相关证据，那么作
案动机只能作为微弱证据被采纳。

歧义谬误

一个好的推理应该具有的第五个特点是明确性。有些谬误
源自歧义，如利用一词多义含混其词，改变原始观点中某个关
键词的含义。如下面这段文字中，第一个"偶然"是指不是由
上帝创造出来的，而第二个"偶然"则指小概率事件。

既然你不相信自己是上帝创造出来的，那你一定认
为自己的出现是个偶然事件。那么，你所有的思想和行
为也都纯属偶然，包括你不信任何神祇。

大部分人声称某个事件符合预言、梦境或心理预测的时候
都犯了歧义谬误，因为含糊其辞的表达可以在很大的范围内有
多种阐释，完全可以根据实际发生的事件采用比喻的方法对这
些表达进行宽泛的解释。

证据不足谬误

最后，一个好的推理必须提供充足的证据支持其得出的结
论。首先必须提出真实、相关的前提，不得歪曲或刻意省略任
何相关证据。但即使做到这些，推理仍有可能存在缺陷，因为

你还有可能会因为未提供充足证据而得出草率的结论。"事后归因"是一种常见的草率结论谬误，即看到一件事发生在另外一件事后面，于是认定前者是导致后者的原因。迷信的人、相信超自然现象的人、相信替代医疗的人经常会犯这种错误。如果你前一天晚上梦见萨迪姨妈去世了，结果她第二天果然死了，这并不足以证明你有预知未来的能力，你还需要更多证据。如果你打了流感疫苗几天后就病倒了，这并不能证明让你得病的就一定是疫苗，你还需要更多证据来证明这一点。还有一种因果谬误是认为两个变量因为均与结果相关而彼此因果相关，实际上除了相关性之外你还需要提供更多证据来证明这种因果关系。相关性不能证明因果关系的存在。如果你所提供的证据全都是真实可信、密切相关的，而且并未忽略所有与之相关的证据，但仍没有足够的证据能够证明自己的观点，那么你就应该清楚地认识到自己的观点是错误的。

上述谬误分类并非相互排斥

有些谬误可以被划入不同的类别，如"务实谬误"有时源自含义模糊有时源自证据不足。如果你因为某件事"管用"即认定其为真实，这就是务实谬误；而"管用"的意思是"我对此感到满意"、"我觉得好多了"、"我认为很有好处、很有意义"，或者"我觉得这能解释很多事情"。如很多人认为占星术管用，针灸管用，顺势疗法管用，数字命理学管用，手相管用，触摸治疗管用。但是"管用"具体指什么却十分含混、意义不清。你可以从三个不同的角度批评这些观点：首先它们没有提供足够的证据来证明其具有准确的预测性或医疗有效性；其次它们用了错误的二分法，刻意忽略了其他可能的解释；第三它们选择性使用证据，忽略了那些没有任何治疗效果的例子或者某个预言有可能适用于无数场景这一事实。

29. 错误暗示（*false implication*）

一定要小心那些表达真实但暗含错误的陈述。

请问，以下产品有什么共同点？

Kix 浆果麦片

Country Time® 柠檬味饮品

Cap'n Crunch 浆果干谷物

达能 Danimals XL（草莓大爆炸）

水果圈营养早餐麦片

水果脆谷乐

黄箭多汁水果口香糖

救生圈糖（野生樱桃）

雀巢 Nesquik 牛奶混合饮料（草莓）

宝氏水果味麦片

口红糖（樱桃）

戒指糖（樱桃）

果珍

Trix 五彩果味麦片

Trix 酸奶（草莓 / 猕猴桃）

Yoplait 酸奶（草莓）

答案：上述所有产品均不含任何水果。但旨在吸引消费者的商品标签和广告内都包含着误导性信息，让人误以为这些商品成分里包括水果。

印在胡萝卜袋子上或软饮料罐子上的"不含胆固醇"这几个字是什么意思？（用动物脂肪煎炸胡萝卜一样会摄入胆固醇，用炸猪皮制作的苏打水里也有可能含有胆固醇）。在薯片外包装打上"不含胆固醇"的标签会让人误以为用来炸薯片的油脂不会在你体内转化成胆固醇。我觉得对有些人来说，看到这几个字甚至会让他们误以为薯片是一种健康食品。

一袋"健康之选"午餐肉上标明 97% 不含脂肪，当然这是按照重量来衡量的，你不知道的是这份午餐肉 25% 的卡路里来自脂肪成分。没错，虽然生产厂商向消费者暗示该商品的脂肪含量很低，但实际上每份午餐肉均可提供一个人每日正常需要的全部脂肪量。奶制品厂商在这方面也同样聪明，总是按照重量比例标明脂肪含量，从不告诉消费者脂肪所能提供的卡路里比例，否则牛奶的脂肪含量就不是区区 2%，而是 31% 了。

除了广告商和商业产品推销者之外，还有很多人也充分利用错误暗示为自己的观点服务。乔治敦大学法学院三年级学生桑德拉·福鲁克（Sandra Fluke）曾经为奥巴马政府的"患者保护与平价医疗法案"进行辩护，支持法案中要求保险公司支付包括避孕在内的预防保健服务费用等规定。她因此遭到著名保守派电台主持人拉什·林博（Rush Limbaugh）的攻击。林博表示："如果想要我们为你花钱买避孕用品，这就是说你做爱是我们花钱买的，那我们也想要点回报。我们想要你把性爱视频发送到网上给我们看。"

林博这段话中除了一向标志性的低俗和下流之外，还有误导听众的成分，暗示福鲁克想要纳税人为其避孕买单。他的这一暗示有两个错误。首先，这里所讨论的问题与纳税人买单毫无关联，而是关于政府要求保险公司支付哪些费用。更为重要的是，福鲁克表态支持的是节育应属于基本医疗保健范畴，而不是她想做爱却不想因此怀孕。实际上，她是这样说的：

> 就在上个月，几个天主教大学的学生举行集会，向全美国呼吁节育应属于基本医疗保健服务的范畴。我也是他们中的一员，并且骄傲地分享了我在乔治敦大学法学院几个朋友的故事。正是因为我们的学生保险计划不包含预防怀孕的节育服务，她们都承受了可怕的医疗后果。
>
> 我和这些学生一起接受媒体访问，那是因为我相信女性在现实生活中的真实遭遇说明我们是多么需要低价质高的生育保健服务……

她们中有些人患有多囊卵巢综合征，需要采取避孕措施以防囊肿在卵巢上生长。如果不采取任何措施，这种疾病很有可能会导致不孕和致命的卵巢癌。她们中有些人是性侵犯受害者，需要采取避孕措施防止意外怀孕。

她们中有些人信奉天主教，也相信社会公义，而且不认为这与计划生育之间有什么冲突。她们中有些人刚刚经历怀胎生子，医生担心短时间内再次怀孕会对母亲的健康不利，同时也会危害到腹中胎儿的健康状况。她们中有些已经为人母，有些当上了祖母或者外祖母，有些人还清楚地记得几十年前为争取平等工作机会、争取医疗保健福利、争取男女平等而遭受的那些咒骂。

他们中有些是丈夫、伴侣、男朋友、男性朋友，他们知道如果没有渠道获得节育服务，他们所关心的人有可能会在参与公共生活的时候面临种种不公平的障碍。是的，这些年轻的姑娘收入水平各异，来自不同族裔、不同社会阶层、不同种族，她们需要节育措施来帮助她们控制生育、完成学业、实现自己的事业规划、防止意外怀孕。

所有这些人，他们不会保持沉默，他们想要发声。

另外，不愿保持沉默的还有共和党总统候选人里克·桑托勒姆（Rick Santorum）。他在美国广播公司周日政治节目"本周新闻"中表示，"入校时有宗教信仰的大学生中有62%的人毕业时抛弃了原有的信仰"。他自己也承认这一数据可能并不十分准确，但同时又说"实际情况可能更糟"。桑托勒姆的言外之意是说上大学会让人丧失宗教信念，假如这些孩子当初不上大学，后来也就不会抛弃原有的信仰。美国公共广播电视公司找到了他在节目中提到的研究项目，发现该项研究所得出的结论是：没上大学的人群中有宗教信仰的比例更低。据发表在《社会力量》期刊上的该项研究报告称："就读传统四年制大学的学生中，有64%的人放弃了参加宗教活动的习惯；而那些未上大学的人则有76%不再参与宗教活动。"

根据《宗教研究综述》去年发表的一篇文章，七年级以上的学生表现出两种貌似截然相反的倾向：虽然他们更愿意参加宗教活动和相信"更高等级的存在"，同时也更加不认同《圣经》所记载的是"神的真实言语"，更愿意相信真相并非仅存在于某个宗教信仰之中。

通过省略某些事实进行诽谤

记者、政客以及任何一个有仇家的人都可以用省略不提某些事实的方式对别人进行诽谤；当然，他们刻意选择省略不提的肯定是与其诽谤性言论相悖的事实。对于这一点法律有着相当清楚的认识。有位记者曾在电视新闻中报道一家日托中心面临严重虐待与疏忽职责指控，有位母亲因儿子受到虐待而为自己的几个孩子全都办理了退园手续，说日托中心辜负了她的信赖。但报道中并未提及一个至关重要的事实，即所谓的虐待其实是一个四岁的男孩以不恰当方式抚摸了另一个四岁男孩。上诉法庭法官在其最后的裁决中对此有如下评论：

> 任何理性的陪审员都会认定这是诽谤和中伤，因为日托中心工作人员在工作期间虐待儿童与由于疏忽职守而导致一名儿童袭击另一名儿童，这两者之间存在着重大差别。

因为错误的暗示而招致诽谤与中伤指控是最令新闻记者头疼和困惑的事情，他们有可能认为自己所报道的是真相（但并非全部真相），所掌握的也全都是事实，但最后还是有可能会出岔子。很显然，就算记者所报道的全都是事实，如果他们所报道的不是全部事实，结果也有可能给出错误的暗示。比如，斯坦利医生将一把刀插入理查森的腹部，理查森之后不久即告死亡。如果你看到这两句话便得出结论说斯坦利谋杀了理查森，那就大错特错了。因为我在这里省略未提的事实是：理查森被人送到急诊室的时候已经身中数枪，斯坦利医生为了挽救他的生命而切开他的腹部进行手术。还有一个真实的案例也很能说明问题。有个精神不健康的人声称自己受到一家商店店主的迫害，他的亲朋好友和辩护律师均支持他的说法，假如有人根据这一未经证实的指控对那家店铺采取罢买抵制行动，而新闻记者仅凭与事实不符的一面之词对此事进行报道，那么这位记者及其所属电视台都会面对诽谤指控。

一些需要思考的问题

"改编自真实故事"这一片头文字是否会让观众误以为讲述的故事全方位真实再现了所有重要事实？电视新闻节目中的情景再现手法是否会让观众误以为节目用摄像机真实再现了过去发生的全部真相？新闻记者就某个议题征求外行人的意见时，这种信息上的伪对称是否会让观众误以为该议题的确存在争议呢？经同行评议的科学期刊是否会让读者误以为其发表的所有文章都通过了同行评议？在报道复杂社会或政治问题、重要人物或事件的时候，真的能够做到不因省略重要信息而误导读者、观众或听众吗？

30. 错误记忆（*false memories*）

人的记忆不是录像机。记忆是大脑生成的，通常无法做到百分百准确无误。所以人不能绝对相信自己的记忆。

错误记忆指某个真实经历的歪曲记忆或者某个想象经历的虚构记忆。很多错误记忆都是某些真实事件的混合体，这些事件有可能发生在不同的时间，但在记忆中却同时出现。大部分错误记忆始于源记忆的错误，有些将梦境误以为是真实体验的回放，有些则是因为治疗师和心理咨询师刻意激发、引导、建议所产生的结果。加州大学心理学家伊丽莎白·罗夫塔斯（Elizabeth Loftus）的研究表明，植入错误的记忆是可能的，而且相对来说非常容易做到。

源记忆

你清楚地记得母亲曾经将一杯牛奶泼向父亲，而实际上泼牛奶的那个人是你父亲。这类错误记忆基于个人的真实经历，你有可能清楚地记得每个细节，甚至觉得一切历历在目，但只有跟当时在场的人相互印证，你才能知道自己的记忆是否真的准确无误。像父母角色调转这种记忆失真现象十分常见，有些记忆的失真非常富有戏剧性。

很多人对某些事件有着十分清晰、准确的记忆，却在某个十分关键的地方犯了错：源记忆。丹尼尔·沙克特（Daniel L Schacter）在《记忆七宗罪：人类大脑是如何遗忘与记忆的》中曾经提到这样一个例子：

> 20世纪80年代总统竞选期间，罗纳德·里根曾在多个演讲中讲过第二次世界大战期间一位轰炸机飞行员的感人故事。由于轰炸机被敌机击中，机身严重受损，飞行员命令全体人员弃机跳伞，但年轻的机枪手受了重伤，无法撤离。"没关系，那我们就一起冲下去吧。"里根背诵着飞行员的豪言壮语，泪水在眼眶里打转……好吧，问题是这个故事和1944年上映的电影《机翼与祈祷》（*A Wing and a Prayer*）中的桥段几乎一模一样。很显然，里根清楚地记得所有的事实，但是忘记了故事的出处。

关于源失忆（也叫记忆错误归因）还有一个更具戏剧性的例子。有位女士指控记忆专家唐纳德·汤普森（Donald Thompson）强奸了她，而实际上那次强奸事件发生之前，汤普森正接受某个电视节目的现场采访。那位女士观看了那个电视节目，然后将观看电视的记忆与对强奸犯的记忆混为一谈了。研究表明，人类将记忆与想象区别开来这一能力取决于对源信息的回忆。

汤姆·科辛格（Tom Kessinger）是堪萨斯州章克申市艾略特汽车修理厂的机械师，曾经言之凿凿地描述了租用莱德卡车那两个男人的相貌，并表示这辆卡车和 1995 年俄克拉荷马市艾尔弗雷德·P·默拉联邦大楼爆炸案中嫌犯使用的卡车一模一样。根据他的描述，两个男人中有一个是蒂莫西·麦克维（Timothy McVeigh），他后来因谋杀 168 人（其中包括 19 名六岁以下儿童）被判有罪并处死；另外一个人头戴棒球帽，身穿 T 恤衫，左臂胳膊肘上方有文身。这个人名叫陶德·邦廷（Todd Bunting），实际上是在麦克维租车后第二天和迈克尔·赫蒂（Michael Hertig）一起到修车厂租了另外一辆卡车。科辛格将两个不同的记忆混在一起了。虽然他当时非常肯定麦克维是和邦廷一起前来租车的，但事实证明他记错了。

著名儿童心理学家让·皮亚杰（Jean Piaget）说自己最早的记忆是在两岁的时候差点被人绑架，还说自己清楚地记得当时的很多细节，如坐在婴儿车里，看见护士与绑架者搏斗，护士脸上有抓痕，一位身披短斗篷、手持警棍的警察追赶绑架者等。他的讲述得到了很多人的认可，其中包括护士、家人以及不少听过这个故事的人。于是皮亚杰更加确信自己的记忆没错。实际上，所谓的绑架事件根本就没有发生过。就在这桩未遂绑架案发生十三年以后，当时的护士写信给皮亚杰的父母，承认整件事全都是她一手编造出来的。皮亚杰后来这样写道："所以说，肯定是我在小时候听到有人说起这个故事……然后就以视觉记忆的方式将其投射到过去的生活中。这是一个关于记忆的记忆，是个错误的记忆。"

　　能够记得婴儿时期（三岁以下）遭人绑架，这本身就是错误记忆的典范，因为人类负责长期记忆的左下前额叶在婴儿期尚未发育，而且婴儿的大脑也不具备对这类事件进行归纳与记忆所需的精密编码能力。

　　但是婴儿和幼童的大脑已经开始有能力存储片段的记忆，这些碎片式的童年记忆有可能会让人在进入成年期以后倍感困扰和纠结。沙克特曾记录过这样一个案例：一条铺满砖块的小路上曾经发生过一起强奸案，虽然受害者不记得发生过强奸这回事，但是"砖块"和"小路"这两个词不停地出现在她的脑海里，她却一直都并未将其与强奸联系在一起。她不记得案发过程，可是每次重回案发地点都会感到莫名的沮丧。虽然科学研究并未证明孩童时期的记忆碎片会对成年人造成严重的心理伤害，不过心理治疗师普遍相信这一理论。

　　此外，心理治疗师还认为很多心理障碍和心理问题均与抑制童年时期遭受性虐待的记忆有关。与此同时，也有不少心理学家认为治疗师所进行的受抑记忆治疗法（RMT）只不过是对病人的错误受虐记忆进行鼓励、激发和暗示。在那些被恢复的记忆中，不少都是错误的记忆，不少治疗师也因协助病人制造错误记忆而被告上法庭。

被恢复的童年性虐记忆不可能全都是真的，也不可能全都是假的。它至少说明一个问题，基于记忆的运作机能，想要将真实的记忆与扭曲或者错误的记忆严格区分开来是件十分困难的事情；尤其是混杂了真实体验与想象的记忆，想要分清哪些是真实的哪些是想象出来的，就更是难上加难。尽管如此，人类的记忆必然涉及大脑的某些运作，这个事实也很值得我们关注。因此，婴幼儿时期的受虐记忆或者人在失去意识期间所遭受的虐待记忆一般不可能是十分准确的，梦境中或催眠状态下的记忆尤其不可靠，因为梦境一般不可能是真实体验的回放。此外，梦中的信息和数据一般都含义不清。所以在使用催眠与审问技巧的时候必须格外小心，避免通过暗示和引导来制造虚假的记忆。

人类的记忆一般都是夹杂不清的：有些记忆很准确，有些不准确。想要将两者严格区分开一般很难做得到。那么真相到底是什么呢？病人的记忆内容虽然是错误的，但是记忆本身却是真实、可怕的；不论他们的记忆真实与否，他们的痛苦都是真实的、实实在在的。

那么，我们因此就应该不加判断地全盘接受这些记忆吗？应该不再考虑别的可能性吗？对于一位负责任的治疗师来说，其职责是帮助病人分清哪些是现实，哪些是幻想；哪些是真相，哪些是梦境与编造的事实；哪些是真实发生的侵害事件，哪些是想象出来的性侵害。如果有效治疗的标准程序就是鼓励妄想的话，这种治疗方法或许根本就不值得去试。

如果你的职责是判断究竟是事实还是纯属虚假记忆，那么你最好能够熟读当前有关记忆的主要科学研究文献资料，充分认识到人类的记忆在某种程度上极易受外界的影响，其中尤以儿童最容易受暗示性及引导性提问的影响。此外你还应该牢记，儿童的想象力十分丰富，当他们说自己记得某件事，这并不意味着他们记得的是自己的亲身经历。反之，当一个孩子说自己不记得某件事，如果你拒绝放弃，刨根问底地不停发问，直到他或她记起此事才肯罢休，这种做法不仅很不人道，而且还有虐待儿童的嫌疑。

31. 福瑞尔效应／巴纳姆效应
（ *Forer effect/Barnum effect* ）

你认为自己出生于吉时三刻，总是能够无中生有地看到别人视而不见的意义，从别人认为对他们有意义的话语中发现适用于自己的意义。这些全都是偶然吗？我认为不是。

福瑞尔效应指人们总是倾向于相信某些陈述和观点对自己特别适用，而实际上这些陈述和观点与他们没有半点关系。

心理学家伯特仑·福瑞尔（Bertram R. Forer）发现，人们总是倾向于认为某些意义含糊、普遍适用的性格描述是为自己度身定制的，并没有意识到这些描述同样适用于其他很多人。比如以下这段文字，每个人都可以将其视作专门针对自己性格所做的评估。

你需要别人爱你、崇拜你，但你对自己却诸多挑剔。虽然性格上存在某些不足，但你通常能够弥补这些不足之处。你有很多潜力尚未开发利用。虽然外表看上去极具自律性和自我控制能力，你的内心却充满焦虑和不安全感。有时你会严重怀疑自己所做的决定是否正确，怀疑自己所做的事情是否正确。你喜欢某种程度的改变和变化，遇到约束和限制的禁锢会心生不满。你为自己具有独立思考能力而自豪，没有令你信服的证据一般不会接受别人的观点。你认为将自己完全袒露在别人面前是不明智的做法。你有的时候性格外向、对人友善、妙语连珠，但有的时候又表现得内向、警惕，什么都不想说。你的某些愿望和志向总是显得有点不切实际。

福瑞尔曾经让学生做过一次性格测试，然后完全无视他们选择的答案，直接把上述摘自报纸星象专栏的文字当作评估意见发给他们，并要求他们按五分制为其性格评估打分，五分意味着评估"非常出色"，四分意味着评估"很好"。结果全班平均评估分值高达4.26。这次测试是在1948年做的。从那以后，同样的测试又进行过几百次之多，实验对象均为心理学专业的学生，结果平均分仍然高达4.2，即认为上述性格评估意见的准确度为84%。

简言之，福瑞尔让我们相信，在对某人的性格一无所知的情况下，他还是能够成功判定这个人的性格特点。参加过测试的人无不赞叹于性格评估的准确性，但实际上这段分析文字来自报纸的星象专栏文章，而且福瑞儿甚至不需要知道测试对象太阳星座的具体位置。福瑞尔效应似乎在某种程度上解释了为什么会有这么多人相信各种占卜术和预言术。占星术、星象疗法、生物节律、纸牌占卦、手相学、九型人格、算命术、笔迹学等之所以信者云集，主要是因为这些方法似乎都能进行准确的性格分析和判断。针对上述各种占卜术所做的科学研究结果表明，它们均非有效的性格评估工具。当然，这并不能阻挡信众的脚步，因为他们对占卜结果的准确性深信不疑。

希望、一厢情愿、虚荣、想要在个人经历中寻找意义，人类的所有这些倾向都能用来解释福瑞尔效应。如果人们愿意相信关于自己的某个分析或判断，那他们的接受度就会显著上升。换言之，他们的接受程度并没有什么客观的标准。如果我们认为某句话是正面的，是对我们的赞扬，即使这句话颇有可疑之处甚至完全不对，我们也会欣然笑纳。有些评论意义含糊或前后矛盾，我们一般也会对其进行十分宽泛的阐释，最后总能说得通。相信巫师、灵媒、算命先生、读心者、笔迹专家的人会无视那些可疑的甚至错误的判断，只相信那些实际上完全是通过他们自己的言行向对方透露的话语。很多人会觉得对方提供了很多极具深意的个人信息，但实际上这种主观验证与信息的准确性之间并无关联。

心理学家巴里·贝尔斯坦（Barry Beyerstein）对为什么会有这么多人相信占卜术有一些很精辟的看法。他认为"希望和不确定性能够引发强大的心理历程，这让所有超自然和伪科学的算命人都有了生意"。他还表示，我们总是想要"从日常生活大量支离破碎的信息中寻找意义"，有的时候因为实在太过于精通此道，我们"有时会从无意义中找到意义"。在所见所闻的基础上，我们通常会积极地填漏补缺，生成一幅完整的画面；但是如果对证据稍加认真研究就会发现原有的数据实际上含义模糊、歧义甚多、前后矛盾，有些直接就是难以理解。以灵媒为例，他们通常喜欢连珠炮似的发问，所提的一连串问题琐碎片断、意义不明，似乎他们掌握了你很多的个人信息。实际上，灵媒根本无需对前来问询者的个人生活有多深入的了解，因为对方会在不知不觉间自愿提供所需的全部相关信息，并对灵媒重复的这些信息进行确认。只要稍微懂一些冷读技巧，灵媒就能在这个互动过程中表现出如鱼得水般的自如。

"冷读"指通过对陌生人进行察言观色，解读他们的衣着首饰、兴趣爱好等，然后就未来的人际关系、旅行、钱财等问题告诉他们想听的话。冷读技巧包括说出某些姓名或姓名的缩写，然后让对方自己去想其中的意思与意义。如果你能熟练运用冷读技巧的话，就算之前从未谋面，对方却相信你已经掌握了有关他们的一切。

戴维斯·马克斯（David Marks）和理查德·卡曼（Richard Kammann）在1979年合著出版的《通灵人心理学》一书中指出：

　　……一旦发现了某个观点或期待，尤其是当这种发现能够解决令人不安的不确定感的时候，发现者总是会留心那些支持这一观点的新证据，同时无视与之相悖的

新信息。这种自我延续机制夯实了最初犯下的错误，并
在此基础上建立起一种过度自信，认为对手的意见支离
破碎，完全不足以对抗其抱持的观点。

让伪科学冷读者对客户进行性格评估会让人如陷罗网，即使
再冷静的人也很难做到完全不受误导，很难做到绝对不犯错误。

贝尔斯坦建议用以下测试判断上述伪科学是否存在佛瑞尔
效应、确认偏误或其他心理因素[1]。

……正确的做法是首先对大量客户进行冷读，然后
在文件上隐去姓名（使用一对一的代号，以便稍后进行
对应处理）。接着让所有客户阅读全部匿名性格素描，
要求他们选出最符合自己个性的那份文件。如果冷读者
在文件中确实提供了与客户一一对应的相关信息，那么
该实验组成员的平均表现一定高于随机选择文件的几率。

贝尔斯坦表示："到目前为止，还没有哪一种超自然或伪
科学的性格解读方法……能够成功通过这种测试"。

关于为什么会有这么多人相信超自然或伪科学的性格评估

---

[1] 该测试同时使用主观验证或个人确认，并非用于测试个性评估工具的准确性，而
是为了中和前述事务中存在的自我欺骗因素。——作者注

程序十分准确，福瑞尔效应只解释了其中的部分原因，其实起作用的还有冷读、大众强化、选择性思维等诸多因素。应该承认的是，虽然伪科学读心术的大部分评估意见意义含混、普遍适用，其中有些内容却十分具体。这些具体的评估信息中有些适用于人群中的大多数，有些则适用于少数人，读心者会见机使用，如果不适用就寄望于客户能够对此转眼即忘或完全无视。

关于福瑞尔效应的研究成果很多，迪肯森（D. H. Dickson）和凯利（I. W. Kelly）曾经专门研究过这些成果，发现大部分实验对象均认为福瑞尔的性格描写十分准确到位。此外他们还发现，如果在文件上特别标明这是"你的"性格特点，则接受度会有所增加。相比性格上的缺点，说好话的评估意见"更有可能被标签为准确性格描写"。同样是令人不快的评估意见，由权威人物提出比由无名小卒提出更容易被实验对象所接受。实验对象通常能够区分准确陈述（但适用于大部分人）和独特陈述（适用于他们但并不适用于大多数人）之间的差别。此外还有证据表明，神经质、渴望认同、独裁等性格因素与是否相信福瑞尔的性格描述呈正比例关系。可惜大部分福瑞尔研究对象仅限于大学生这一特定群体。

马戏团老板巴纳姆（P. T. Barnum）以善于操纵人的心理著称，他的名言是："不管你是谁，我们这里总有一样东西适合你"。因此，福瑞尔效应有时也被称为"巴纳姆效应"。

32. 群体思维（*groupthink*）

就算相信自己的计划完美无缺，你还是应该考虑一下其中是否存在不足之处。要鼓励你身边的应声虫大声说不，大胆说出自己的疑惑。

心理学家欧文·詹尼斯（ Irving Janis ）将群体思维定义为"相比对所有合理的行动计划进行评估这一动机，群体成员对达成一致意见的意愿更加强烈"。

群体思维的部分特点如下：

1、过度乐观，鼓励承担极端风险；

2、过度自信，排除对观点进行重新考虑的可能性；

3、过度追求一致，进行自我审查，将批评者视为敌人。

控制批评的一种方式是对允许获取的信息进行管理，另外一种方式是在群体中只要马屁精和应声虫。这样做的负面结果就是不会考虑所有可能性，只考虑群体成员认为群体领导想要的那些计划。在这种情况下，群体成员会尽量避免提出有可能会被视为反对群体领导的意见，同时主动攻击与群体思维模式格格不入的人。这就像是在群体思维模式周围建起一道围墙，一切批评意见都被视为攻击行为，必须不惜一切代价进行铲除。此外，这样的群体会无视持不同见解的专家，只接受观点一致的专家所提供的帮助。这种在人员和信息选择上的单一性有可能会导致灾难性的后果。此外，因为群体成员不断彼此强化既定观点，持续排斥异己，整个群体在决策时会变得过度自信，通常不会制订应急预案应对计划失败的情况。

导致做出错误决策的某些群体思维症状与做出错误的个人决定所犯的错误都是一样的。如果你觉得自己无懈可击，那你实际上是在自找麻烦；如果你无视批评意见，这也是在自找麻烦；如果你不相信自己有可能会犯错，对所有的批评意见都不屑一顾，并采取措施压制反对的声音，一定要记住，更大的麻烦就在前面。

克服群体思维的方法是鼓励批评，要求每个成员都思考一下计划实施之后有可哪些地方可能会出岔子。

33. 光环效应（*halo effect*）

注意：不要因为某人或者某公司具有明显的优点或缺点就想当然地认定其只有优点没有缺点或者只有缺点没有优点。

光环效应指人或产品的某个特点给你留下非常好的印象，于是你对这个人的其他性格或同一厂商生产的其他产品也青睐有加，给予很好的评价。日常生活中最常见的一种光环效应就是人们普遍认为相貌漂亮的人更聪明、更和善。

反向光环效应指对个人、品牌的某个特点持负面印象，并进而导致你对这个人或者品牌的所有特点均印象不佳。如果认定某人"面相不善"或"心怀鬼胎"，那么不论他说什么做什么你都有可能会觉得他十分可疑。按这种倾向发展下去，你可能会认为后来所发生的事情果然印证了当初的第一印象，而实际上后来所谓的"确凿证据"早被第一印象污染了。这也是为什么有些刑事律师要求其委托人出庭前刮干净胡子，穿戴一定要干净整齐，因为他们寄望于法官或陪审团会受光环效应的影响，对其委托人产生好感。

"光环效应"一词最初由心理学家艾德华·索恩戴克

（Edward Thorndike）于 1920 年提出，用以概括当时指挥官对士兵的一种评级方法。他发现军官们对士兵进行评估的时候结果通常十分笼统，好就是好坏就是坏，很少出现"某些方面好某些方面坏"这种情况。俗话说第一印象给人留下的印象最深刻也最持久；究其本质，光环效应完全印证了这一俗语。如果某个士兵给军官的第一印象很好（或者很坏），这一印象将会始终影响军官对他的判断。对于一群士兵来说，每个人不是什么都好就是什么都不好，虽然现实中不大可能出现这样的情况，但评估结果正是这样的。此外，人们早期形成的观点对后来的看法与判断也有很大的影响。

光环效应与确认偏误之间关系密切：我们一旦就某些正面或负面的印象形成自己的判断，这一判断就会影响我们将来的看法，而将来的看法又会反过来进一步印证我们之前的判断。

研究者发现大学生对老师的评估意见一般都形成于第一节课，他们只需几分钟或者几个小时的时间就能对老师做出初步判断，而且该判断一旦形成就很难改变。如果学生对某位老师的第一节课就有很高的评价，学期结束的时候这一判断通常也不会改变。如果有哪位老师不幸给学生留下了十分糟糕的第一印象，那么他整个学期的总体表现再好也将很难改变学生对他的看法了。有些人可能认为这说明直觉是件神奇的事情，因为学生只需几分钟或者几天时间就能判断出一位老师的好坏。实际上，这一现象背后是光环效应在起作用。此外，如果对老师的评估在学期开始和结束的时候没有太大的变化，这本身就说明传统的评估方式存在严重问题，因为评估完全建立在个人喜恶的基础上，没有充分考虑光环效应的影响。

菲尔·罗森兹维格（Phil Rosenzweig）在 2009 年出版的《光环效应及欺骗管理者的其他八个商业错觉》中这样写道：

> 我们对公司业绩的看法有很大一部分深受光环效应的影响……当一家公司处于发展、盈利阶段的时候，我们一般会认为公司的发展战略稳健、CEO 富有远见、公司员工积极肯干、企业文化充满文化。如果公司业绩开始下滑，我们就会马上改变观点，认为公司战略有误、CEO 自大傲慢、员工不思进取满于现状、企业文化古板僵化……最初，所有这些似乎只不过是无伤大雅的新闻界夸张手法，但如果研究人员收集到的数据受到光环效应的污染，而且这些数据不仅包括媒体报道，还有管理层访谈，那么最终的研究结果就颇有可商榷之处。吉姆·柯林斯（Jim Collins）的《从优秀走向卓越》、柯林斯与波拉斯合著的《基业长青》、彼得斯与沃特曼合著的《追求卓越》等诸多论著中均存在这种原则性的研究缺陷。虽然他们全都声称找到了改善公司业绩的方法，实际上只不过是在描述成功企业的方法。

尽管《从优秀走向卓越》等书十分畅销，但是从公司的成功或失败中总结出公司战略、价值观、领导力好坏等完全不合逻辑。道理是显而易见的。有很多公司的业绩由好转坏，但其发展战略和管理层构成并未发生过任何变化。只不过人们一般会在公司业绩上升时期将成功归因于良好的管理与领导，而在公司业绩下滑的时候将失败归咎于管理不善、领导无方。

同样道理，如果球队赢球，人们会说教练是个天才；如果球队输球，人们会将教练贬为笨蛋。问题是，这个教练每年的工作内容全都大同小异，球队有时会赢有时会输。只要球队赢球，很多人想都不想就把成功归因于教练，完全忘记了同是这个教练去年只带球队得了第五名。不少人完全根据比赛结果来判断教练的素质及其战术、计划、准备工作、职业道德等，电视评论员对高尔夫球教练的评价大体也是这样。如果某位教练手下有好几个选手在短时间内连赢几场比赛或者表现出色，这位教练就是天才；同样是这位教练，如果他被自己的选手炒了鱿鱼或者选手一直不赢球，评论员就会说他的训练方法老掉牙了、过时了，不适合现代比赛。

罗纳德·里根有个绰号叫"特氟龙总统"，因其任职期间有过很多丑闻，但似乎对他的个人声望没有任何影响，其实我认为称他为"光环效应总统"更为准确和恰当。此人身上几乎没有足以使其担当自由世界领导人的资质，但他却是整个地球上最受爱戴的人。他充满自信、性格坚毅，是好人和正义的化身。

他是政界的约翰·韦恩，拥有诚实、有个性、充满英雄主义理想的硬汉形象。当然，适当的时候他也会表现出谦卑的气质。他讲故事和讲笑话的本领无人能比。听他夸夸其谈、言之凿凿地说树木会比汽车产生更大污染、政府是一切问题的根源，观众全都认为他言之有理。虽然他就任总统职位期间，奥利弗·诺斯（Oliver North）向伊朗出售武器，然后背着国会和美国人民用出售武器的钱资助恐怖主义分子……但公众却轻易放过了他，并未深究他的责任。里根极具幽默感，让人觉得就连自己的独生子都可以托付给他，相信他是那种在牌桌上绝对不会出老千的人。实际上，"伟大领导人"这一声誉主要源自他的性格，源自他背后那些演讲撰稿人，源自媒体的吹捧。人们现在热切期盼能够再次出现像里根一样的国家领导人，实际上他们所盼望的只不过是个演员，这个演员能以其公认的权威、诚实、自信、标志性的苦涩微笑以及绝佳的幽默感让所有人感到安心。

奥巴马 2008 年成功当选美国总统，竞选过程中光环效应也功不可没。他具有出色的演讲能力，受过良好的教育，身体健硕（虽然抽烟），这些都让很多人相信他拥有成为自由世界领导人的优良品质。实际上，奥巴马先生的个人经历并不足以胜任美国总统一职。竞选期间，奥巴马的竞争对手约翰·麦凯恩选择了萨拉·佩林作为自己的竞选伙伴，这一决策极大地削弱了他"国家第一"的竞选主题，从而帮了奥巴马的大忙。毫无疑问，参议员麦凯恩绝对是当总统的材料；但是，如果说还有谁比奥巴马更不适合当总统的话，那肯定非佩林女士莫属（当然，她并未竞选总统职位，但如果麦凯恩在总统任上不幸去世，她就会顺理成章地成为自由世界的领导者）。话说回来，反正美国的缔造者们认为当总统不是什么难事，因为这项工作的基本要求是"出生于美国的公民"，年满三十五岁，在美居住时间满十四年。没错，就这么简单，美国的大部分成年人均符合当总统的最低要求。嗯，这还真是让人感到安心呢。

1977 年，社会心理学家理查德·尼斯贝特（Richard Nisbett）和蒂莫西·威尔森（Timothy Wilson）合作发表了"光环效应：下意识改变判断的证据"一文，指出人类实际上意识不到光环效应对我们思维的影响：

我们告诉学生这项研究主要是为了考察教师评估问题，还特别强调实验者感兴趣的是学生接触老师的时间长短会否他们影响对老师的判断。当然，这是个彻头彻尾的谎言。

实际上，学生被分成两组，观看同一位讲师的两个不同视频；这位讲师最大的特点是带有浓厚的比利时口音（这是特别安排的！）。在第一个视频中，讲师以热情、友好的态度回答了一系列问题；在第二个视频中，同样是这位讲师，回答的也是同样的问题，但他的态度非常冷淡，显得很疏远。经过实验者的刻意安排与设计，讲师的哪一种态度更招人喜欢是一目了然的。在第一个视频中，他显得热爱教学，热爱学生；在第二个视频中，他表现得非常权威专制，一点都不喜欢教学工作。

实验者要求每组学生看完视频后为讲师的外貌形象、言谈举止、甚至他的口音等项目打分（讲师的言谈举止有意在两个视频中保持一致）。与光环效应一致的是，看到讲师"热情分身"的学生认为他更有魅力，言谈举止讨人喜欢，就连口音问题也变成吸引学生的优点。这样的实验结果并不令人感到意外，因为它印证了之前关于光环效应的研究成果。

上述研究最有趣的一点是，学生们认为老师的亲和力对他们的评估没有任何影响，因为实验者告诉学生该全球评估项目对他们是否喜欢这个老师有影响。

如果你之前购买过某家公司的产品，认为该产品质量上乘，将来选购商品的时候也会因此优先选择同一家公司生产的其他产品，这就是典型的光环效应。我们的逻辑是这样的：如果某公司能生产出一件好产品，那这家公司一定有很多优点和长处，因此能够生产出更多好产品。但经验告诉我们实情并非如此。厨宝（KitchenAid）公司出品的洗碗机质量很好，但该品牌的开罐器却很糟糕（我是先买了他们的开罐器，所以和妻子去商场选购洗碗机的时候完全不愿意考虑厨宝这个牌子。当然，后来的事实证明厨宝牌洗碗机和厨宝牌开罐器之间在品质上并没有必然的联系）。

广告商深知光环效应的影响力，所以才会请名人或相貌漂亮的人做产品代言人，充分利用消费者追捧电影明星就会喜欢他们代言的产品这种"爱屋及乌"的心理。

詹姆斯·兰迪（James Randi）也了解光环效应的影响力。有两位俄罗斯女士声称自己拥有超能力，能够从照片上判断出一个人的性格和经历。于是兰迪拿泰德·邦迪（Ted Bundy）的照片让她们看。这位臭名昭著的连环杀手相貌英俊，形象非常健康。当然，测试结果颇令人发笑，同时也很让人不快，因为两位女士均认为邦迪是个大好人。

《科学日报》2011 年 4 月 11 日刊登了一篇文章"健康光环效应：不要根据有机标签来判断食品的好坏"。作者这样写道：

> 越来越多的研究成果表明，光环效应有可能同样适用于食品，并将最终影响我们吃什么以及吃多少。例如，研究表明，相比出售薯条汉堡的传统餐厅，人们在号称提供"更健康"食品的快餐店所摄入的卡路里更多，原因是当人们认为某个食品更有营养的时候就会放松警惕，不再斤斤计较卡路里的具体数字，从而最终导致吃得过多。大家都觉得既然是健康食品，稍微放纵一下也无妨。某些被标签为"尤其健康"的食品同样有光环效

应的影子。比如有机产品，不少人错误地认为因为标签上印着"有机"二字，所以这些食品的营养价值一定更高。实情是否如此，食品和营养科学家到目前为止尚未形成定论。

我无法提供"越来越多研究成果"的具体数字，上述文章中提到过其中一个研究项目，所有实验对象都认为，与"非有机食品"相比，"有机食品"的味道更好，脂肪含量和卡路里更低，更多纤维，营养价值也更高。实际上，研究人员发给所有实验对象的都是有机食品，只不过将其中一些食品的外包装标签改为"非有机食品"。

34. 后视偏误（*hindsight bias*）

不要相信你自己的记忆力，因为你有可能会根据当前所持观点、而不是过去真实发生的事情倒推回去创造出记忆。

后视偏误指根据已知事实及当前观点事后生成记忆（或阐释过去某些陈述的具体含义）。这样做的目的是为了使过去的陈述与今日的事实保持一致，让后来发生的事情变成当初预测的证据。当某件事情出现出人意料的转折发展，你会说"我早就知道会这样"；实际上你未必真的早就知道，真正起作用的是后视偏误。丹尼尔·卡尼曼对此有这样的解释："大脑是一个寻找意义的人体器官，会编造有关过去的故事。每当出现始料未及的事件，我们就会马上调整自己的世界观以适应这一意外。"

后视偏误常见于相信预言和通灵预测的人群，因为他们总是倾向于用过去意义含混不明的神谕解释后来发生的事情。1986 年 1 月 28 日，挑战者号航天飞机升空不久即爆炸解体，七位美国宇航员死于非命。法国预言家诺查丹玛斯的追随者马上宣称他在以下诗行中早已预见到会发生这一悲剧：

D'humain troupeau neuf seront mis à part,

De jugement & conseil separés:

Leur sort sera divisé en départ,

Kappa, Thita, Lambda mors bannis égarés.

人群中将有九人会被带离，

无需进行审判也无需辩护：

其命运将在离别时被封存，

喀帕、西塔、兰姆达被放逐的致命错误。

  当然，为了让预言诗与事实严丝合缝，诺查丹玛斯的拥趸们只能猜测被选中成为宇航员的女教师克里斯塔·麦考利夫（Christa McAuliffe）当时怀有身孕，肚子里正怀着双胞胎，这样才能凑够诗中提到"被带离"的九人之数。这是典型的后视偏误案例。

  当某个事件发生以后，人们无法理解为什么之前没有人预见到这一事件的发生，为什么没有人有先见之明，这也是后视偏误的一种表现。比如，某位受人尊敬的华尔街投资经理设下庞氏骗局（骗人投资提包公司并将后面的投资付给前面的投资者以诱使更多人上当），导致投资者遭受总计高达 500 亿美元的损失，很多人都无法接受为什么没有人预测到这么重大的事件。他们认为如果有人留心这样那样的一些细节问题，伯纳德·麦道夫（Bernard Madoff）的计划就绝对不会得逞。事实上，所有产生重大影响的事件都很容易在事后找到合理的解释。这些解释可能会满足人的求知欲，让他们相信可以在事发后了解有关事件的前因后果。但是，关键是收集很多相关信息并用其来解释已发生的事件，这样做是否就能够有效防止未来同类事件再次发生呢？当然，没人能够为此打包票。

我们为什么会犯后视偏误这种错误？原因不止一个。根据科学家对记忆运行机制的研究，我们有时记得自己对某事做过预测，但实际上没有，有的只是错误记忆。当我们后来知道发生了某件事，大脑就会重新生成有关过去的信息，对记忆进行重新调整，以便与真实发生的事情保持一致。此外，人类的天性就是认为万事万物都是有序的、可预见的，而不是随机的、不可预见的。丹尼尔·卡尼曼对此有如下解释：

> 如果无法重建过去的观点，这不可避免地会导致低估过去事件对你造成的意外程度。巴鲁克·菲施霍夫（Baruch Fischhoff）早在耶路撒冷求学阶段就首次展示了这种"我早就知道了"的后视偏误。他与鲁斯·贝斯（Ruth Beyth）合作，在理查德·尼克松总统 1972 年出访中国和苏联前做过一次问卷调查，要求调查对象评估尼克松外交举措十五种不同结果的可能性。毛泽东会同意接见尼克松吗？美国会给中国外交认可吗？在长

达数十年的对抗之后，美国和苏联是否能够就重大事务达成一致意见？尼克松结束出访返回美国以后，菲施霍夫和贝斯要求同一批调查对象回忆自己当初对十五种可能所做的预测。结果非常明确：如果某件事确实发生了，人们就会夸大自己之前做出的预测概率；反之，如果某个结果并未出现，调查对象就会错误地记忆成自己本来也认为这事不大可能会发生。进一步的研究表明，人们不仅对自己早前预测的准确性有夸大的倾向，对别人所做的预测也有同样的倾向。这一现象同样出现在一些广泛吸引公众关注的事件中，如辛普森杀妻案和克林顿总统受弹劾案。根据事后发生的真实信息改写原有观点，这种倾向会使人们产生严重的认知错觉。

后视偏误有可能导致人们过分相信自己预测未来的能力，这是十分危险的事情。西北大学凯洛格商学院的尼尔·罗斯（Neal Roese）和明尼苏达大学卡尔森商学院的凯瑟琳·沃斯（Kathleen Vohs）共同研究发现，后视偏误会让我们过分相信自己所做判断的确定性。过度自信的企业家通常会采取不合理的冒险措施。正如卡尼曼说的那样，"评估决策的时候带有后视偏误是十分有害的，因为评估者判断某个决策质量的时候不是看该决策过程是否健全合理，而是视其结果的好坏而定。"

35. 观念运动效应（*ideomotor effect*）

下意识的身体语言有时能够解释看上去十分神秘的事件，所以应注意那些貌似不起眼的身体运动，因为很有可能正是它们引发你或者别人的某些特定反应。

观念运动效应指建议或期待会对不自觉的无意识动作行为产生影响。占卜板上指针的运动、辅助交流者在扶持式打字过程中的手部动作、应用人体机能学中的手部和臂部的动作、催眠暗示作用下的某些行为等，所有这些都是观点运动效应的结果。

雷伊·海曼（Ray Hyman）在1999年发表的文章"喜欢恶作剧的观念运动"中列举了医疗骗术利用观念运动的影响推出的一系列产品设备，其中包括脊椎按摩师使用的人体辐射探测器，以及自然疗法治疗师在诊断和治疗过程中用来控制"能量"的"黑匣子"。此外，海曼还认为中国和印度传统医学常用的气功和"脉象诊断"都可以用观念运动概念进行解释，与"气"之类的神秘能量无关。

"观念运动"一词由威廉·卡朋特（William B. Carpenter）于1852年首次提出，用以解释探矿人手中探矿杆和探矿摆锤的运动以及灵媒操纵下的桌椅悬空运动。他认为大脑不靠意志和情感的作用仍可引发肌肉运动。虽然我们自己意识不到，但别人的暗示会对我们的大脑和动作行为产生影响。

　　美国心理学家威廉·詹姆斯（William James）、法国化学家谢弗勒尔（Michel Chevreul）、英国科学家迈克尔·法拉第（Michael Faraday）以及美国心理学家雷伊·海曼都做过相关的科学实验，证明很多原本认为是因为精神力量、超自然力量或者神秘"能量"所导致的现象实际上都是观念运动的结果。此外，上述这些实验同时还证明，即使是受过良好教育、正直诚实的人也有可能会因为内心有所期待而出现下意识的肌肉动作，但导致这些动作和行为的暗示通常都不易被人察觉。

36. 控制错觉（*illusion of control*）

相信一切尽在掌握，这会让我们感觉良好；但感觉良好并不意味着这是真的。

人类的大部分思想和行为均带有不确定性，我们只对这件事有十足的把握。一个人对自己的生活越是缺乏控制感就越是焦虑，而焦虑是我们想要努力减少或避免的不良情绪。除非能从额外的压力中获取较大利益，否则我们一般都会尽量避免让我们感到焦虑的人或事。我们之所以愿意违反天性登上飞机，那是因为相比坐飞机所付出的心理代价，能去意大利旅游两周还是值得的。而一旦在机舱里坐稳，你通常就不会再去想那些会引发焦虑的事情，如你正坐在一个巨大的金属管子里，身处离地 10 公里远的高空，对飞行员、制造这架飞机的人以及给飞机加油、进行维修和安全检查的人全都一无所知。当然，你也不会去想飞机降落以后语言不通怎么办，到时怎么和接机的人交流，怎么去寻求别人的帮助。在开始这趟终生难忘的旅程之前，你不会愿意去多想这些令人焦虑的事情，其中包括机场安检的时候会被人当作恐怖分子嫌犯一样对待。

　　相比想方设法减少旅客的焦虑感，航空公司更关心怎么才能提高各项服务的价格，不过航空业也意识到旅途焦虑这个问题，并采取了一些积极的措施减轻乘客在乘机时的压力。以下是一位新加坡航空的乘客在美国最大点评网站 Yelp 上的一段留言：

> 　　虽然我买的是经济舱，还是觉得备受关照。起飞后不久乘务员就送上热毛巾让乘客擦脸醒神。这个服务非常贴心，因为这是长途航班，匆匆忙忙赶到机场、过安检、登机，所有这些事情都让人感到紧张。此外，新加坡航空还为每位乘客发放纪梵希名牌洗漱袋，里面有牙刷、牙膏和一双袜子。
>
> 　　机舱娱乐项目也很高级，为乘客准备了来自不同国家的无数电影供选择，有美国电影、欧洲电影、中国电影、韩国电影、日本电影、印度电影，还有阿拉伯电影。全世界的音乐 CD 应有尽有，然后还有电视、广播、报刊书籍、游戏。唯一的遗憾是没有 Wi-Fi，好像听说正在装，相信很快就会有了。

　　其实新加坡航空所提供的远不止机舱娱乐服务这么简单，他们希望乘客不去想那些有可能造成过大压力的事情。而看哪部电影、什么时候看、什么时候暂停，所有这些都是乘客能够控制的事情，这是真正意义上的掌控权……虽然掌控的对象只不过是娱乐设施。这不能让你拥有对飞机的掌控权，却能通过让你掌控别的东西达到减少焦虑这一目的。

控制权掌握在自己手中能让我们感觉良好；知道一切尽在别人的掌握中也能让我们感觉良好（试想一下，如果当航班飞到大西洋上空的时候你突然发现飞行员不见了，焦虑值肯定会迅速攀升）。此外，如果我们认为自己拥有掌控权，就算实情并非如此，我们照样还是会感觉良好。

这种控制感上的错觉不仅会让我们感觉良好，还能成为做事的动力，让我们做到缺乏掌控感的情况下无法完成的事情。有充足证据表明，对经济运行趋势进行预测实际上是件碰运气的事，而不是一种技能，但为数众多的经济预测家及其拥趸并未因此不再信任这一"经济预测体系"。如果有人直接承认其成功靠的是运气而不是技能，那么他们在这一行就干不下去了。当然，有些将运气误认为技能的人确实应该洗手不干,比如赌徒。但是，就算每个人都能认识到自己成功靠的是运气而不是技能，一切真的会变得更好吗？说到底，有人每次考试都要穿上幸运毛衣，有人向飞在空中的高尔夫球大声发出指令，有人用意念命令红灯赶紧变成绿灯,这样做能有什么坏处呢？有人吹灭生日蛋糕上的蜡烛之前先许个愿，有人明知没有复习还是会在考试之前默默祷告，这样做又能有什么坏处呢？

观看棒球比赛的时候，数以千计的球迷一起将棒球帽里外翻转而且帽檐朝后反着戴，相信这样就可以影响最终的比赛结果，这些都是无伤大雅的小动作。就算不少人都相信让球员手牵手一起喊口号就能对某个万能之神以及橄榄球比赛的最终结果产生影响，这样做会对谁造成伤害呢？如果有几百万人都认为全球变暖是一场骗局，相信只要人多势众就能将其定论为一场骗局，这样做会有什么危害呢？同样的例子实在是多得不胜枚举。

不论真实与否，掌控权会让我们觉得自己很强大，这是一种非常良好的感觉。知道宇宙间的一些都是有序的，都是经过精心设计的，世间所发生的一切尽在神的掌握之中，很多人都会因此感到十分安慰。相信是你的祷告拯救了宇航员或希尔蒂姨妈，相信某个肉眼看不到的神控制着宇宙间的一切，这些信念有什么问题呢？相信世间无偶然，所有事情都有其特定的原因，这样的信念真的不好吗？相信是你的祷告让某个神改变了龙卷风的方向，导致你和家人平安无恙，邻居的房子却被夷为平地，这样做有什么不对吗？为了自己想要相信的一切而抹杀真相和现实，这样做有什么问题吗？

如果你自欺欺人地认为真的可以通过意念、祷告或其他迷信方式控制自己或者他人的健康和财运，这当然会造成十分严重的后果。我们可以随时随地、随心所欲地抬起自己的手臂；但是如果你认为可以通过自己的意念力让别人抬起手臂，这就是妄想了。你做了二十个跳跃运动，几个小时以后头就不疼了，于是你得出结论是运动消除了头疼，这也是一种不切实际的妄想。当然，只要控制错觉这一妄想症并没有导致自己或他人受到伤害，也就不能算是什么坏事。但问题是，那些告诉客户要相信其经济预测体系的财务顾问真的不会造成伤害吗？那些相信祷告的力量而不送得糖尿病的孩子去医院的家长真的没有造成伤害吗？

最后，控制感不论真实与否都能带给我们安全感。我撰写本条目的时候全美国正在哀悼 27 名枪击案受害者，其中 20 人为年仅六七岁的儿童。大多数人当然想知道为什么一名二十岁的青年会先射杀自己的母亲，然后在康涅狄格州郊区的一所小学大开杀戒。我们当然想知道应该怎么做才能避免同类事件的再次发生。很多人不愿承认，我们很有可能根本就无法阻止这种杀人狂的疯狂行径，很有可能根本就无法准确预测谁将成为下一个杀人狂，我们所能做的只是尽量弄明白这场已经发生的惨剧背后的原因。但是这些事后的了解与分析能为大众提供的其实只不过是一种控制错觉。尽管如此，每次发生这种事情，我们还是会不厌其烦地对其来龙去脉、前因后果进行一番细致深入的调查和分析。

不少人对纽顿镇校园枪击案进行了细致深入的剖析，并提出不少防止此类悲剧再次上演的建议，其中最常见建议的就是呼吁进行枪支管制。这是最显而易见的解决方案，因为如果亚当·兰扎手里没有抢，他就不会杀这么多人。问题是，人人都能拥有枪支，但并非人人都会用它去杀人，况且除了开枪之外还有很多别的杀人方式。就算禁止拥有半自动步枪及其他杀伤性武器，就算你真的需要枪支或者加入特许枪支俱乐部成员也需面临诸多限制，这样做真的能够阻止下一个杀人狂大开杀戒吗？没有人知道确切的答案。澳大利亚于 1990 年颁布了枪支管制法案。此前 15 年澳洲曾经发生过十几起大规模枪击案件，导致最少五人死亡。枪支管制法案生效后，澳洲 16 年间未发生过一起群体性枪击事件。此外，澳洲还从不再符合规定的持枪人手中收缴了大约 70 万件枪械。那么，如果在美国实行同样的限制措施，是否会收到同样的效果呢？或许美国和澳洲的实际情况有太大的不同，因此同样的措施在美国不大可能会产生同样的效果。

还有一种呼吁是希望政府能够提供更好的心理健康服务。虽然公众对亚当·兰扎的个人信息所知甚少，但根据大部分媒体的报道，他性格孤僻、不善交际，曾被诊断为阿斯伯格孤独症。就算所有这些都是真的，仅从这些性格特点也无法准确判断一个人的心理健康状况。大众普遍认为精神健康的人是不会大肆屠杀一年级小学生的。我对此完全同意，但除了心理不健康之外，还有很多别的原因也会让人疯狂。当然，我们应该有更好的心理健康服务，但这个话题似乎与如何理解枪击事件以及如何避免同类事件的再次发生等议题相距甚远。吸食冰毒和其他毒品的瘾君子也有可能会疯狂杀戮。实际上，相比精神上出现问题的人，吸毒者和酗酒者杀人的可能性更大。西纳·法泽尔（Seena

Fazel）和马丁·格兰（Martin Grann）在 2006 年发表的"严重精神疾病对暴力犯罪的影响"中指出，美国精神疾病导致的暴力事件所占比例为 4%；根据美国心理健康研究所 1990 年的研究结果，吸毒和酗酒导致暴力犯罪的可能性则是它的七倍之多。为精神病人和吸毒者提供更好的服务是件好事，但这样做是否就一定能防止大规模屠杀事件的发生目前尚无任何定论。

兰扎和母亲住在一起，媒体将其家庭称为"破碎家庭"，因为"核心家庭"已不复存在。他的父母于多年前离异，父亲再婚后定居于另一个州。我们这边当地报纸上刊登过一篇读者来信，写信的人认为导致兰扎走上杀人狂道路的是核心家庭的消亡所带来的"道德沦丧"。但是，用道德崩溃来解释杀人狂的心理也太过简单。兰扎身上所带有的破坏性并不意味着整个社会的崩溃，也不代表道德的沦丧，只代表他自己人性的缺失。可能有些人认为只要每个人都遵守某些道德规范，这个世界就不会有任何问题。这种想法的确颇能令人感到安慰，但是，你还记得美国历史上那段著名的禁酒时期吗？

还有一些人呼吁要让学校教师和管理人员全都武装起来，如果计划袭击校园的杀手知道学校里的人手里有枪，就有可能会打消杀人的念头；就算有人胆敢闯入校园杀人，教职员工也能拿起武器保护自己和学生。美国步枪协会副主席韦恩·拉皮埃（Wayne LaPierre）有句名言："如果坏蛋手里有枪，唯一能够阻止他的就是手里有枪的好人。"问题是，最终阻止兰扎继续杀人的是他自己，1999 年在科罗拉多州哥伦拜恩中学枪杀 12 名学生和一名教师的埃里克·哈里斯和迪伦·克莱伯德也同样以自杀收场。枪击现场有一名副警长曾对其中一个"坏蛋"连开四枪，13 名受害者中当时有 11 位还活着，但可惜副警长四次均未命中目标。除了用枪支武装更多人之外或许还有其他更加有效的方法保护我们自己，因为分发更多的枪支弹药会导致更多不可预见的危险后果；将更多枪支交到公民手中，即使对他们全都进行枪械培训，也只能让我们产生一种虚假的安全感。步枪协会副主席拉皮埃、狂热的枪械收集爱好者南茜·兰扎以及所有呼吁采取行动的人都应该问自己一个问题：哪里会出岔子？

亚当·兰扎的母亲在家里存放了五支枪用来保护自己，因为她相信美国的司法系统一定会出问题。亲朋好友说她是十分偏执的生存主义者，时刻准备应对秩序的崩坏。她的私人军火库里有五件经合法注册的枪支，事实证明这些枪支带来的只有虚幻的安全感：她自己的儿子就是用这其中的一支对准她头部连开数枪。和大部分过分乐观、自信的规划者一样，南茜·兰扎在为世界末日做准备的时候忘了问自己一个重要的问题：这个计划哪里会出岔子？

37. 正义错觉（*illusion of justice*）

　　虽然我们不喜欢，但现实生活中的确会发生"好人不长命，坏人活千年"这样的事情。

　　正义错觉指我们认为人类天生的正义感与现实世界的运作方式保持一致，相信好人能够有好的回报，坏人一定会有坏的报应；相信好人不应该遭殃，坏人不应该春风得意。如果做了坏事得到奖励，做了好事反倒受到惩罚，这是我们所无法接受的。如果我对你好，我就会期待你也同样对我好；反之亦然。我不希望你骗我，你也不希望我骗你。当然，在现实世界中，不管你是好人、坏蛋，或者是不好不坏的人，好事坏事的发生几率并没有明显的差别；骗子行骗之后全身而退的例子也是随处可见的。为了纠正现实生活中的不公现象，人们会采取视而不见的态度，或者干脆编造故事对其进行合理化解释。有关编造故事的议题我在此不想展开讨论，但我想读者对此不会感到太过陌生，因为你总会听过一两个这样的故事：神灵如何在来世惩恶扬善、前世作孽今世赎罪、出于不为人知但确实存在的原因而相信一切皆有定数的宿命论、某某人受到幸运女神的格外青昧等。

正是因为这种正义错觉的存在，我们才会对行善积德、报应不爽之类的故事深信不疑，相信只要做好人就能得好报，抛弃坏习惯就会有好结果，不做坏事就不会折堕。在某种程度上，这种信念也有一定道理，比如拥有良好的营养习惯、经常锻炼、不抽烟、不喝酒，这样我们就能保持健康。但是，如果你相信多吃有机水果和蔬菜，大量补充维生素和矿物质，这样就能让自己不得癌症，那你就想错了。一个抽了四十年烟的人被诊断出肺癌，没人会感到吃惊，因为我们不仅看到抽烟与癌症之间存在因果关系，还相信这是正义终得伸张，他完全是咎由自取，是"活该"。如果你知道某人几年来一直在欺骗顾客，后来终于锒铛入狱，你不会为他感到难过，因为这是他"自找的"。相反，如果某人注重健康饮食习惯、经常锻炼身体，不抽烟不喝酒，生活方式绝对健康，最后却被诊断出乳癌或精神疾病，我们就会说"生活真是不公平"。但与此同时，在正义错觉的影响下，肯定也有不少人相信如果你得了癌症那就一定是你的错，如果失业那也肯定是你的错；他们才不管你为公司辛辛苦苦工作了三十年，想不到公司提前几个星期打发你回家只是为了少付一大笔退休福利。只要这件事发生了，那就一定是因为你的原因。因为万事皆有因由，巧合与偶然这种事情是不存在的，正义无所不在，无时不在。虽然我们不知道为什么有些人会得癌症，不知道有些人为什么会失业，但可以肯定的是，之所以有这样的结果就一定存在某种必然的原因，因为宇宙间一切都是公平、公正的。神的旨意高深莫测，却能看顾世间万事万物，确保正义最终一定会得到伸张。这就是为什么我的房子和家人能够在龙卷风后得以幸免，而你所拥有的一切都被摧毁。我之所以能够得到某个神灵的庇佑，那一定是因为我是好人，遵从了神的旨意。很显然，你一定是个无神论者或者穆斯林。

如果婴儿刚出生即被诊断出患有癌症，这似乎并不符合万事皆公正的思维模式，但那些受正义错觉影响的人就连这种纯属不幸的偶然事件也能想办法找到合理的解释。实际上，癌症的起因有可能纯属偶然，比如石棉颗粒偶然进入肺泡出不来，逐渐发生变异并最终发展成癌症。但是有正义错觉的人认为这种解释既不公平，也不公正，还是抽了二十五年烟的人最终确诊为肺癌这种事更符合宇宙运作的规律。这其实是一种"重要事件的重要原因"推理方式，或者说是比例性偏误。帕特里克·勒曼（Patrick Leman）在"阴谋论的诱惑"中指出，我们通常认为重大事件背后必然有重大原因。就像罗布·布罗瑟顿（Rob Brotherton）在《总统死了：为什么有关肯尼迪总统死亡的阴谋论一直经久不衰》中所说的那样，我们总是倾向于为极端事件推论出重大原因，为不重要的事件推论出微不足道的原因；总是会下意识地去为"重大、复杂、有意义的事件寻找重大、复杂、有意义的原因"。所谓的阴谋论背后通常都有比例性偏误、确认偏误以及归因偏误的影子。

　　正义错觉通常会与自利性偏误发生冲突。自利性偏误指人们总是倾向于认为自己的成就源自努力与技能，而他人的成就则纯粹靠运气；相反，如果我们失败了，那一定是因为有不可控制的外部因素，如果他人失败了，那肯定是因为他们自己无能。实际上，很多人和企业之所以能够成功主要是因为够幸运。我们不愿意承认这一点，因为这不符合正义错觉。我们愿意相信多劳多得，相信有一些特定的成功要素，只要能做到就能取得成功。别人失败是因为没能做到这些，而我们自己失败则完全是因为运气不好；如果是我们讨厌的人取得了成功，我们会说这是因为他们运气好，如果他们失败了，我们会觉得理当如此，这样才叫公平。

　　心理学家及获诺贝尔经济学奖得主丹尼尔·卡尼曼表示，大部分对金融界、商界或经济学感兴趣的人最喜欢具有以下特点的真实案例：能够清晰传达成败信息，且成功或失败的原因十分明确，运气绝对不能是决定性因素。他的这一观点尤其适用于个人和企业的成败故事。

　　就我所知，目前尚未有人写过以下这些畅销书：《幸运人士的七个习惯》、《从好运走向超级好运》、《好运长存》、《追求好运》。但事实是，商业管理领域和成功学领域有不少畅销书都是建立在理解错觉和正义错觉基础上的。通过某些公认的标准标签成功人士或者成功企业，这是一件相对较容易的事情。找到成功者所具有的共同特点也不难，虽然从失败者和普通人身上也能找到同样的特点，鉴于不具明辨思维能力的读者为数众多，他们不会注意到这一事实，也不会注意到很多成功人士并不具备这些特点，所以作者对此采取同样视而不见的态度。很多畅销书都是这样的，其中包括《高效能人士的七个习惯》、《从优秀走向卓越》、《基业长青》、《追求卓越》以及《异类：不一样的成功启示录》。只有最后一本提到过运气在取得成功过程中所起的作用，但作者使用的方法论和其他几本书有着同样的缺陷。卡尼曼对这些成功学大师曾经做过以下评价：

> 因为运气的作用十分重要，所以成功并不一定意味着卓越的领导力和管理实践。就算你知道某个 CEO 具有出色的远见卓识和管理能力，你还是无法准确预测公司未来的业绩，而且你的预测结果不会比抛硬币决定的结果精确多少。《基业长青》中提到的那些业绩卓越的公司与相对不算太成功的公司之间的差距在该书出版几年后已经缩小到几可忽略不计的程度。至于《追求卓越》一书中提到的那些卓越公司，它们的利润率后来也全都在短时间内急剧下降。一项针对《财富杂志》"全球最受尊敬公司"的研究结果表明，经过二十年的发展，原本排名靠后的公司股票回报率反而超过名列前茅的那些公司。

我在 2005 年购买《从优秀走向卓越》这本书的时候，其销量已经超过两百万册。书评声称该书作者吉姆·柯林斯能够告诉我们"为什么有些公司业绩出现飞跃……有些公司却没能做到这一点"。首先，好公司的员工都十分优秀。就这一点而言，其实没有人知道怎么才能保证聘用的员工个个都很优秀，就连柯林斯自己也不知道该怎么做。其次，好公司的领导层都很谦卑。这倒是真的，如果你忽略不计那些自大傲慢的家伙的话。实际上这个结论毫无意义，因为商界还有很多态度谦卑的管理者在商战中全都是不折不扣的失败者。实际上，几乎所有读者都能说出不少集合了书中所列全部优秀品质的公司，但在现实生活中这些公司没有走向卓越，反而以崩盘收场。以书中 2001 年业绩名列前茅的美国第二大电子零售商电路城为例，时至今日，该公司的股票已经变得一文不值。当然，电路城也有业绩骄人的黄金时代，那就是柯林斯在书中提到的 1982 年至 1997 年这一时期。

柯林斯夸口道，如果你在 1965 年投资一美元购买他在书中列出的那些"从优秀走向卓越"的公司股票，那么你的投资到 2001 年就会增长为 471 美元，是市场平均增长水平的八倍。即便果真如此，那又怎样？你去问全球任何一位互助基金销售员，他们都会告诉你，选择不同的起始点和终止点买卖股票，得到的结果会完全不同。

我的意思不是说《从优秀走向卓越》这样的书毫无价值可言。

这些书很有价值，但它们在市场上的成功很大程度上源自理解错觉和正义错觉。

人们迫切地想要相信，做正确的事情就能保证成功，只要步骤正确、工作努力，最终就一定能够得到应有的回报；人们迫切地想要相信，有人已经拿到了成功的秘诀，而自己以一本书的价格就得到了这一秘诀，相信只要按照书上所说的步骤去做，自己也同样能够取得成功。他们不愿相信运气和成功之间存在任何关系；他们只愿意相信，人之所以会失败是因为他们理应失败，而人之所以会成功是因为他们理应成功。但事实真相是：并不是所有的努力都会有回报，并不是所有成功人士都理应成功；不论是好人还是坏蛋，走运还是倒霉的概率几乎完全一样。

正义错觉的主旨并非教人懒惰，因为辛勤工作不一定会有好的回报就不再努力，也不是教人别去购买成功学的励志书籍。如果你想在商业上或人生其他方面取得成功，那么在聆听别人建议的时候就要有明辨思维的能力。认真思考一下那些励志大师使用的方法，你会发现我上面提到的很多畅销书作者均使用了一些错误的方法，这些方法进一步确认了他们原有的偏误。例如，如果某人告诉你成功的公司、吉他手或者互助基金经理具有这样那样的特点，那么他首先必须明确定义什么叫成功，然后还必须证明所有不成功的人身上均不具备这些特点。很多成功人士告诉你，如果想在一件事上有所成就，你至少要投入一万个小时的努力，但是如果没有证明大部分失败案例均没有做到努力一万个小时，那么这个发现又有什么实际用处呢？好像没大有用。找到成功人士的共同特点或者找到成功人士和非成功人士之间的不同，这和找到人们之所以获得成功的原因根本就不是一回事。更何况成功中还有运气这一偶然因素。

最后，关于"成功"这种词汇其实还有不少哲学上的问题。没错，我们会用这个词来形容某些棒球手、音乐家、政客、公司、CEO、甚至赌徒，但这并不意味着这些人在本质上有什么共同之处。体育界的成功或许与建筑业或育儿领域的成功没有多少相同的地方。试图在不同领域发现共同的成功因素最后只能是进一步助长了理解错觉。

38. 技能错觉（*illusion of skill*）

在难以预测的事情上，既不要低估运气的作用，也不要高估技能的作用。

技能错觉指人们相信之所以能够准确预测不可预测之事，靠的是技能而不是运气。这些不可预测之事包括农业历书中的长期天气预报以及市场专家对股市长期行情的预测等。此外，声称自己拥有心灵感应和隔物透视等特殊能力的人也可以用技能错觉来解释。就算充分考虑隔物透视者实际上给出了各种猜测臆断并对这些猜测做了十分宽泛的阐释，某些猜测之所以看上去非常准确，这在很大程度上都要归功于概率与运气。用主观验证制造出技能错觉，这不仅可以解释远距离隔物透视，还可以用来解释掌纹学、通灵术、星相学、罪犯心理分析等其他超能领域的技能。

预测股票价格涨落的专家以及将这些预测付诸实施的人也对技能错觉有很大程度的依赖。威廉·谢尔顿（William A. Sherden）在其论著《算命先生与买卖预测这门大生意》中将市场预测比作"现代社会的农业历书"，一针见血地指出：只有销售投资建议的市场大师才永远不会破产。《赫伯特金融摘要》曾对 108 个市场预测进行过五年跟踪调查，并于 1994 年发表调查报告，指出只有一个准确预测了市场走势。如果你认为这唯一一个准确的预测是建立在出色的技能基础上，那你就想错了。即使按偶发概率来计算，108 个预测中也应该有不止一个是准确无误的。如果某人能够不断提供准确的预测，这才能证明技能是管用的。实际上，没有人能够持续地准确预测市场，因为市场根本就是不可预测的。考虑到股市规模以及靠预测股市升降谋生的专家人数，总会有少数人偶尔走运撞对答案，而且就算有那么一两个人连续几年一直做出准确预测，这也不是不可能的事。如果想要收集足够数据来证明这一连串的正确预测到底是技术好还是运气好，需要几十年的时间才能做得到。此外还有一个无可否认的事实，鉴于某些市场大师拥有为数众多的拥趸，大师的预测很有可能会因为信者云集而变成现实。不论大师预测市场会升还是会降，其预测本身都会引发大规模的购入或抛售潮，从而导致市场按照"预测"的方向发展。

谢尔顿认为股市就像一碗心理煲汤，汤料包括恐惧、贪婪、希望、迷信等不同的情感和动机。可惜市场并不遵循某种恒定规则或者理性定律，市场的浮动源自其复杂的体系，该体系既有理性因素，也有非理性因素。丹尼尔·卡尼曼在这方面也做过一番研究：

几年前，我受邀为某个公司的投资顾问做讲座，因此有了一次难得的机会可以近距离研究金融界的技能错觉问题。我在准备讲义的过程中要求公司提供一些相关数据，于是收到一份非常宝贵的资料：二十五位匿名理财顾问连续八年来的投资业绩。

卡尼曼使用 28 个相关系数对这些数据进行分析，结果发现理财顾问的"投资业绩跟掷骰子做投资决策所得的结果差不了多少，证明投资业绩与技能无关"。于是他告诉公司管理层，理财顾问的业绩好坏纯属运气，跟他们本身掌握的技能无关。公司管理层看到他的分析数据后无可辩驳，但同时也选择了直接无视的态度。卡尼曼表示："这些事实挑战人们最基本的认识，并进而威胁到他们的生计和自尊。人类的大脑根本就无法消化这样的事实。"

此外，强大的行业文化也为合理错觉与技能错觉提供支持。我们知道，不论一种说法有多荒诞不经，一旦得到大量志同道合者的认同，都能变成不可动摇的信念。

杜克大学曾经进行过一项研究，明确指出这些合理错觉和技能错觉所带来的问题在商界普遍存在。正如卡尼曼所指出的那样：

杜克大学的教授们花了好几年的时间追踪研究大

公司首席财务官对标准普尔指数收益的预测，共收集了11,600 条预测信息，并将其与第二年的实际收益进行比对。结论十分明确：这些大公司的财务主管对股市的短期走向毫无头绪，他们的预测与实际市场数字之间的相关度甚至低于零！当他们预测市场即将走低的时候，市场实际走高的可能性略大于零。这一发现其实并不令人感到诧异，真正的坏消息是：这些财务主管的预测实际上一钱不值，而他们本人对此似乎毫不知情。

卡尼曼因此挖苦道："对不确定性保持不偏不倚的客观态度，这是理性的基石，但显然不是个人和组织想要的。"

专门针对某个人的技能错觉进行阐释，这样做似乎有失公允。但伊莲·加扎雷利（Elaine Garzarelli）的案例实在是太过典型，不容错过，她因为准确预测了 1987 年 10 月 16 日股票市场的"黑色星期一"而一夜成名。她当时在席尔森雷曼兄弟公司担任分析员和理财经理，根据十四个月度指标做出了以上预测。就在"黑色星期一"发生前四天，加扎雷利在有线电视新闻网"金融连线"节目中预测"股市即将崩溃"。《商业周刊》后来将其称为本世纪最伟大的预测。股灾发生以后，她预测道琼斯指数将持续走低；这一次她没有猜对，因为股市随后迅速反弹。实际上，她预测错的时候远远多于准确的时候。谢尔顿研究分析了她 1987 年到 1996 年期间所有的股市预测，发现准确率仅为 38%。就算是靠抛硬币来预测股市走向，准确率也会比她高得多。尽管如此，就因为当初幸运地猜对了一次，她便从此声名鹊起，财源滚滚。后来，她所管理的互助资金被关闭，席尔森雷曼兄弟公司也解雇了她。但她的运气似乎并未就此用尽。如今，她是加扎雷利资本有限公司的总裁，拥有一个花哨的网站，向订阅者出售预测报告，并及时汇报她最近又应邀上过哪些媒体节目。

还有一个不容错过的典型案例是互助基金经理比尔·米勒（Bill Miller）连续十五年业绩超越标准普尔 500 指数的传奇故事。发生这种小概率事件的可能性是多少？美国有线电视新闻网认为其发生概率为 372,529 比 1，但物理学家李奥纳德·米罗迪诺（Leonard Mlodinow）则认为其发生概率实际上是 3 比 4。美国有线电视新闻网的计算依据是某分析员在十五年内做过的全部选择；而米罗迪诺所依据的则是全美国有六千多个互助基金经理，他们中至少有一个人能够有幸在超过四十年时间里连续十五年超越标准普尔指数。顺便一提，米勒的运气也到此为止了。网上有一则关于他的简短报道这样写道："比尔·米勒五年前曾经是投资界的热门人物，但其后他管理下价值 38.5 亿美元的 LMVTX 互助基金损失高达近 40%"。汤姆·劳里切拉（Tom Lauricella）在《华尔街日报》上评论道："威廉·米勒用二十年的时间才建立起本时代最了不起互助基金经理的声誉，毁掉它却只用了一年时间。"

那么，我们应该尽量避免接受投资顾问的建议吗？那倒未必。谢尔顿认为："投资顾问最应该做的事情就是评估顾客的金融需求，然后设计相应的投资计划。一个好的金融顾问应该综合考虑你的税务状况、现金流需求以及风险承担能力等各项因素。"

如果你的金融顾问说自己完全掌握了市场运作规律，说只要你听从她的建议就能百分之百保证赚钱，那你还是赶紧开溜为妙……除非你相信自己终于开始走运了，相信你终于等来了自己的幸运日。

39. 理解的错觉（*illusion of understanding*）

在某个领域取得成功并不一定意味着你知道如何取得成功。在通往成功的道路上，运气扮演着十分重要的角色，虽然你自己不愿意承认这一点。

理解的错觉通常是由确认偏误所导致的。如果只选择支持自己观点的数据，同时忽视与自己所持观点相悖或不符的相关数据，人们就会得出貌似令人信服、实则非常误导的结论。通过寻找能够证实自己观点的实例，同时无视证伪观点或者能够证明你发现的支持性数据不重要的案例，人们就能轻易制造出理解错觉。经济发展趋势预测是理解错觉尤为盛行的地方。

经济预测家会使用各种不同的方法和计算公式对发展趋势进行预测，有时能够做出成功的预测，让人误以为他们掌握了市场运作的真正规律。实际上，所谓的成功经济预测其实只不过是一种幻象和错觉，正如托马斯·基达（Thomas Kida）在《不要相信你的任何所思所想：人类思维的六大基本错误》中所说的那样，经济是一个十分复杂的体系，受各种非理性因素的极大影响。简言之，之所以没有任何逻辑体系能够预测市场，那是因为市场根本就没有任何逻辑可言。如果有人相信自己能够发现一种体系"战胜"市场，那只能是自欺欺人的想法。[1]

但现实中的确有人曾经准确预测过股市的涨落，有些人甚至能够用他们自己独特的方法时不时做出很精准的预测，这一事实让很多人都无法相信"市场是不能预测的"。当然，他们的成功是不可否认的。但话说回来，就算是已经停摆的老爷钟，每天还是能够做到两次准确报时，有些彩民用孙辈的生日数字购买彩票，最后也能中奖得一大笔奖金。就算有人对市场走向做出了准确预测，这也不能作为证明其经济预测方法切实有效的证据。有特异功能的人偶尔也能做出准确的预测，但这就能证明他们真的拥有特异功能吗？同理，经济预测家偶尔做出了正确的预测，这就能证明他们拥有相关的预测能力吗？就能证明这和运气毫不相关吗？想得美！

好好想一想吧。如果股票分析员真的能够一直战胜市场的话，他们不是早就腰缠万贯了吗？你不会真的相信他们是一群乐于助人、喜欢用自己的专业知识帮人致富的快乐精灵吧？与此同时，总有那么一群邪恶的精灵不断出现在宣传广告里，告诉人们只要投资他们的计划就能轻松赚到大笔大笔的钱。那么请问，这些人是靠什么为生的呢？要知道，他们赚钱的方式不

---

[1] "战胜市场"或"打败市场"指在某个特定时间段内业绩超过基金指数，如标准普尔 200 指数。——作者注

是去使用自己的投资计划，而是将其卖给别人。

那又该怎么解释那些在股市上发了财的超级明星们呢？有不少股民和顶级互助基金经理全都因为掌握了专业知识而做到稳赚不赔，有些天才的养老基金、保险公司、基金会的投资经理总能保持出色的业绩，这些难道不都是活生生的事实吗？当然不是。如果你在评估业绩的时候刻意选择某个特定的时间段，一般很容易选到业绩表现优于大市的个人或基金；但是，如果将时间轴延长，那你肯定找不到一直战胜大市、概率高于偶发几率的投资人或投资基金。虽然在某个特定的时间段内某些基金经理的业绩优于其他人，一旦延长这个时间段，即使只是延长到四至五年，业绩表现持续优于大市的比例绝不会超过偶发几率。有人专门研究过 1973 年至 1998 年间福布斯榜上有名的所有基金，发现其业绩均低于标准普尔 500 指数。简言之，没有任何科学证据表明专业管理的基金业绩水平优于随机选择的股票组合业绩。

那么，美联储、经济顾问委员会、国会预算办公室、经济分析局以及美国国家经济研究局里的那些天才们呢？你肯定认为这些顶级的经济顾问们手中掌握可观的预算数字，还有成熟的分析工具，所以一定能够对国民生产总值及通货膨胀等问题做出准确的预测。如果你真这么想，那就大错特错了。托马斯·基达回顾了 1970 年至 1995 年间 12 个有关预测准确性的研究项目，得出的结论是：经济学家甚至连重大经济转折点都无法提前预

测。美国经济在此期间共经历了 48 个转折点，上述经济研究机
构对其中 46 个的预测全都是错误的。换言之，它们的预测成功
率仅为 4%，表现实在是差强人意。尽管如此，那些声称掌握了
市场秘密的人和机构永远不会破产，那些声称揭示了市场秘密
的书籍虽然多如牛毛，却仍有数以百万计的读者大排长龙准备
购买。

40. 疏忽性盲视（ *inattentional blindness* ）

有时我们会对近在眼前的东西反而视如未见。

疏忽性盲视也叫"非注意盲视"，指因为注意力放在别处而对感知范围内的人或物视而未见。该词汇由艾瑞恩·麦克（Arien Mack）和欧文·洛克（Irvin Rock）首次提出，但此前美国认知心理学之父奈瑟尔（Ulric Neisser）和学者罗伯特·贝科伦（Robert Becklen）已经研究过这一现象，并将其命名为选择性注视。麦克和洛克认为，在很多条件下，如果实验对象的注意力不在视觉刺激物上，而是放在视线范围内的其他事物上，那么很多人就会对自己眼前的东西视而不见：

> 导致这种无法感知眼前事物的原因，即导致产生可视盲点的原因，似乎源自实验对象的注意力没有放在刺激物上而放在别处……所以我们将这一现象命名为非注意盲视。

麦克和洛克认为"没有注意力就不存在有意识的感知"。

或许在此基础上还可以再加上一句话，视觉感知的运作机制和录像机的工作原理完全不同。就算有物体或运动出现在人的视线范围内，我们也有可能不会注意到，不论是有意识还是无意识对其都不会有任何感知。就算视线范围内的物体发生了变化，我们也有可能意识不到这种变化。在这一点上，感知和记忆一样实际上都是一种创建过程，即大脑通常会根据我们的目的或欲望根据某些突出的细节对现实进行重新构建。因此，如果两个人目睹了同一事件，他们看到并记忆的细节会大相径庭。就算这两个人全都具有出色的观察力，且将全部注意力都放在这件事情上，结果也是一样的。

克里斯托弗·查布利斯（Christopher Chabris）和丹尼尔·西蒙斯（Daniel Simons）对麦克和洛克的研究进行了重复和延伸，要求实验对象一边看视频一边完成某项指定任务，如要求实验对象数视频中篮球运动员传递篮球的次数，然后实验者会安排一个人手举雨伞或装扮成大猩猩走过实验现场。结果，大部分实验对象都没有看到有人装扮成大猩猩从他们眼前走过，这是因为他们的注意力全都集中在别的地方。该实验在 2010 年出版的《隐形的大猩猩：及直觉欺骗我们的其他方式》中有详细的描述。

如果两个目击证人的证词出现相互矛盾之处，一方声称看到某事，另一方声称没有看到；如果双方争议的事情是那种只要留心理应能够注意到的事情，在这种情况下就应该考虑是否存在疏忽性盲视这种可能性。如果所发生的事情十分突出和明显，声称未看到的人当时很有可能注意力放在别的事情上了。当然，这里还存在另外一种可能性，就是声称未看到的人在说谎。不过，即使是世界上最诚实的人也有可能真的没有看到你认为所有人都看得到的事实。

有个飞行员对麦田怪圈很感兴趣，但当他有一次刚好驾机从怪圈上空飞过，却没有看到下方麦田里清晰的图案。这一现象用疏忽性盲视就能很好地解释。这位飞行员当天专门驾机前往英格兰威尔特郡索尔兹伯里平原，去看巨石阵附近新发现的一处麦田怪圈。到达目的地后不久他就得飞回机场为飞机加油，然后再飞回刚才去过的地方。返航途中，他在之前去过的目的地附近又发现一处麦田怪圈，发誓四十五分钟前飞回机场加油的时候该怪圈根本就不存在。他新发现的麦田圈图案十分精致，仅凭人力不可能在这么短的时间内完成。于是他得出结论，认为这一定是某种神秘力量的作品。虽然不能完全排除他所说的这种可能性，但更有可能是因为飞行员在飞回机场的时候经历了疏忽性盲视，驾机飞过怪圈上空的时候他的注意力主要放在其他任务上，包括不时察看仪表板和燃油表等（如有兴趣请观看威廉·加萨基 2002 年导演的影片《神秘的麦田怪圈》）。

查布利斯和西蒙斯所做的研究表明，疏忽性盲视是注意力和感知力正常运作过程中必要的副产品。两位学者还指出，即使是放射科医师这类受过严格的专业培训、擅长在 X 光片上寻找疾病症状的专业人士，他们在"看病人片子的时候也有可能会注意不到一些小问题"。这就是为什么我的牙医没能从 X 光片上看出我牙齿上有条裂缝，直到我跟他说牙齿有个地方特别疼他才发现这个问题。这样看来，如果想要克服疏忽性盲视，我们只能不去集中注意力，这当然不是个好主意。而比这更糟糕的是走向另外一个极端，即事无巨细地关注感官范围内的一切事物，这绝对会让人发疯。

此外，研究还表明，训练人们改善集中注意力问题很有可能也无法帮助他们抓住意料之外的事情。查布利斯和西蒙斯认为，如果出现始料未及的事情，不论你注意力集中与否，集中注意力的能力有多好（或者多坏），你一般都不会注意到它。了解到这一点之后，你下次去机场的时候可以特别留意一下安检处的工作人员。机场管理人员有时会随机安排一些违禁品让他们检查，结果有很多违禁品都成了漏网之鱼。这个结果并不令人感到吃惊，因为疏忽性盲视的运作机制就是这样的。

毋庸赘言——但我还是想多啰唆几句——魔术师的很多戏法都是在利用人的疏忽性盲视。他们通常会用一件事引开观众的注意力，同时在你的眼皮底下完成偷梁换柱的把戏，而你对此一无所知，毫无知觉。

41. 意向偏误（*intentionality bias*）

我们总是认为世间的一切都有意图、有目的，这是人类固有的天性。不幸的是，事实并非如此。

意向偏误指人们总是倾向于从有生命体和无生命体的运动中发现意图。大部分情况下，这一偏误在我们与他人和其他目的载体进行互动交流的时候起到十分积极的作用。但即使是在互动交流的过程中，我们所看到的意向、意图或目的实际上并不存在。比如有个醉汉在酒吧撞到了你，手里的酒洒了你一身，虽然你很肯定他是故意的，但这真的很有可能只不过是个意外。

在模棱两可的情况下，有些人会将某个行为视作无意，有些人则会将其解读为有意为之。你的妹妹晚饭后帮手清洗杯碟，将你从国外带回来的一个宝贵餐盘摔成碎片。所有人都接受她的道歉，认为这纯属意外；只有你认为她是故意的，认为这是在报复你就餐期间交谈时对她的怠慢。

大部分学过基本科学知识的成年人都用机械论来解释自然界的某些现象，如雷暴天气、地震以及火山喷发等，不会认为这些自然现象是由某种有意识的存在所导致的。但是，我们在学校里也学过，远古时代我们的祖先们认为自然界到处都是"神灵"，到处都是肉眼看不见的"有意向的存在体"。这样看起来，意向偏误其实早在人类进化的初级阶段就已经出现了。有学者针对儿童的意向偏误进行过专门研究，发现儿童对自然界有一种本能的感知方式，总是想要从中寻找意义，将成年人认定为源自机械力量的运动解释为"有意向的存在体"操纵的结果。美国富勒神学院心理学家贾斯汀·巴莱特（Justin L. Barrett）因此认为人类天生全都是宗教信徒，宗教信仰和语言一样都是人类与生俱来的能力。

我想说的是，人类通过拟人这一方式思考自然事件，认为别人也和我们一样有某些意向，这些都是很自然的事情；但是如果因此认定有生命体和无生命体的运动背后存在某些有意识的存在体，则证据略显不足。虽然有些宗教派别会利用这一偏误来推广其信仰，但总的来说从意向偏误发展到宗教信仰还是有很长一段路要走。就算相信天气变化规律或者地质事件背后存在某些有意识的存在体，这也并不意味着一定要将这些存在体拟人化，将其视为与人类相似、但拥有超人能力的存在体。对早期人类社会来说，再进一步就是将人类的所有优秀品质都归于神祇，比如相貌英俊、永生不老、永远健康、拥有神力等。但是，迈出这一步真的是不可避免的吗？而且一旦迈出这一步，人类一定会开始用少女、炙肉、米汤等祭品来贿赂、控制这些存在体吗？好吧，米汤这一项是我自己加上去的，不过不同文化的确会根据本地特产向神祇贡献不同的祭品。从暴风雨中看出某些意向，发展到认为某种"纯精神"的存在根据其意向创造出整个宇宙，然后再发展到用专门的建筑来安抚、礼拜这一至高无上的存在体，这一发展过程中存在着很多逻辑上的空隙。从一次地震中找到目的和意义，然后发展到相信地震源于某个至高无上的存在想要故意伤害人类，相信人类这种生物之所以能够存在完全是出于后者的恩赐，这之间也存在着很大的距离。看到各种存在体在自然界中无所不在，于是相信自然界和人类社会的一切之所以存在，这完全是某个拥有极端能力的隐形存在体一手安排的：这两者之间其实并没有必然的联系。此外，基于上述信念进一步声称这些看不见的存在体能够通过梦境或者先知等方式与人类进行交流，就神的意图与人进行沟通，这些都不是必然的。意向偏误不一定指向"人的生命和前途全都由神来安排"这一信念。从另一方面来说，如果不相信存在意向的话，人类一开始也就不会创造出各路神仙来。

某些人的意向偏误相比之下会表现得更为强烈，如果再加上追求意义这一人类的天性，有些极端的人就会在一切事物中寻求目的性，认为世界上不存在偶然，每个意外都有其特定的意义。他们相信某个至高无上的隐形存在体不仅对世间发生的一切负责，还会出手阻止一切计划外事件的发生。有些人则走向另外一种极端，认为自然界不存在任何意图，认为包括有意识行为在内的所有人类行为均有其特定的因由。

很多人认为不需要用神灵或其他看不见的"有意向的存在体"来对自然界进行解释。在人类社会中，有些人很难与人进行沟通，却能轻松自如地与牛群或其他动物进行交流。坦普·葛兰汀（Temple Grandin）就是一个典型的例子。她孩童时期被诊断为自闭症，后来发现更确切的诊断应该是阿斯伯格孤独综合征。她认为自己之所以更擅长与牛打交道是因为她具有形象思维能力（今天，全美国有三分之一的猪牛养殖场仍沿用葛兰汀当初的设计）。有些研究人员认为，缺乏意向偏误有可能会导致自闭症和孤独症。

人类的祖先和现代社会的儿童都能看到机械运动过程背后"有意向的存在体"，这有可能是包括人类在内的社会动物基本适应性的一种表达方式。无法感知他人的意图是发展社交能力的主要障碍。意向偏误很显然是感知他人意图的一个必要条件。如果没有意向感知能力，你就无法感知他人的特定意图。

对社会人来说，意向偏误有很多好处。蚂蚁和白蚁之类遵循机械运作机制的动物群体虽然也有集体合作行为，但它们在从事筑巢或运送物资等活动时并没有意图认知能力。因为无法感知彼此行为的目的性，它们的行动也受到很大限制。如果人类不具备感知他人意图的天性，仅靠彼此之间的本能反应很有可能无法进化到人类现在这种高级阶段，无法完成金字塔、引水渠、高楼大厦、大教堂等宏伟的建筑工程。不管是哪一种哺乳动物，如果无法判断对方是善意还是恶意，这将会为其带来极大的不便和危险。

有学者用镜像神经元理论来解释意向偏误。镜像神经元在两种情况下起作用：一种是当人（或猴子）执行动作行为的时候，一种是观察到另一个人（或猴子）在做同样或类似动作行为的时候。镜像神经元如果真的存在的话，下面这段文字或许可以解释其与意向偏误之间的关系：

我们的社会生活在很大程度上取决于是否有能力理解他人的意图。那么，这种能力的基础是什么呢？有一种颇具影响力的观点认为，我们之所以能够理解他人的意图，主要是因为我们能够代入他们的心理状态。如果没有这种元表征（读心）能力，他人行为对我们来说就会变得毫无意义。过去几年，这一观点受到了来自神经心理学新发现的挑战，其中最大的挑战来自镜像神经元的发现。心理学家研究了这些神经元的功能属性后发现，理解他人意图的重要基础就是能够将所观察行为的感官代入与同种行为的自身动作代入进行直接配对。这些发现揭示了行为的动作与意向因素相互交织，只有从动作出发才能对动作本身及其意图都有充分的理解和认识。

通过他人行为推断其意图是很多学者的研究课题。研究人员要求实验对象观看电脑生成的彩色几何图形动图，结果儿童和成年人都认为这些几何图形的运动是有意识的行为。我认为这些研究有几个方面的好处。第一，该实验能够判定人们意向偏误的程度。第二，这种实验对那些因为缺乏足够的意向偏误而导致社交能力不足的人有所帮助。第三，这一研究结果表明，寻找因果关系是人类的天性和自然倾向，有时甚至会无中生有地发现某些有意识的关联。成年实验对象最初会根据自己的本能和直觉认为电脑屏幕上的三角形正在"追赶"圆形，不过经过思考之后，大部分人都会意识到"追赶"这个动作具有主动意向，而三角形并非"有意向的存在体"。成年人或许会本能地认为有些肉眼看不见的存在体掌控着自然界和人类的一切，但经过认真思考之后，他们应该认识到这种观点可信度不大。毕竟，就算无法看清他人的意图，你也肯定不会求助于掌控一切的"有意向的存在体"来帮你解决这个问题。

如果人类不放弃宇宙万物皆有意图（有时也叫"宇宙目的论"）这一信念，可能根本就不会有科学这回事。好吧，根据德国哲学家莱布尼茨的理论，如果宇宙真的是掌控一切的万能存在体所创造出来的，同时我们身处的这个世界是其中最好的一个，机械论和目的论实现了同步，那么发展科学也并非完全不可能的事。莱布尼茨想要使唯物主义和唯心主义、机械论和目的论、心灵和身体同步，但最终没能成功；至于为什么会失败，我在此不做展开讨论，只能说他的这些观点十分牵强，可能性非常小。不管怎么说，如果有意向的存在体创造了自然界的一切，那么秩序与可预见性就会成为问题。或许有人会说，如果该存在体对世间的万事万物负责，那就根本不会存在什么秩序与可预见性问题。当然，只要这个存在体不反复无常的话，那就不会有任何问题。不论怎样，这种存在体对科学来说是一种不必要的假设。

心理学最初的研究对象是人类的心智，后来转而研究人类行为才获得认可成为一门科学。有志于将意向偏误与宗教信仰联系起来的人对此可能会感兴趣。为什么呢？因为人类虽然可以把自己的思想隐藏起来，其外在行为却是可以被观察到并且可以进行衡量的。随着神经系统科学领域科技的不断发展，原本无形的人类心智已经变成可视的大脑，专家学者借助各种扫描仪器可以直接看到大脑不同功能区域的活动。依赖仪器设备解密人类的思想，这到底是好事还是坏事，目前尚无定论。

虽然我不认为意向偏误可以解释为什么会有这么多人信奉神灵，解释宗教为什么会进化成重要的社会机构，但是该偏误的确导致不少人更加坚信自然现象是"有意向的存在体"所引发的。除了从有生命体或无生命体的运动中看到万能存在体的意志这一人类自然天性之外，诉诸神灵和宗教信仰还必须考虑其他相关因素。关于渴望永生、正义、保护以及意义等议题留待他人去进一步研究，我在这里只想讨论一个问题：如果相信植物、动物、星球甚至整个宇宙都是经过设计的、都是有目的的，这种信念与意向偏误之间是否有联系。如果相信设计论符合人类的天性，那么相信设计者的存在也就是顺理成章的事了。

有些研究者发现，儿童凭本能认定世界是被设计出来的。自然选择进化论并非人类的本能认识，毕竟该理论是 19 世纪中叶才出现的，所以这并不令人感到吃惊。所以，只有科学教育才能让人不再相信宇宙设计论，认识到虽然宇宙看上去像是经过精心设计，但实际上只不过是经过几十亿年自然的力量才最终进化成现在这个样子。人基于本能会认为秩序来自"有意向的存在体"，但不论该存在体是否出手干预都会出现混乱。除了用天性和本能去认识世界，我们还有能力对观察到的现象进行思考，从而克服这些自然本能。就算本能告诉我们世界是精心设计出来的，这并不意味着世界就真的是被设计出来的。人不是大脑的奴隶，因为我们知道大脑在很多事情上都会欺骗它的主人。那么，如果大脑骗我们去相信神灵及其他有意向的存在体是动植物及宇宙万物的设计者，我们又为什么会感到诧异呢？

42. 巨数法则（*law of truly large numbers*）

偶然或随机事件是真实存在的，你也可以将其称为巧合。人们或许认为某些事同时发生的可能性很小或者具有某种深层次含义，如果你能了解一些有关数字或者统计学的知识就会知道，实情并非如此。

人类十分擅长无中生有地寻找实际上并不存在的意义，绞尽脑汁地思考某个单词、缩写、句子或者图案中所蕴含的潜在意义，想要从中发现对个人具有非凡意义的特定信息。心理学家将这一过程称为主观验证。由于大部分人对科学和数学知识知之甚少，因此经常会从纯属巧合的事件中寻找意义。如果将某人一生中经历过的所有事件进行两两比对，再加上从模棱两可中寻找潜在联系这一天生的卓越能力，人们很有可能会发现不少可圈可点、具有非凡意义的巧合。问题是，具有非凡意义的并非这些巧合本身，而是因为我们将意义赋予了这些巧合。鉴于全球人口总数高达数十亿，有意义的巧合有可能是个天文数字，所以也就难怪为什么每天都会有这么多人经历了某些最荒诞不经的巧合事件。换言之，只要样本的数量足够大，任何可能的古怪巧合都会发生。这一发现有时也被称为"巨数法则"。

佩尔西·戴康尼斯（Persi Diaconis）和弗雷德里克·莫斯特勒（Frederick Mosteller）在《超自然百科全书》中写过一篇关于巧合的专题文章，提到有个女彩民曾经赢过两次新泽西彩票大奖。《纽约时报》称这种获奖的概率仅为"十七万亿分之一"，但美国珀杜大学两位统计学家斯蒂芬·塞缪尔斯（Stephen Samuels）和乔治·麦克卡布（George McCabe）经过计算后宣布，同一人在四个月内连得两次大奖的概率为三十分之一，如果将时间延长至七年则会有超过一半的几率赢得两次大奖。为什么会这样？主要是因为彩民并非只购买一张彩票，而是每周都会购买很多张彩票。

在人群中任选二十三个人，至少有两个人同一天庆祝生日的概率为 50%。很多人对此表示难以置信，十分震惊。

数学家约翰·利特伍德（John Littlewood）曾经将"奇迹"定义为具有特殊意义且发生概率为百万分之一的事情。他通过计算得出结论：假设一个人每天保持清醒和活跃状态的时间为八个小时，且平均每秒钟发生一个事件，则人的一生大约会经历十个奇迹。

如果某件事的发生概率为百万分之一，有些人或许会因此排除偶然或巧合这种因素。但是，鉴于地球上居住着超过 70 亿人口，百万分之一概率的事情就会经常发生。假设一个人所梦之事成真的概率为百万分之一，平均每人每晚做五个梦，那么

70 亿人每晚总共会做 350 亿个梦，其中一定会有不少梦与现实发生的事件相符，这一点丝毫不足为奇。每个人每天都会有成千上万个念头和体验，所以就算其中有一些和真实事件契合也并不为奇，更何况人们对于梦想成真这件事并没有设定什么严格的标准。

如果你认为某个巧合具有特殊意义，那么请牢记一点：赋予某个事件特殊意义的是我们，而不是事件本身。奇幻思维是人类的天性，我们总是认为万事万物均通过超越物理联系的力量相互关联，相信这种关联是有意义的，相信其发生一定出于某种特定的原因。现实生活中的一切在很多时候均为偶然和巧合，这是大部分人都难以接受的事实。

43. 奇幻思维（*magical thinking*）

在孩子们看来，世间万物均以违抗物理定律的方式相互关联。长大以后，科学家会告诉他们，支配整个宇宙的物理定律实际上比孩童时期的任何迷信想法都更具奇幻色彩。

奇幻思维指人们相信万事万物均通过超越物理联系的力量相互关联。伦纳德·佐斯尼（Leonard Zusne）与沃伦·琼斯（Warren Jones）在 1989 年出版的《异常心理学：奇幻思维研究》一书中将其列为儿童思维的关键特征。奇幻思维认为特殊力量与能力主宰一切，并将其视为不同等级的符号。人类学家菲利普·斯蒂文斯（Phillips Stevens Jr.）指出，"这个世界上的绝大多数人……都相信符号与其所指之间存在真正的联系，相信它们之间流动着某种可测的真正力量。"虽然不同的文化对符号的具体内容有不同的约定，但他认为它们均建立在神经生物学这一基础之上。

奇幻思维认为相似的事物具有无法进行科学测试的因果相关性（即所谓的"相似定律"，即相似物产生相似物，或者效果与原因相似），这是奇幻思维的驱动原理之一。另一个驱动原理是认为有物理接触或时空相关的事物即使在分离之后仍能保持关联（即所谓的"传染定律"）。比如有人声称圣徒的遗物能够传递精神能量，有些超感侦探声称自己能够通过触摸失踪人士的某件物品得到其个人信息（心灵占卜术），有通灵者声称能够读懂宠物狗的心思或者通过狗的照片与死去宠物的灵魂进行交流。鲁伯特·谢德拉克（Rupert Sheldrake）曾经提出形态共振理论，认为生物与同类集体记忆之间存在某种神秘的心灵感应式关联（无独有偶，谢德拉克也曾研究过通灵狗和通灵鹦鹉）。

心理学家詹姆斯·阿尔科克（James Alcock）认为，奇幻思维用因果关系解释先后发生的两件事情，但并不关心因果联系本身。举例来说，有人认为交叉食指与中指能够带来好运，这就是将因果关系强加给交叉手指这一行为与随后发生的结果。这样看来，奇幻思维是不少迷信说法的根源。此外阿尔科克还注意到，人类的神经生物机制使我们更偏向奇幻思维，从而导致明辨思维与其对峙的时候经常处于劣势。

佐斯尼和琼斯是这样定义奇幻思维的：

> 奇幻思维认为（1）两个物理系统会因为相似性或时空接触而产生能量或信息的传递；（2）某人的想法、语言、行动能够以一种不受普通能量或信息传递原理控制的方式实现特定的物理效应。

　　占星术、笔迹学和手相学是奇幻思维表现最为显著的三个具体实例。

　　当其他科学带领人们远离迷信和奇幻思维的时候，超心理学却想要将我们重新带入迷信。著名超心理学辩护人迪恩·拉丁（Dean Radin）认为"心灵超越物质这一概念在东方哲学中根深蒂固，同时也是古人奇幻思维的基础"。因此，他不仅反对抛弃孩童时期的奇幻思维继续向前发展，反而斥责西方科学不应该将奇幻思维标签为"纯属迷信"。

44. 动机性推理（*motivated reasoning*）

你并非像自己想象的那样不偏不倚、客观公正。相比与自己观点相悖的信息，你更关注能够为自己所持观点提供支持的证据。不仅如此，你甚至还会将不利于自己的证据变成支持性论据。简言之，你实在是令人难以置信。当然，有上述这些问题的并非只有你一个人：这样说可能会让你感觉好受一点吧。

我们对体育比赛中运动员和球迷表现出来的认知偏误都不会感到陌生。明明大家观看的是同一场棒球比赛，双方比分十分接近，当跑垒员想安全上垒，将短打变成安打，一方认为跑垒员安全，另一方却认为他出局。结果不论最后裁判怎么判，他都会像自有棒球比赛以来的所有同行一样遭到其中一个球队的质疑。这种带有偏误的认知也叫动机性认知，因为它与社会心理学提出的动机性推理十分相似。

动机性推理在确认偏误的基础上更进了一步。普通的确认偏误使人们在认知上更加容易辨别支持现有观点的数据，同时也让我们对证伪数据的认知变得更加困难。而动机性推理则将证伪数据直接变成证实数据，为自己的观点服务。在一项关于"2004年美国总统选举期间 30 个党派"的研究中，德鲁·韦斯顿（Drew Westen）等研究人员让实验对象做推理任务，其中包括评价对他们支持的候选人构成威胁的信息、竞选对手、中立控制目标等。虽然所有实验对象拿到的证据以及证据的呈现方式全都一模一样，结果他们都将不利于自己支持的候选人那些证据变成有利证据，同时将有利于对方候选人的证据变成不利证据。其他研究人员也有类似的发现：如果对某个观点投入了强烈的情感，那么我们不仅会拒绝接受证伪信息，还会进一步将其合理化，将其变成证实信息。更糟糕的是，所有这一切都不是我们的意识所能控制的，因为整个过程全都是在下意识层面发生的。正因为如此，我们还会自认客观公正，相信自己在做评价的时候做到了不偏不倚。心理学家将其称为客观性错觉。

物理学家李奥纳德·米罗迪诺（Leonard Mlodinow）在 2012 年出版的《潜意识研究：论下意识如何控制了你的行为》中提到过一个十分有趣的案例。首先，实验者伪造了两个关于死刑辩论的研究项目，声称这两项研究使用不同的统计方法（我们在此姑且称其为方法一和方法二），其中一项研究得出的结论是死刑可以有效遏制犯罪，另一项研究得出的结论刚好相反，认为死刑对犯罪没有任何阻吓作用。然后，实验者告诉其中一半实验对象：使用方法一那项研究得出的结论是死刑对犯罪有遏制作用，使用方法二的研究得出的结论则与之相反。与此同时，另外一半实验对象得到的结果刚好相反，即使用方法一的研究认为死刑无用，使用方法二得出的结论是死刑很有用。如果实验对象真的能够做到客观公正，那么不论研究结果怎样，不论最后得出的结论是否支持他们原有的观点，他们应该认为方法一和方法二都是有效的研究方法。但事实并非如此。如果研究结果与其观点相悖，实验对象就会对研究方法提出诸多批评："变量太多"，"数据收集工作做得很不完善"，"所提供的证据没有太大意义"等等。而一旦研究结论支持其所持观点，实验对象就会对研究项目使用的方法大加赞扬，同时对得出相反结论的研究方法大加鞭挞。

上述实验结果非常令人不安。我们自认能够做到客观公正、不偏不倚，但实际上对数据进行评估的时候会下意识受自己原本所持观点的极大影响，只接受能够证实自己观点的证据，不接受证伪论据，完全不理会证据本身的对与错。

动机性推理有两种主要表现方式：选择性使用证据以及用厚此薄彼的态度对待不同的证据，这两种偏误很多时候同时存在。不少对疫苗持反对意见者对传闻逸事的重视程度远远超过科学研究成果，同时对违背自己观点的传闻却采取充耳不闻的态度。只要自己的孩子在注射疫苗后被诊断为自闭症，或者听说过类似的例子，很多人就会坚定不移地相信注射疫苗会导致自闭症。虽然有不少科学家经过研究均未发现疫苗与自闭症之间存在任何因果联系，这些人对此却完全不加理会；虽然有很多孩子注射疫苗后并未患上自闭症，同时有些孩子虽然从未注射过疫苗却患上此症，这些人对此也完全不予采信。

灵媒声称能够获取来自"灵魂"世界的信息，他们之所以能够以此业为生，其基础就是无视灵媒所犯的错误、无视科学研究早已证伪灵媒之超自然能力的信众。当然，也有人诉诸科学研究来支持他们对超感官能力的信念，完全不管这些研究的质量是否可靠、是否可信。与此同时，这些信众还会无视甚至贬低所有与其所持信念相悖的科学研究成果。

相信"年轻地球创造论"的人就是动机性推理的典型例子。他们认为宇宙只有几千年的历史，因此必须推翻现有的几乎全部科学理论，同时创造出全新的自然法则以及逻辑和证据法则。这些人任性而且无知，对远古传说持有非理性的执着态度，因而遭到很多人的嘲笑。反进化论者虽然认同宇宙已经存在了数十亿年这一事实，而且推理也不像"年轻地球创造论"那样错综复杂，但他们也犯了同样的动机性推理错误。

那些否定"地球因人类活动变暖"的人只重视 31,000 名科学家的观点（其中大部分人的专业并非气候研究），无视绝大多数气候学家的一致意见，这也是典型的动机性推理。无需进行太过深入的调查，你会发现否定地球变暖趋势的人关注该话题的最大动机不是证据的对错，而是他们自己的政治观点和经济观点（请注意，我在这里讨论的并非政策上的意见分歧，而是人类的活动和行为是否为全球变暖的主要原因）。

关于动机性推理，实际上没有人对此具有完全免疫能力。

更加糟糕的是，与之形影相随的是对不同见解者的动机持不信任态度。动机性推理加上我们永远自认客观公正，相信辩论对手存在主观偏误，可想而知结果一定会是固执己见。如果有人对某事拥有坚定的信念，他能改弦更张抛弃原有观念才怪呢！但的确有人能够做到这一点。

进化论生物学家斯蒂芬·古尔德（Stephen Jay Gould）在1979年出版的《自达尔文以来》中提到过一个令他感到十分钦佩的转变案例。哥伦比亚大学（古尔德从事研究工作的大学）有位著名的地层学教授之前曾经嘲讽过大陆漂移学说，但是当板块构造论出现新的有力证据以后，他便终其一生"欢乐地改写自己之前所有的研究成果"。

精神科专家罗伯特·斯必泽（Robert Spitzer）曾经坚决支持旨在改变同性恋者性取向的"修正治疗"，后来放弃了自己当初的坚持。他改变观点以后还曾向所有同性恋者公开道歉：

> 我为自己未经证实就声称修正治疗有效而向所有同性恋者道歉。此外，因为我的研究证明修正治疗对某些"具有较强动机"的人十分有效，所以很多人相信我的研究成果。我在此向所有浪费时间和精力进行修正治疗的同性恋者道歉。

2001年，斯必泽向美国精神病学协会提交了一篇论文，声称他研究了 200 名同性恋者，发现其中 66% 的男性和 44% 的女性通过修正治疗实现了"良好的异性恋功能"。美国精神病学协会正式驳回这篇论文。论文后于 2003 年发表在《性行为档案》期刊上，此后因其抽样方法以及衡量成功与否的标准等问题受到来自精神病学界的诸多批评。斯必泽于 2012 年承认这些批评都是对的，并在当初发表论文的期刊上发表道歉文章，摘录部分文字如下：

> 该项研究的致命缺陷：虽然实验对象宣称其性倾向已发生改变，但实际上该陈述是否属实根本就无从判断。虽然我列举过几个（无法令人信服的）原因说明可以合理假设实验对象所声称的改变真实可信，并非自我欺骗或公然说谎，但有一个简单的事实就摆在面前，那就是根本没有办法确认实验对象有关变化的叙述是否真实可信。

这样看来，即使对某些事情投入了极大的情感因素，改变立场也并非完全不可能。那么，为什么有些人重新研究证据以后会改变主意，有些人却一味固执己见、不愿改变呢？这是个非常令人迷惑的问题。我们只知道，有些人会就情感投入很深的观点改变立场，更多的人则会持观望态度。这也让我们这些经常参与公众讨论的人不至完全丧失希望，知道自己的努力并不全都是白费力气。

45. 负面偏误（*negativity bias*）

相比内容正面积极的新闻，人们更关注负面新闻，反应也更为迅速、强烈；这是人类的天性使然。

人所为恶，死后犹存；所为之善，与之俱亡。

——马克·安东尼（Marc Antony）

出自莎士比亚《凯撒大帝》（第三幕，第二场）

我讨厌输球的程度远远超过对赢球的热爱。

——比利·比恩（Billy Beane）

前美国职棒大联盟奥克兰运动家球队总经理

保罗·洛辛（Paul Rozin）和爱德华·罗伊兹曼（Edward B. Royzman）在"负面偏误和负面优势及其传染性"一文开篇这样写道："虽然只瞥了一眼蟑螂，但已经足以让一顿美餐马上变得难以下咽。但如果反过来，看着自己最爱吃的食物就能吃下一大盘蟑螂，这绝对是闻所未闻的天方夜谭。"

你或许会觉得自己很奇怪：就算有一千件好事，你的注意力还是会只放在一件坏事上。其实并不是只有你才这样，人类的大脑就是这样运作的：相比内容正面积极的新闻，人们注定更加关注负面新闻，反应也更为迅速和强烈。多少年来一直兢兢业业地工作，但是只要稍有行差踏错就会一切前功尽废；多少年来辛辛苦苦树立起来的正面形象一次失足就会毁于一旦，这种更加重视"坏事"的倾向就叫负面偏误，其定义为"相比正面信息更倾向于关注、使用负面信息，更能从负面信息中吸取教训"。人类的大脑进化机制决定了我们对恐惧的反应速度超过对希望的反应速度，对威胁的反应速度和反应强度均超过对快乐体验的反应。不过随着人类迈入现代社会，上述这种特点并不是总能让我们受益。

我有位朋友从事教育界猎头工作，最近为某学院找到两位院长候选人，结果大学董事会成员在这两个人中举棋不定，无法做出最后的定夺。那么，他们是如何解决这个问题的呢？每位董事会成员都分别致电候选人的同事，要求对方说出候选人存在哪些问题。此外，董事会还打算请学院前任院长说一说对两位候选人的意见。这样的安排结果很有可能是负面评价压过正面评价。就算负面评价只有一个且纯属个人意见或者根本就与事实不符，但它也很有可能会压过众口一词的诸多正面评价，成为某个候选人的落选理由。董事会一般不大可能会安排专人对打电话收集到的信息进行独立调查和印证。

丹尼尔·卡尼曼在《思维的快与慢》中这样写道：

人类和其他动物的大脑均具有高度重视坏消息这一特定机制。在确认是否有猛兽的时候哪怕只能获得百分之几秒的先机，也会大大提高动物的生存概率，使其活到能够繁殖下一代的年龄。

如果有人刻意利用人类自身的恐惧达到操纵人的目的，负面偏误会让我们变得更加脆弱，更加没有抵抗力。布什总统任期内担任国家安全顾问的康多莉扎·赖斯（Condoleezza Rice）虽然没有太多切实的证据证明萨达姆·侯赛因拥有大规模杀伤性武器，但她警告我们"伊拉克大规模杀伤性武器的有力证据有可能会以蘑菇云的方式展现在我们面前"，从而成功唤起人们内心深处对独裁者的恐惧。还记得 1964 年美国总统选举中林登·约翰逊针对竞选对手巴里·戈德华制作的竞选广告吗？广告片开头有个小姑娘手拿一朵雏菊，一片一片地摘掉上面的花瓣，下一个镜头就是原子弹爆炸后蘑菇云腾空而起的画面。虽然该竞选广告只在电视上播出过一次，却成功帮助约翰逊赢得了压倒性的胜利。广告片的名字叫"雏菊女孩"，你可以登录 YouTube 搜索查看，也可以在维基百科上查到相关词条。

负面偏误的另一表现形式是对损失的厌恶。保罗·洛辛曾在"坏事比好事更强大"中写道：

不论是坏情绪、坏父母，还是坏的反馈意见，坏事总是比好事更具影响力；相比好消息，人们对坏消息的处理和消化更加及时，也更加彻底。人们进行自我评估的时候，相比对优点的追求，回避缺点的动机更为强大。相比好印象和正面意见，坏印象和负面成见的形成速度更快，而且一旦成型也更加难以改变。

相比潜在的可能得益，潜在损失对我们的影响更大，这就有可能会导致某些不理性行为，也能解释为什么我们很多时候都会裹足不前，心甘情愿地放弃可以为我们带来经济或心理收益的大好机会，因为我们畏惧"可能失去"这一风险。投资大部分资产购买长期债券的投资者就是典型的例子。过去八十年，不计通货膨胀率这一影响因素，股票收益率为 6.5%，而债券的收益率仅为 0.5%。人们普遍认为投资债券相比之下更为安全，因为投资股票赔钱的概率更大。股票投资的特点就是短期内风险高，长期回报率也较高；但是对很多人来说，对他们影响更大的是赔钱的风险，而不是赚钱的概率。如果你用抛硬币来跟人赌钱，告诉他们赢了可以得到 150 美元，输了就要赔上 100 美元，那么大部分人都不会选择跟你赌。虽然赢钱金额远远大过输钱金额，很多人还是认为不值得去冒这个险。

17 世纪法国数学家、哲学家帕斯卡有个十分著名的理论：假设我信上帝而你不信上帝。如果你是对的，那么我作为信徒在死后不会有任何损失；如果你是错的，那么我死后会被上帝带入天堂，而你将会在地狱永远受惩罚。所以，无论你是对还是错，信徒都不会有任何损失，你却有可能会失去一切。鉴于人类对损失有根深蒂固的厌恶，这或许能够解释为什么会有这么多人认为"帕斯卡的赌注"颇具合理性。人们不愿意因为不信亚伯拉罕之神而甘冒风险失去永生的机会，所以最安全的做法就是相信上帝是存在的。所以帕斯卡最后得出结论：相信亚伯拉罕之神才是最明智的做法，因为不信的风险是失去永生的机会。但是话又说回来，如果真的不存在上帝，那么你什么都不会失去；如果信仰所带来的永生对你没有任何吸引力，那么不信上帝可能带来的损失应该对你也不会有太大的影响。此外，如果你认为地狱（即某种永恒的苦难）的存在概率接近零，所以你不害怕地狱，那么你也不大可能会因为厌恶损失就去选择信仰上帝。要知道，"帕斯卡的赌注"赌的是你自己的人生，如果选择相信上帝，那么你的一切行为都必须符合信徒的要求。不过从另外一个角度来看，这一赌注背后的基本原则看上去还是非常合情合理的：输了几乎不用承担任何损失，赢了的话所得奖品的价值不可估量，只有傻瓜才会不去赌。用 100 块钱赌注去赢 150 块钱的抛硬币游戏或许不够吸引人，如果下 1 块钱的赌注就有可能赢 1,000,000 块钱，不赌的才是傻瓜呢。

负面偏误对我们还有一种影响，即不认可某个观点的时候，我们一般会更加相信和重视该观点的负面证据和信息。因此，在评估负面证据的时候，我们一般都不会太过严格，不会用明辨思维对其进行彻底的分析与了解，绝对不会像评估反对我们所持观点的意见那样苛责。

此外，在负面偏误的影响下，我们对某些事情的畏惧程度会与实际证据不成比例。例如，大部分害怕搭乘飞机的人都会选择自己开车或者搭乘汽车。实际上，统计数据显示，赶往机场的路上死于公路交通事故的概率远远高于搭乘航班死于空难的几率。

负面偏误还具有传染性。在印度，婆罗门接触低种姓的首陀罗会受到玷污，但首陀罗却不能通过接触婆罗门而得到净化或提升。洛辛和罗伊兹曼在"负面偏误和负面优势及其传染性"中写道：

> 玷污这一现象常见于高种姓者吃了低种姓者准备的食物。另一方面，如果低种姓的人吃了高种姓者准备的食物，前者的地位并不会因此有相应的提升。斯蒂文森将种姓制度的这一特点总结为"玷污总是能够战胜净化"。

玛格丽特·麦特林（Margaret Matlin）和戴维·斯坦（David Stang）在 1978 年出版的《乐观原则：语言、记忆和思想的选择性》中阐释了"积极偏误"这一观点。他们根据研究结果相信，相比规避负面的刺激，人们更愿意接受正面的刺激，且相比负面刺激，我们接触到的正面刺激更多。对于人类这种厌恶疼痛、追求享乐的动物来说，这一理论似乎比较符合其天性。

正如之前在"福瑞尔效应"词条中所指出的那样，相比负面评价，人们总是更愿意认同和接受关于自己较为正面的评价（不论这些评价是否属实）。而针对自我欺骗的研究成果也一再证实，大部分人都会夸大自己所拥有的优点和长处。因此，在自我评价这一特定领域，负面偏误似乎总是会败给积极偏误。

但在政治领域盛行的还是负面偏误。候选人的竞选广告以及竞选大纲中充斥着对竞选对手及其提案的大肆攻击，以期在选民中唤起负面情感。自上次全国大选以后，我们当地报纸的编辑接到过好几封读者来信，强烈谴责共和党的负面性，因为共和党在本次总统大选中的表现低于公众预期，因而让奥巴马得以趁机赢得连任（有些愤世嫉俗者或许会说奥巴马之所以能成功连任，这完全是因为罗姆尼不仅没有成功唤起公众对奥巴马的恐惧，反而激起了选民对他自己的害怕和担心）。其中有封读者来信表示，共和党对二十一世纪的总体态度几乎全都是负面的。"什么都不好，政府碰过的所有东西都变得有毒；不论是经济、少数族裔的权利、还是环境问题，没有一项政策是积极正面的。"当天的报纸还刊登了一篇专栏文章，作者保罗·克鲁曼（Paul Krugman）哀叹共和党当初不应该用威胁作为经济问题的主要交流工具："除非如其所愿，否则共和党人动不动就威胁阻止一切交易活动。"有些人甚至将共和党称为"只会说不的政党"。不管上述批评是否属实，负面偏误不应该是政治的生命线，现在不应该是，以后也不应该在政治领域占主导地位。

最后，我记得《萨克拉门托蜜蜂报》几年前曾经收到过一封读者来信，要求报纸多刊登好消息。于是编辑部同意每周新增一次"好消息"专栏，但要求由读者负责该栏目的供稿工作。就我所知，该专栏项目从未真正启动过。

46. 奥卡姆剃刀理论（*Occam's razor*）

假设越少，疑问点就越少。

奥卡姆剃刀理论是中世纪哲学的一项基本原则，因为英国哲学家、方济会修士奥卡姆的威廉（William of Ockham）经常在辩论和文章中使用该原则，所以得名。

与大部分方济会修士一样，威廉也是一位极简主义者，以贫穷为理想生活状态，且和圣方济本人一样与教皇进行过论战，因此被教皇约翰二十二世逐出教会，后来他还专门撰文论证教皇约翰为异教徒。毕竟，如果有能力进行报复的话，谁还会生闷气呢？

奥卡姆剃刀定律的拉丁原文为：Pluralitas non est ponenda sine neccesitate，译成中文为"若无必要，勿增实体"。经过很长一段时间的发展之后，这些文字的含义已经与威廉当初的本意有所不同。时至今日，该定律通常被用来指简约原则。或许是基于"少即是多"的原则，奥卡姆的英文拼写也从Ockham简化为Occam。

威廉经常在中世纪相当于今日之超心理学的辩论中使用"多

余的繁琐"这一理论。他在《评彼得·伦巴蒂教义书》卷二中曾深入探讨过"高等级天使所了解的物种数量是否比低等级天使更少"这一问题，并用"若无必要，勿增实体"这一理论证明该问题的答案是肯定的。此外，威廉还引用过亚里士多德的观点，认为自然越是完美，所需的操作就会越少。如果将这一观点运用到整个宇宙，则一定会得出这样一个结论：即任何完美的存在均不应为其自身的存在负责。总之，后来有些无神论者用奥卡姆剃刀理论来证明其不接受神创造宇宙这一观点；因为对他们来说，神祇属于"多余的繁琐"，宇宙的存在和形成无需神的介入即可得到解释。当然，如果威廉在世的话，他是无论如何也不会同意这种观点的。

不过威廉还活着的时候确实认为自然神学是不可能的，认为自然神学仅凭理性去理解诸如亚伯拉罕之神之类的概念，与建立在典籍启示与宗教经验基础上的启示神学相矛盾。威廉认为亚伯拉罕之神既不是建立在显而易见的经验基础上，也不是建立在显而易见的理性基础上。我们关于神的所有知识均来自典籍，即《圣经》。因此，神学的唯一基础就是信念，即相信我们当作启示的文字均出自亚伯拉罕之神之口。值得注意的是，虽然有些人使用剃刀定律排除整个精神世界，威廉却并未将简约原则用于宗教信仰；如果他当初真这么做了的话，很有可能会变成托兰德（John Toland，著有《基督教并不神秘》）那样的索齐尼派教徒，将亚伯拉罕之神三位一体的理论精简为耶稣兼具神性和人性的双重属性。

　　威廉在哲学上和生活上都奉行极简主义，提倡唯名论，反对当时盛行的唯实论。他认为普遍性只存在于头脑中，现实中并不存在普遍性，只有实质性的个体，认为共相只不过是我们用以指代一组个体及其特点的名称而已。诸如"人"以及"不诚实"之类的词汇并不指代独立存在的具体事物，也不指代个体的人以及不诚实的个人。唯实论者则认为个体事物以及我们认识这些事物的概念都是切实存在的，同时其共相独立于事物和概念本身而存在。威廉认为这种观念太过繁琐，认为不需要用共相来解释一切。对唯名论者和唯实论者来说，不仅存在苏格拉底这一个体，还存在我们就苏格拉底所形成的抽象概念。除此之外，唯实论者还认为存在着诸如苏格拉底的人性、苏格拉底的动物性等现实。换言之，用柏拉图的话来说，苏格拉底可能拥有的每一个特点都有一个相应的"现实"、一种"共相"或"表象"。威廉对这种共相领域的繁琐性持怀疑态度。如果在逻辑学、认识论或形而上学上都不需要繁琐的话，那么为什么还会有这种不必要的繁琐呢？柏拉图和唯实论者有可能是对的，或许有一种表象和共相是个别物体的永恒存在模式，但我们并不需要用这种共相来解释个体、概念或者知识。柏拉图提出的表象概念是形而上学和认识论的包袱，是完全没有必要的。

　　有人可能会对此进行反驳，说乔治·伯克利（George Berkeley）主教曾经用奥卡姆剃刀理论将物质实体当作可剔除的不必要繁琐，认为用头脑和观点就能解释一切。问题是，伯克利在使用剃刀理论的时候略带选择性，比如在空无一人的森林中能够听到树木倒下的只有亚伯拉罕之神。主观唯心论者则用剃刀理论否认一切神灵的存在，认为只用头脑和观念即可解释一切。当然，这就会导致唯我论，即认为只有我和我的观点是存在的，至少它们在我的认知中是唯一的存在。唯物论者则刚好相反，会用剃刀理论否认整个精神世界的存在，认为无需同时保留精神和大脑两个世界。

如上所述，奥卡姆剃刀定律有时也被称为极简原则，现在经常被阐释为"解释越简单越好"或"如非必要切勿做过多假设"。总之，该定律经常被用于本体论以外的领域，比如科学哲学家会用它来确立原则选择具有同等解释效力的理论，即解释某事发生原因的时候不要提出不必要的过多假设。瑞士民间科学爱好者艾利希·冯·丹尼肯（Erich von Däniken）认为古人的艺术和工程学全都是外星人教会的。他有可能是对的；但是我们并不需要用"外星人到访地球"这一理论来解释古人的功绩，那么为什么要做出不必要的多余假设呢？就像今天人们常说的那样，不要做超过必要数量的假设；我们可以用以太空间来解释远处的活动，但并不一定非要用它来解释。

奥利弗·霍姆斯（Oliver W. Holmes）和杰罗姆·弗兰克（Jerome Frank）曾用奥卡姆剃刀定律来论证所谓"法律"是不存在的，存在的只有司法判决和具体的案例，将其综合起来就构成了法律。让事情变得更为复杂的是，这两位著名的法学家认为其观点属于法律唯实论，不属于法律唯名论的范畴。还说什么要尽量简单化呢！

奥卡姆剃刀定律有时也叫"简单原则"，曾被某些创造论者错误地阐释为"解释得越简单越好"。他们认为奥卡姆剃刀定律的意思是说我们全都应该接受创造论，反对进化论，因为前者更为简单明了地解释了物种的形成以及现状。毕竟，相比宇宙万物一直存在并经历了数十亿年的进化，由非物质的永恒之神无中生有地创造出宇宙万物这一观点看上去的确要简单得多。果真如此吗？实际上，奥卡姆剃刀定律并没有说越简单的假设就越好，否则该定律就真成了蒙昧民众的福音了。

今天，我们将简约原则视为具有启发意义的工具，不会认为凡是简单的理论都是正确的，凡是复杂的理论都是错误的。我们根据经验得知，通常情况下，如果某个理论需要复杂的论证，则它多半是错的。相比简单的理论，较为复杂的理论更有理由被暂时搁置，只是在得到证实之前不应立即将其抛入历史的垃圾堆中。

有些人甚至用奥卡姆剃刀定律来为削减预算进行辩护，认为"较少资金就能做到的事情就无谓多花钱"。这一应用看似符合原定律，实际上少了一个关键词"假设"，奥卡姆说的是少做一些假设，而不是少花一些钱。

奥卡姆剃刀定律的本意是指在信仰领域简单即完美，但是形而上学的偏误似乎是现代人和中世纪以及古希腊人的一个共同之处。与古人一样，我们今天大部分的争论实际上都和该定律无关，而是关注哪些因素应被列为不可精简这一范畴。对唯物论者来说，二元论者多加了一元是完全没有必要的；但对二元论者来说，精神与身体同样重要。对无神论者来说，增加神和超自然世界完全没有必要；但对有神论者来说，假设神是存在的十分必要。同样的例子还能列举出很多。对丹尼肯来说，假设外星人的存在很有必要；对其他人来说，外星人纯属不必要的多余繁琐。说到底，奥卡姆剃刀理论只不过是说无神论者认为所有神均无存在的必要，而有神论者认为其十分必要。照这样看来，这一理论并不是很有用处。从另一方面来说，如果奥卡姆剃刀理论是说如果有两个不同的解释，一个不合情理一个很有道理，理性的人就会选择后者；这样看来该理论也略显多余，因为这是显而易见的事实。如果该理论提倡极简主义，潜台词是说越简化越好，那么奥卡姆的剃刀还不如改叫奥卡姆的链锯，因为其主要用处似乎是要彻底砍伐本体论。

47. 乐观偏误（*optimistic bias*）

世界并不像你想的那么好，你也没有自己想的那么好。不过你能保持乐观的态度，这是好事。

在《思维的快与慢》中，丹尼尔·卡尼曼用"乐观偏误"这一术语指"相比实际情况，大多数人都认为世界更仁慈和善，我们自己更优秀出色，我们实现设定目标的可能性也更大"。此外，大多数人对自己预测未来的能力没有充分的认识，总是认为自己很擅长预测未来，但实情并非如此。很多研究成果一再表明，人类社会充斥着自我欺骗，大部分人都认为自己优于平均水平，相比自己别人更加公正，更少偏误，更能与人和平相处，更不易受不良因素的影响，同时更有能力。

卡尼曼认为很多人都患有"过分乐观自信"症；当然也有人将其视为一种恩赐与福气。他表示，乐观偏误有可能是人类最重要的一种认知偏误，因为它兼具好与坏的双重特点，既是一种福气，也是一种风险。如果你天性乐观的话，既会感到幸福快乐，同时也应更加小心谨慎。

总的说来，乐观偏误是件好事。相比悲观主义者，乐观主义者的生活更加令人愉悦，就像卡尼曼说的那样：

> 乐观主义者通常都很快乐幸福，因此在人群中也更受欢迎。他们对失败和磨难的适应能力更强，得抑郁症的概率更小，免疫系统更健康，更加重视自己的健康状况，自我感觉比别人更健康，因此长寿的可能性更大……乐观的人会对我们的人生道路产生不成比例的巨大影响。他们所做的决定会给人们带来重大的变化。他们一般都是发明家、企业家、政治和军事领袖……

对于心智成熟的大人来说，以上这些有可能说的都对。但与此同时，我们也不应忘记很多青少年也是乐观主义者，由于他们的额叶皮层并未发育完全，因此在判断力上会存在很多问题。年轻人的乐观主义倾向通常会导致他们做出风险极高的危险行为，尤其是在性爱、酗酒、吸毒这三个领域。

即使是成年人有时也会因为过度乐观而产生妄想。乐观偏误会让人对其行为的前景做出不切实际的评估，对冒险行为表现得过度自信。卡尼曼注意到，美国小企业的五年存活率仅为35%，但企业家对成功率的评估数字为60%，对自己企业的成功预测更是高达81%，其中有三分之一的企业家认为自己创业失败的几率为零。虽然自信对商人来说十分重要，但现实理性也同样重要。

乐观偏误一般会助长技能错觉。从另外一个角度来看，如果乐观主义不存在，或许很多项目都无法得到实施，很多高风险的事情都不会有人去做。尽管如此，在设立目标、收集并研究同类案例的相关信息、制订行动计划以后，我们还应该努力克服自己身上过度的乐观偏误。那么怎么才能做到这一点呢？其中一种方法就是强迫自己去思考哪些地方有可能会出错，这是萨拉·利希滕斯坦（Sara Lichtenstein）、巴鲁克·菲施霍夫（Baruch Fischhoff）、劳伦斯·菲利普斯（Lawrence D. Phillips）经过研究得出的结论。这种能力并非天生就有，但是强迫自己思考各种可能导致失败的因素，这会让你做到防患于未然，避免遭受可能的灭顶之灾。

有些人之所以做出不切实际的风险评估，这完全出于他们自己的无知，即缺乏必要的知识，无法做出切实合理的判断。这类人经常会有高风险的性行为，生活习惯也很不健康。他们态度乐观，性爱时不采取任何保护措施，却盲目地相信自己不会因此得艾滋病；抽烟不加节制，乐观地认为自己不会因此得肺癌。他们这种乐观的态度很有可能源自其任性的无知，而不是因为对自己身处的这个世界有不切实际的乐观看法。当然，任性的无知与过度依赖世界的善意，这两者之间并不存在非此即彼的二选一关系。

不少青少年对醉驾（或吸毒后开车）所涉及的风险有不切实际的评估，因此很多驾校都会用酒后驾驶酿成血淋淋惨剧的视频恫吓年轻人。这些视频的拍摄风格一般都非常写实，车祸现场十分惨烈，通常造成多人伤亡。青少年酒后或吸毒后驾车每年都会导致数千人死于车祸，但这样的视频真的能够扭转青少年司机的乐观偏误吗？我找不到这样的证据，同时对这样的证据是否存在也不报乐观态度。

48. 正面成果偏误（*positive-outcome bias*）

虽然我们对负面新闻有较大反应，但科学期刊却更愿意发表有正面统计结果的论文。不过知道"A比B更有效"或"C根本就没用"，这对我们来说还是有好处的。

正面成果偏误是一种出版偏误，指作者更愿意向期刊提交统计结果十分正面的论文，同时大众媒体也更愿意发表统计结果正面的科学研究报道文章（如果某项研究发现不抽烟和不得肺癌之间存在强烈关联，则该项研究的结果即被视为负面；但如果某项研究发现不抽烟和不得肺癌之间存在明显的非偶然统计相关性，则该项研究就具有正面成果）。未得出具有统计意义的研究成果或未发现可能存在因果关系的研究一般都不会有机会见诸报纸杂志。正因为出版界存在各种类型的偏误，科学界及普通公众所能看到的通常都是被歪曲以及带有偏误的科学发现。

小规模研究项目通常不会产生具有统计意义的研究成果，因此研究者没有机会在科学研讨会上发言，也没有机会在期刊杂志上发表论文。这就是所谓的"文件柜效应"，因为这些研究成果一般都会被放入文件柜束之高阁，不会付诸印刷出版。相反，不论是观察组研究还是对照组研究，只要是大规模的研究项目，除非出现明显的方法错误，一般都能发表面世。虽然相比大规模的研究项目，小规模的研究更易受统计上的偶然因素影响，但除此之外，二者在其他方面并没有太大的差别。根据社会学和医学研究领域常用统计学公式的计算结果，如果偶然的概率为二十分之一（5%），则该项研究即被认定为具有统计学意义。应该注意的是，具有统计学意义并非意味着某个统计数字十分重要，而是指根据某个公式的计算结果，可以判定该数字并非出于偶然。研究样本的规模越小，则其研究成果越具有统计学意义；反之研究规模越大，发现具有统计学意义成果的可能性就会变得越小。此外，研究规模越小，发现相关性的机会也就越小；而大规模研究一般不会错过具有某种程度统计学意义的相关性。如果实际存在的相关性本来就不算十分突出，则小规模研究很有可能会错过发现机会。这里我想再次重申，具有统计学意义并不意味着具有重要意义。如果某项研究的样本总数为 18,000 人，其中一半实验对象服用无效安慰药，另一半服用降胆固醇药瑞舒伐他汀。如果实验结果表明两组人得心脏病的数字差别具有统计学意义，这并不是说两组人之间的差别非常重要（其差别的具体数字为每 100 人／年的事故率为0.2 例。关于服用斯达汀类降低胆固醇药物数年以后会产生哪些副作用目前尚未有确切的答案，但这些副作用有可能会超过服药的好处）。

　　大众媒体从科学专业期刊获取信息，过滤后再传递给公众。科学期刊可以通过两种方式影响大众媒体，一种是发表结果很正面但重要性欠奉的大规模研究成果，一种是发表成果正面的小规模研究，然后等记者和普通公众自己得出结论，认为只有一次小规模研究肯定不会有什么重大的成果。

　　如果科学家提交负面的研究成果，比如未能发现可以证明存在未卜先知能力的证据，那么人们一般会因其研究成果不正面而拒绝接受其研究结论。美国心理学研究协会的会刊《人格与社会心理学杂志》就曾经犯过这一偏误错误。2011 年，该杂志发表了心理玄学家达利尔·贝姆（Daryl Bem）题为"感受未来：认知与情感异常追溯影响的实验证据"的论文，声称找到了支持未卜先知能力的正面证据。科学家斯图亚特·里奇（Stuart J. Ritchie）、理查德·怀斯曼（Richard Wiseman）以及克里斯托弗·弗伦彻（Christopher C. French）随后提交了一篇联名论文"感受不到的未来：三次不成功的复制尝试"，说他们复制了贝姆的实验，但并未发现未卜先知的任何证据。结果《人格与社会心理学杂志》拒绝刊登他们的这篇论文（如果有学者复制了之前某人的研究方法，不论其研究结果如何，前者都被视为后者的"复制"研究）。编辑告诉三位科学家拒绝的原因是杂志不允许刊登复制的研究成果。那么，如果杂志社先收到的是负面成果的研究论文，结果又会怎样呢？答案无从得知，不过我猜想这样的论文应该根本就没有发表出版的机会，因为它得出的结论是大部分心理学家都一致认为理所当然的事实，即世上根本就不存在未卜先知这回事。这篇未获纸媒发表的复制研究论文后来发布在网络期刊 PLOS ONE 上。

　　发表于大众媒体的文章因为很少报道负面成果的研究项目，所以经常会对读者和公众造成误导（我想再次提醒读者注意，所谓负面成果研究是指研究成果不具统计学意义的研究项目）。更加糟糕的是，大众媒体上报道的研究很多都是小规模研究项目，其研究成果并不具备普遍适用性。最近就有一个典型案例，能够很好地说明大众媒体是如何将小规模的研究变成了大规模的灾难。安德鲁·威克菲尔德（Andrew Wakefield）对十二名儿童进行了研究，然后宣布麻腮风（麻疹、腮腺炎、风疹）三联疫苗与发育障碍之间存在某种联系。接着，反疫苗运动成员利用他的这份研究报告成功煽动起公众对疫苗和自闭症的恐慌情绪。鉴于全社会都高度关注疫苗和发育障碍之间的关系，研究人员组织过几次大规模的研究，结果无一例外均未找到任何证据能够证明疫苗与发育障碍之间存在相关性。虽然这些研究结果同样被大众媒体广为刊登和转发，但是仍然无法消除已经造成的伤害，科学期刊和大众媒体刊发这些后续研究成果并未扑灭公众的恐慌情绪。此外，这些后续研究成果也没能让反对疫苗者改变主意。虽然所有的大规模研究成果均表明反疫苗的观点是错误的，他们却用各种理由拒绝接受事实真相，从而成为逆火效应的典型案例。

人们对科学研究成果的认识受正面成果偏误影响还体现在系统性评价上。以考克兰协作组织为例，来自世界各地的学者在这里对某项传统或非传统医疗方法的全部研究项目和成果进行综合评价，根据研究设计、研究规模等因素对其价值进行判断。该组织希望能够做到不偏不倚、公平公正地判断某个特定疗法的最佳证据是什么，但因为负面成果的研究很少见诸期刊，他们的评估工作很容易受到误导，而且他们自己对此也并不讳言：

> 系统性的评论旨在寻找并评估有关议题的所有高品质研究。但是我们有时无法确保可以找到所有的相关研究，而且也无从得知是否有遗漏。如果某些研究未被收入系统，问题是否很严重呢？如果我们遗漏的研究项目与找到的研究项目之间存在系统性的差别，问题当然十分严重。这样一来，我们不仅在录入数据库的信息总量上有损失，如果记录在案的研究数据无法涵盖该领域的全部研究，还很有可能会得出错误的结论。

我们有理由对此表示关注和担忧，因为很多研究者都表示，成果正面且有意义的研究项目很容易看得到，而成果负面或意义不大的研究项目则很难找得到。如果系统评价中成果正面的研究项目占了很大比例，这就意味着最终的评估意见一定会偏向正面的研究结果。

　　某项科学研究的引用数量通常被当作衡量其价值的标准之一。问题是，正面成果偏误不可避免地会导致引用偏误，这就会进一步加剧原有的偏误问题。考克兰协作组织用漏斗图来评估正面成果偏误对系统性评价的影响："一般认为大规模研究更靠近平均线，而小规模研究则散布在平均线的两侧；如果偏离这一范围即可判定存在出版偏误。"当然，如果成果负面的大规模研究也被束之高阁，则漏斗图同样会产生误导的效果。虽然说只要方法站得住脚，上述情况一般不大可能发生。但是还有一种情况也必须加以考虑：有些大规模研究可能会让我们误以为某些细微的差别十分重要，实际上这些细微的差别虽然具有统计学的意义却并不重要。

49. 事后归因谬误（*post hoc fallacy*）

虽然你我都很清楚不能因为一件事发生在另外一件事的后面就认定它们之间存在因果关系，但我们还是有必要时刻提醒自己不要犯这种错误。

有个占星师问："日本遭受海啸袭击前几天刚好是月亮几年来最接近地球的一次，你认为这是巧合吗？"他认为是月亮以某种方式导致了海啸。果真如此吗？我不知道，只知道这两件事在时间上的确存在先后关系（天文学家表示："谁会在乎占星师对月亮和地震怎么想呢？"）。

有位探矿人用探矿杆找到了水或高尔夫球，然后声称是根据探矿杆发出的指引找到它们的。果真如此吗？我表示怀疑，但这两件事在时间上的确存在先后关系。

有个赌徒掷骰子之前冲骰子吹了口气，结果赌赢了。他认为向骰子吹气能够改变骰子滚动的结果。果真如此吗？好像不大可能吧，但这两件事在时间上的确存在先后关系。

有位母亲声称疫苗导致自己的孩子患上自闭症。为什么？就因为孩子接受疫苗注射的时候一直扭动着小身体不停啼哭，后来就被诊断出患了自闭症。

某人声称接受针灸治疗后膝盖的疼痛明显减轻。到底是什么让疼痛得到了缓解？我不知道，但他相信是因为针灸真的管用。

某人说喝了顺势疗法的汤药之后头就不疼了。她为什么不头疼了呢？我不知道，但她认为是因为顺势疗法真的管用。唯一能够肯定的就是这两件事在时间上的确存在先后关系。

德西丽·詹宁斯（Desiree Jennings）小时候当过啦啦队员，后来声称自己因注射流感疫苗而患上肌张力障碍，从此成为反疫苗运动的明星代言人。那么，她有什么证据能够证明自己的上述观点呢？詹宁斯注射疫苗十天后开始出现肌张力异常症状，她后来在自己的网站（www.desireejennings.com）上这样写道：

> 2009 年 8 月 23 日，我在当地一家超市注射了季节性流感疫苗。这次注射彻底改变了我的将来，而且是不可逆转的改变。短短几个星期内，我接连丧失了正常走路、正常说话的能力，一次只能关注不超过一种刺激。每次吃东西我都知道自己的身体很快就会出现无法控制的抽搐，伴随着间歇性的昏迷。每次都不例外。
>
> 为了控制流感疫苗引发的症状，每一天都是一场战斗，每一天都在提醒我自己的人生从此变得不同。我开放这个网站是为了讲述自己的故事，警告人们留心疫苗可能

对神经系统产生的那些副作用。我知道，大部分情况下，像我这样的故事除了亲朋好友外人很少有机会听到。

我希望，每一个看到这个故事的人都能留心我的警告，都能认真思考，都能在决定接受疫苗注射之前先征求家庭医生的意见。

詹宁斯声称自己在接受季节性流感疫苗注射十天后即患上严重的呼吸系统疾病，不得不住院治疗，之后不久便出现说话和行走困难的症状，疼痛还伴随着无法控制的肌肉收缩和扭曲。此外，她说倒着走路或者跑步能使症状有所缓解。

就目前已知的研究成果而言，没有证据证明流感或流感疫苗会导致肌张力失常，医学论文中也从未出现过一例这样的病例。将詹宁斯送入医院的很有可能是流感，而不是她自己所说的"呼吸系统疾病"。不过，或许俗话说的没错，凡事都有第一次嘛。但话又说回来，陷在这样的讨论里实质上是转移了话题，因为詹宁斯患上肌张力失常症的可能性不大，因为注射了流感疫苗而出现上述症状就更不可能了。

"后此所以因此"这一谬误基于错误的观点，认为既然两件事情先后发生，那么第一件事就一定是导致第二件事发生的原因。

事后归因推理是很多迷信说法和错误观点的基础。前文列举的那些不靠谱的因果推理均犯了同样的错误，即将时间上先后发生的天文现象与海啸、占卜与找到东西、迷信行为与骰子或扑克牌的结果、疫苗与自闭症或其他身心机能失调、针灸与镇痛以及顺势疗法与头疼之间的关系认定为因果关系。

事后归因是最常见的认知偏误之一，同时也是最难克服的一种谬误，因为个人的即时体验似乎会使其本能地得出因果关系的结论。比如说你用锤子敲钉子的时候敲到了自己的手指头，或者脑袋不小心撞到厨房的柜子上，你一定知道是什么原因导致手指或脑袋产生痛感。如果是别人被砸到手指或碰到头，你是不会觉得疼的。

如上所述，如果某人认为两个毫不相干的事物之间存在因果联系，那她就会很自然地将之后发生的一连串事情都归因于此，从而进一步印证了自己的偏误。虽然有些人认为只有傻瓜或弱智才会就因果联系草率下定论，但事实并非如此。这样做很自然也很正常，所以才会如此难以克服。

如果你把自己的汽车借给连襟，结果他开了两天引擎就爆掉了，这并不表示一定是因为他做了什么才会导致这样的结果。

如果你某次物理考试前忘了刮胡子，结果那次考试得了高分，于是你相信只要每次考试前都不刮胡子就一定能有好成绩，那你可真是太傻了。

一件事发生在另外一件事后面，这并不意味着两件事之间存在着因果关系。当然，如果你往汽车油箱里灌水的话，汽车无法启动就不是偶然事件了；因为如果两件事先后发生，它们之间有时的确可能存在因果关系。判断两件事之间是否存在因果关系需要运用知识。这种知识可以来自个人经验，也可以来自科学实验。医生为尿道感染的病人开某种处方药进行治疗，这是基于医生所掌握的医学知识。病人用药后感觉好多了，因此认为药物对病情的恢复有帮助，这不是事后归因，因为病人对二者之间的因果判断是合理的，是有依据的。不幸的是，有很多人都认为自己有知识，了解探矿、疫苗、天象等，但实际上他们有的只是错误的信息。

科学家会用很多方法来测试是否真的存在因果关系。比如，有很多人都相信疫苗会导致自闭症，但是一项接一项的研究均未能发现疫苗导致自闭症的证据。如果疫苗导致自闭症是真的，那么接受过疫苗注射的孩子自闭症发病率就会远远高于未接受过疫苗注射的孩子，可事实并非如此。同样，随机对照研究成果也未显示探矿者发现水的概率超过偶发概率的数字。

事后归因寓言故事

安迪的故事： 这么多年来我一直都有衰弱性颈部疼痛。我没办法工作，像刷牙这种很小的动作都让我疼得受不了。医生让我去看精神科，精神科医生给我开了不少处方药。这些药一点都没有。后来我去做**针灸**，疼痛有所缓解，但疗效持续时间很短。有位朋友向我推荐**碱性膳食疗法**。起初我以为终于找到了一劳永逸的解决办法，可后来又不管用了。另外一位朋友认为她的**祈祷小组**能够治愈我。于是我参加了几次祷告会，让人把手放在我身上祈祷，还是不管用。我后来还试过**香薰疗法**、**海豚疗法**、**治疗性触摸法**，全都没用，我还是很疼。最后，经过脊椎推拿师六年的治疗，我终于不疼了。只有**脊椎推拿**才能让我免受疼痛的折磨。现在我又能工作和刷牙了，颈部疼痛已经降到最低水平。

贝蒂的故事：这么多年来我一直都有衰弱性颈部疼痛。我没办法工作，像刷牙这种很小的动作都让我疼得受不了。医生让我去看精神科，精神科医生给我开了不少处方药。这些药一点用都没有。后来我去做**按摩**，疼痛有所缓解，但疗效持续时间很短。有位朋友向我推荐**碱性膳食疗法**。起初我以为终于找到了一劳永逸的解决办法，可后来又不管用了。另外一位朋友认为她的**祈祷小组**能够治愈我。于是我参加了几次祷告会，让人把手放在我身上祈祷，还是不管用。我后来还试过**香薰疗法**、**海豚疗法**、**治疗性触摸法**。全都没用，我还是很疼。最后，经过针灸师六年的治疗，我终于不疼了。只有**针灸**才能让我免受疼痛的折磨。现在我又能工作和刷牙了，颈部疼痛已经降到最低水平。

查克的故事：这么多年来我一直都有衰弱性颈部疼痛。我没办法工作，像刷牙这种很小的动作都让我疼得受不了。医生让我去看精神科，精神科医生给我开了不少处方药。这些药一点用都没有。后来我去做**按摩**，疼痛有所缓解，但疗效持续时间很短。有位朋友向我推荐**碱性膳食疗法**。起初我以为终于找到了一劳永逸的解决办法，可后来又不管用了。另外一位朋友认为她的**祈祷小组**能够治愈我。于是我参加了几次祷告会，让人把手放在我身上祈祷，还是不管用。我后来还试过**针灸**、**海豚疗法**、**治疗性触摸法**，全都没用，我还是很疼。最后，经过香薰治疗师六年的治疗，我终于不疼了。只有**香薰治疗**才能让我免受疼痛的折磨。现在我又能工作和刷牙了，颈部疼痛已经降到最低水平。

　　朵拉的故事：这么多年来我一直都有衰弱性颈部疼痛。我没办法工作，像刷牙这种很小的动作都让我疼得受不了。医生让我去看精神科，精神科医生给我开了不少处方药。这些药一点用都没有。后来我去做**按摩**，疼痛有所缓解，但疗效持续时间很短。有位朋友向我推荐**芳香疗法**。起初我以为终于找到了一劳永逸的解决办法，可后来又不管用了。另外一位朋友认为她的**祈祷小组**能够治愈我。于是我参加了几次祷告会，让人把手放在我身上祈祷，还是不管用。我后来还试过**针灸**、**海豚疗法**、**治疗性触摸法**，全都没用，我还是很疼。最后，通过碱性膳食六年的调理，我终于不疼了。只有**碱性膳食**才能让我免受疼痛的折磨。现在我又能工作和刷牙了，颈部疼痛已经降到最低水平。

　　埃德加的故事：这么多年来我一直都有衰弱性颈部疼痛。我没办法工作，像刷牙这种很小的动作都让我疼得受不了。医生让我去看精神科，精神科医生给我开了不少处方药。这些药一点用都没有。后来我去做**按摩**，疼痛有所缓解，但疗效持续时间很短。有位朋友向我推荐**芳香疗法**。起初我以为终于找到了一劳永逸的解决办法，可后来又不管用了。另外一位朋友认为她的**祈祷小组**能够治愈我。于是我参加了几次祷告会，让人把手放在我身上祈祷，还是不管用。我后来还试过**针灸**、**海豚疗法**、**碱性膳食疗法**，全都没用，我还是很疼。最后，经过六年的治疗性触摸法治疗，我终于不疼了。只有**治疗性触摸**才能让我免受疼痛的折磨。现在我又能工作和刷牙了，颈部疼痛已经降到最低水平。

菲欧娜的故事：这么多年来我一直都有衰弱性颈部疼痛。我没办法工作，像刷牙这种很小的动作都让我疼得受不了。医生让我去看精神科，精神科医生给我开了不少处方药。这些药一点用都没有。后来我去做**按摩**，疼痛有所缓解，但疗效持续时间很短。有位朋友向我推荐**芳香疗法**。起初我以为终于找到了一劳永逸的解决办法，可后来又不管用了。另外一位朋友认为她的**祈祷小组**能够治愈我。于是我参加了几次祷告会，让人把手放在我身上祈祷，还是不管用。我后来还试过**针灸**、**治疗性触摸法**、**碱性膳食疗法**，全都没用，我还是很疼。最后，经过六年的海豚治疗，我终于不疼了。只有**海豚治疗**才能让我免受疼痛的折磨。现在我又能工作和刷牙了，颈部疼痛已经降到最低水平。

加利的故事：这么多年来我一直都有衰弱性颈部疼痛。我没办法工作，像刷牙这种很小的动作都让我疼得受不了。医生让我去看精神科，精神科医生给我开了不少处方药。这些药一点用都没有。后来我去做**按摩**，疼痛有所缓解，但疗效持续时间很短。有位朋友向我推荐**芳香疗法**。起初我以为终于找到了一劳永逸的解决办法，可后来又不管用了。我后来还试过**针灸**、**治疗性触摸法**、**海豚疗法**、**碱性膳食疗法**，全都没用，我还是很疼。最后，经过六年的祈祷治疗，我终于不疼了。一位朋友认为她的祈祷小组能够治愈我。于是我参加了几次祷告会，让人把手放在我身上祈祷。最后，我真的被治愈了。只有**祈祷治疗**才能让我免受疼痛的折磨。现在我又能工作和刷牙了，颈部疼痛已经降到最低水平。

哈丽叶特的故事： 这么多年来我一直都有衰弱性颈部疼痛。我没办法工作，像刷牙这种很小的动作都让我疼得受不了。我去看医生，医生让我去看精神科，精神科医生给我开了不少处方药。我没有吃药，但几个月之后脖子就不再疼了，所以现在我只能闷闷不乐地重新开始工作。我妈觉得这是个奇迹，但我觉得这只不过**自愈**而已。

50. 激发效应（priming effect）

通过激发我们接受随后发生之事或接受随后发生之事所产生的暗示，有很多事情都会对我们产生间接的影响。

激发效应通过记忆、词语、影像、符号的认知含义或情感光环对人的判断或行为产生偏误影响。听歌、祈祷、宣誓的时候偶尔会对某些词语产生误听，如果没有人纠正的话，这种误听很有可能会一直持续下去，相信大多数人都有过这样的经验。这种现象就是自我激发效应的一种实际表现，有时也被称为"空耳"（mondegreen）。

反方向播放歌曲并从中听出隐藏在其中的信息，这是激发效应的另外一种表现形式。开始的时候你听到的全都是不知所谓的胡言乱语，当有人告诉你应该怎么听之后，你就能听到清晰无误的信息。美国费雪玩具公司生产的一款说话娃娃也是很典型的案例。虽然玩具娃娃说的是"小妈妈爱宝宝抱抱亲亲"，有些家长却愤怒地发誓他们听到娃娃口齿不清地说"撒旦是王"和"伊斯兰是光"。实际上，就算有人告诉他们娃娃说的其实是"佩林是恐怖分子而且还在选举中舞弊"，可能这些家长也会点头说对的。

一个人的偏误、成见或切身利益都有可能激发他对某些词语产生误听或误读。例如，某杂志文章的大标题写的是"查尔斯·达尔森是个无赖"（Charles Dawson，曾经伪造古人类"皮尔当人"的颅骨与下颚骨化石），进化论生物学家有可能会将其误解为查尔斯·达尔文（Charles Darwin）的进化论研究存在欺诈行为。不过，虽然科学家看了报刊文章的大标题可能会对其措辞产生误解，认真浏览一遍正文很快就能自行纠正这种误读。但是，对大部分激发效应的案例来说，我们对其影响均毫不知情。科学家的研究一再表明，词语本身以及词语、意象、陈述的顺序都会影响到我们的判断和行动。

如果你在欣赏落日或艺术作品之前有人抢先评论说"真漂亮"，该评论会对你的判断以及做出判断的速度都产生很大的影响。研究超能力的学者达利尔·贝姆（Daryl Bem）曾修改了标准激发测试并用于测试人的预知能力。标准的测试方法是先让实验对象看"丑"和"美"这两个词中的一个，然后给他们看日落或性行为的图片，测试他们需要多长时间做出是否喜欢这张图片的决定。对实验程序进行修改以后，贝姆会先让实验对象看图片，记录他们的反应时间，然后再给他们看"激发词"。他声称有证据证明某些人看图片的时候就能预知激发词是什么。其他科学家重复了贝姆的上述实验，结果却没有发现任何证据能够证明存在预知激发词这一超能力。

有时我们无需特意注视或聆听就能看到或听到某些事情，然后会在某个不经意的时刻认识到某个下意识感知的存在。例如，某人只要看到道路旁的牌子上标有"草甸"两个字就会产生性冲动，但多年来一直都不明白自己为什么会这样。后来有一天她故地重游，回到很久以前住过的地方，这才记起这是她初恋的地方，这个地方的名字就叫"草甸"（hidden weadow，隐藏的草地）。

激发效应在信念对行为的下意识影响中表现得也很明显，如鸟的主人能听懂宠物鸟说的话、有人能从电子语音现象中听到清晰的话语、探矿人的观念运动效应、使用占卜板算卦，桌椅在灵媒的操纵下出现悬空运动、帮助残障人士进行辅助交流沟通、催眠他人以及应用机能运动提供和接受治疗等。

激发效应的作用十分强大，有时甚至能够创造出虚假的记忆。在催眠疗法中使用激发效应存在很多问题，有很多催眠师似乎并未意识到自己在对病人使用激发效应。马丁·奥恩（Martin Orn）在 2009 年发表的论文"关于催眠研究中准对照组的模拟实验对象"中指出这种做法十分危险："催眠师或其他人很有可能在催眠前或催眠的过程中下意识地透露或暗示他们的预期，有可能是之前的某个实验对象、某个故事、某部电影、某部舞台剧等。而且不论是对催眠师、实验对象，还是对经过特别训练的观察人员来说，这些暗示都非常隐晦含糊。"

此外，正如奥地利精神分析学家西格蒙德·弗洛伊德

（Sigmund Freud）早就指出的那样，象征与隐喻在人的下意识影响中也能找到激发效应的影子。美国总统拍肖像照片的时候总是会坐在办公桌前，身后是摆满书的书柜加一面美国国旗，办公桌上摆放着全家福照片。这样安排是有道理的。近期一项研究表明，如果在教会周围地区或教堂内投票或填写问卷调查，则选民或调查对象会更倾向于政治观点较为保守的候选人。卡尼曼指出："相比政府大楼或非基督教建筑附近地区，上述地区的选民对非基督徒候选人的态度会更负面。"此外，

> 一项关于 2000 年亚利桑那州选区投票模式的研究表明，如果选举票站位于学校校园，则会有更多人投票支持增加学校预算的议案。另一项实验表明，给人看教室和学校储物柜的图片也能大大提高人们对学校相关议案的支持度。这些图片所产生的效果甚至超过家长和其他选民之间的差距！

如果把钱包放在大街上，然后在钱包周围画个红圈，一般很少会有人去捡起它。如果在交通信号灯上安装摄像头，闯红灯的车辆会大幅减少。这些都属于比较容易理解的例子，还有些例子则没有那么明显。比如设置一个"诚实箱"，人们随意往里面投钱，凑钱买咖啡、茶等饮料。如果在钱箱上方张贴一张海报，上面有一对盯着你看的眼睛，那么在相同时间内收集

到的钱会比没有贴海报的时候多得多。

从事民意调查的人都知道（也应该知道），如果随机抽取成年人样本作为问卷调查对象，问他们"是否支持弱势群体发起的反歧视行动"和问他们"是否支持向弱势群体提供优惠待遇"，二者得到的调查结果会有很大的不同。用否定句提问和用肯定句提问得到的回答也会有差别。原因很明显，反对某个观点并不等同于一定会支持与之相对的观点。

从事民意调查的人都知道（也应该知道），列在前面的问题会对人们如何回答下面的问题产生影响。所以民意调查专家应该要求调查员对同一样本内的所有人问同样的问题，但对不同组别应该使用不同的提问顺序。

此外，从事民意调查的人都知道（也应该知道），提问时使用的不同的措辞对民意调查的结果也会产生影响。1999 年，胡安妮塔·布罗德里克（Juanita Broaddrick）公开指控威廉·杰斐逊·克林顿（William Jefferson Clinton）21 年前曾对她有猥亵行为。美国有线电视新闻网 / 盖洛普 / 今日美国和福克斯新闻 / 舆论动力均设计问卷调查询问美国人民是否相信她的指控，结果前者的调查结果是 34% 的人相信，54% 的人不相信；后者的调查结果是 54% 的人相信，23% 的人不相信。《华尔街日报》发表社论认为两项调查之所以结果不同，是因为美国有线电视新闻网在问卷调查中使用了"强奸"一词，而福克斯新闻在问卷调查中使用的词汇是"性侵"。《华尔街日报》的评估有一定的道理，但造成这种差别的还有一个更重要原因，那就是两个调查的时间不一样，而布罗德里克开始使用"强奸"一词时美国有线电视新闻网的调查已经结束，福克斯新闻的调查尚未开始。当时她在一个热门电视节目中提到"强奸"一词，这对福克斯新闻的民意调查肯定产生了某种程度的影响。

约翰·巴奇（John A Bargh）等人曾于 1996 年发表了有关激发效应的一项经典研究成果，标题为："社会行为的自动性：特点构建与刻板印象激活对行动的直接影响"。他们发现，通过激发对年长者固有的刻板印象，实验组成员离开时的行走速度远远低于未收到任何暗示的对照组成员，自觉在行为上反映出上述刻板印象的内容。2012 年 1 月 18 日，斯蒂芬·铎彦（Stéphane Doyen）等人在网上发表了他们的研究成果，其中有一部分实验内容复制了巴奇之前的研究。他们发现当激发效应对实验对象的行为起作用的时候，有些激发因素来自实验者的暗示：

> 我们设计了两个旨在复制原始研究的实验。第一个实验使用大样本和自动计时法，结果并未出现激发效应。第二个实验的目的是操纵实验者的观点：让一半实验者相信实验对象在激发效应的作用下会步履缓慢，让另一半实验者相信激发效应对实验对象没有作用。令人吃惊的是，只有当实验者相信实验对象会放慢脚步的时候，

才会出现"步速效应"。这意味着激发效应和实验者的
预期对"步速效应"有同样重要的作用。

　　根据卡尼曼的解释，巴奇等人要求纽约大学的学生从五个
单词组中任选四个造句。其中一组大学生看到的词汇均与年老
有关，包括佛罗里达、健忘、秃顶、白发、皱纹等，而另一组
学生看到的则是无年龄差别的词汇。学生完成造句任务以后，
实验者会要求他们去其他房间参加另外一项实验，但真正的目
的是要看一下学生走到另一间房所用的时间。巴奇等人预计与
年老有关的词汇会激发学生放慢脚步，其所需时间会大于另外
一组学生。实验结果证明，他们的预测是对的。

　　铎彦及其研究团队对学生任务的描述则完全不同：

　　　　巴奇等人所做的实验要求实验对象在一组单词中挑
　　选出与众不同的那个单词，然后用剩下的单词造句。实
　　验对象不知道的是，每组单词中与众不同的那个全都是
　　和"年老"这个概念有关。

　　我查看过巴奇的研究资料，没有弄清楚其具体实验流程。
他们对实验的过程描述如下：

　　　　该项任务以五个单词为一组，共计 30 组单词，要

求实验对象从每组单词中挑选四个组织成语法正确的句子。此外，实验者还要求实验对象自行安排任务时间，并在说完要求之后立即离开房间，让实验对象自行完成任务。

此外，巴奇的研究报告中还列举了一些与年长相关的词汇，并解释了选择这些词的理由：

能够激发老年刻板印象的关键词包括忧虑、佛罗里达、老、孤独、白发、自私、谨慎、多愁善感、睿智、固执、客气、宾果游戏、内敛、健忘、退休、皱纹、死板、刻薄、顺从、保守、编织、依赖、古老、无助、轻信、小心谨慎、独处。这些激发词来自之前学者关于老年刻板印象的研究成果……与年龄无关的关键词则与老年刻板印象无关，如口渴、干净、隐私。

总之，这项研究的重点不是关注是否存在激发效应，而是关注引发这种效应的原因是什么、不同的影响因素效果有什么不同以及是否有办法知道自己何时处于激发因素的影响之下。我们原本以为自己的选择、决定、判断以及动作全都是有意识的行为，结果所有这些全都会受下意识因素的影响。了解到这一点后，很多人都感到十分不安。卡尼曼这样写道：

　　研究激发效应的主要起因是人们当前所处环境对其思想和行为的影响远远超过我们所知所想。很多人都认为激发效应的影响力令人难以置信，因为这与人们的主观经验不相符。还有一些人认为这很令人不安，因为该研究结果直接威胁到人类对自主性的主观认识。如果在一部跟你没什么关系的电脑上就能用屏幕保护对你是否愿意帮助陌生人产生影响，而且你自己对此还一无所知，那么你到底能有多自由呢？锚定效应也以类似的方式对我们构成威胁；不同之处仅在于你能够意识到锚定之物的存在，有时甚至可能会格外留意。不过你并不知道它到底如何引导并制约你的思维方式，因为你无从得知换了另外一种锚定之物或者根本没有任何锚定之物的时候自己会怎么想怎么做。

　　完全无法掌控的因素有可能会决定我们所有的思想和行为，这就已经够让我们不安的了；更糟糕的是，我们还有可能对这些影响因素毫不知情、一无所知。据说弗洛伊德曾经说过，有的时候雪茄就是雪茄。或许他说的没错，但雪茄有时也可能具有象征意义，可能代表别的什么东西，而抽烟者对雪茄烟的把玩、舔舐、吸吮有可能代表着潜意识里的欲望或者预示着将来的行动。至于用脚后跟踩灭扔在地上的烟头、用雪茄刀修剪雪茄末端以及点燃这种用整张烟叶卷成的雪茄,这些动作又象征着什么呢?我实在是不愿意去细想。

此外,我十分遗憾地告诉读者们,为腹中尚未出生的宝贝播放莫扎特的音乐不会让孩子变得更加聪明,因为所谓的莫扎特胎教效应只不过是一场彻头彻尾的骗局。

本条目结束之前我想向读者介绍一下凯瑟琳·沃斯(Kathleen D. Vohs)等人就激发效应所做的一项有趣研究。他们主要研究金钱的激发效应,以下为论文摘要:

> 据说金钱可以改变人的动机(大体上会变好)以及对他人的行为方式(大体上会变坏)。九个实验的最后结果表明,金钱会使人们更加自足,更想摆脱对别人依赖,同时也摆脱对自己的依赖者。相比非金钱提示物,金钱提示物能够减少人们对帮助的需求和要求,同时也使其对他人的帮助有所降低。相比受中性概念激发的实验对象,受金钱激发的实验对象更愿意独自玩耍、独自工作,与刚结交的熟人之间也会保持更远的身体距离。

请问你对此有什么看法?

51. 近因偏误（*recency bias*）

虽然我们对不确定性深恶痛绝，但必须面对这样一个事实：未来大多是不可预测的。

近因偏误指我们总是倾向于认为近期观察到的趋势和规律在未来仍将持续。根据近期所发生的事情预测短期内未来的走向，即便是在像天气或股市这种变化很快的领域，大部分时候都还是可行的。但如果是根据近期所发生的事情对长期趋势进行预测，则其准确率比抛硬币做决定的结果好不了多少，在气象学、经济学、金融投资、科技评估、人口学、未来学以及机构组织规划等很多领域都是不可行的。

对于苏联解体、柏林墙倒塌、爱尔兰新芬党前领导人与英国女王见面、近期世界经济崩溃、"阿拉伯之春"、2012 年美国驻多个伊斯兰国家使馆被袭等具有重大历史意义的事件来说，虽然各国情报部门都在正常运作，事前一定会有各种相关情报和迹象，但专家并未成功预测到以上任何一个重大事件，你不觉得奇怪吗？你可能会说，等一下，不对吧。那谁和谁不是曾经预言过这事或那事会发生吗？问题是，那谁和谁到底是侥幸猜对的呢，还是在知识和技能的基础上做出的预测呢？如果是后者的话，那就不应该是做了一千个预测却只有一个是对的，至少其预测成功率应该高于靠抛硬币预测成功的概率才行。就算你能找到某位专家，他的每次预测都被事实证明是正确无误的，我们还是会遇到一个问题：怎样才能确定这位神枪手成功的秘诀不是靠运气呢？如果有成千上万的人都对同一件事进行预测，仅凭偶发概率就能保证有些人的预测一定是对的。但随着需要预测的事件数量增多，成功预测的概率就会降低。就算真的有人能够做到超过偶发概率，其一连串的猜想后来都被证明是对的，这种百万分之一的发生概率也是由运气所决定的。这就像抛硬币，如果你一直都在抛硬币，抛的次数足够多，那么偶尔也会连续七次出现人头那一面。这样的结果虽然出乎人的意料，却并未超出随机率的范围。预测明年将会出现多少次龙卷风或者今年应该买入或卖出哪些股票也是同样的道理。

相比遥远的过去所发生的事情或未来即将发生的未知事件，近期发生的事更容易被人记住，近期事态的发展趋势也更加容易辨认。人们不愿意花时间和精力去钻研过去，也不愿意承认就算尽最大努力也无法在未来天气、科技进步、人口发展趋势等领域做出准确的预测，充其量只能达到随机偶发概率的水平，这种预测有时也叫"幼稚的估计"（用今天的天气去预测明天的天气，或者用季节性平均值去预测本季节的天气情况，这些都是幼稚估计的典型案例）。

我这一辈子亲眼目睹了人类历史上很多令人叹为观止的科技进步，其中包括互联网、个人电脑、智能手机、数字音乐等；但是在它们出现之前没有一个专家曾经做出过准确的预测。此外，我和数以百万计的人直到今天还在期待喷气式飞行背包面世呢。

虽然我很清楚自己有认识偏误，但还是忍不住想在这里对未来做一番预测。我预测，当今（2012 年 12 月）最受欢迎的预言家纳特·西尔弗（Nate Silver）最终将会做出一连串失败的预测。西尔弗在其个人博客 Five Thirty Eight.com 上做了很多预测，之后在其大作《信号与噪声：为什么大多数预测会失败而有些却不会》中对自己大唱赞歌。他最近预测成功 2012 年美国五十个州的总统选举结果，并因此声名鹊起。西尔弗甚至声称在金融泡沫破灭之前做出准确预测也不是什么难事。他运用贝叶斯假设概率计算法展示如何预测 2000 年初的金融崩溃，但《随机漫步华尔街》一书作者波顿·马尔基尔（Burton Malkiel）却不认同他的观点，认为西尔弗忽略了追溯分析中存在的所有假阳性因素。那么，什么叫假阳性因素呢？马尔基尔以标准的贝叶斯方法为例做了如下解释：

四十岁的女性中有 1% 的人患乳腺癌：贝叶斯假设概率计算法告诉我们应该如何综合考虑新发现的信息，比如乳腺癌筛查结果测试。数据表明，80% 的乳腺癌患

者 X 光片显示为阳性，但 9.6% 未患乳腺癌的女性乳腺
X 光片显示同样为阳性（即所谓的"假阳性"）。那么，
如果某人乳腺 X 光片显示为阳性，她患乳腺癌的概率
是多少呢？包括不少医生在内的不少人都过高估计了乳
腺 X 光片检查结果的准确性，而正确答案是不到 8%。
这一结果看似非常不合常理，但你要知道年届四十岁却
未患乳腺癌的人基数非常大，这就意味着有很多人会被
诊断为假阳性。忽略噪音数据中必然存在的假阳性数据
就一定会导致无法准确做出正确的概率预测。

此外，我还预测西尔弗无法准确预测下一次股市崩盘的时
间。不过他是个聪明人，所以我认为他应该不会再做这种以身
犯险的事情了。

2013 年秋，一个名叫兰尼·贾扎耶利（Rany Jazayerli）
的人预测圣路易红雀队将会在棒球国家联盟冠军赛中取得最终
的胜利。他的预测有一部分基于近因偏误，一部分基于纳特·西
尔弗预测棒球赛赢家所使用的方法。贾扎耶利认为：

1、红雀队目前的投球表现是全年最好水平（说的
没错，但是波士顿红袜队在本大联盟赛季中的投球表现
更好）。

2、外野手艾伦·克雷格（Allen Craig）回来得正

是时候（说的没错，但他又再次受伤；而且他即使在最佳状态的时候也未必能比得上红袜队戴维·奥尔蒂斯的表现）。

3、红雀队的定代打可以媲美任何一个国家联盟球队（那又怎样？）。

4、红雀队没有出现三振出局现象；近年来，没有三振出局的球队一般不会在季后赛中败北（波士顿红袜队在 16 场季后赛中总计出现 165 次三振出局却创了新纪录；波士顿红袜队在对红雀队的 6 场比赛中出现过 59 次三振出局）。

5、红雀队有卡洛斯·贝尔川（Carlos Beltran），红袜队没有（说的没错，但是红袜队有戴维·奥尔蒂斯）。

强调了没有三振出局记录的重要性之后，贾扎耶利继续写道：

寻找季后赛赢球的神奇公式一直都是棒球资料统计分析工作点石成金的梦想：很多人都在尝试，但没有人完全成功过。

纳特·西尔弗已经很接近成功了。他曾在 2006 年发表文章分析季后赛成绩，发现有三个因素对预报球队的季后赛表现影响很大：投手三振率、救援投手的素质以及防守队员的素质。虽然西尔弗的"秘酱"（sectet sauce）公式在预测季后赛历史成绩时十分有效，但自发布以后其预测成功率比抛硬币决定好不到哪里去。

其实我认为贾扎耶利自己的预测也比抛硬币决定好不到哪里去，不过这一点我们早在本次联赛开始之前就知道了。

52. 回归性谬误（ *regressive fallacy* ）

有些问题因为涉及不少波动因素所以很难解决。如果未能将这些波动因素全都考虑在内，我们就很容易得出虚幻的因果联系。

回归性谬误是一种因果推理错误，指判定事件原因的时候未将自然的、不可避免的波动因素考虑在内。比如高尔夫比赛中的得分情况和慢性背痛等都会在过程中出现不可避免的波动和变化，球手经历了一段时间的低分期或某人有段时间几乎感觉不到背痛之后，接着就会出现一段时间的高分期或背部持续剧烈疼痛期。忽略这种自然的波动状况就很容易导致易得性偏误，从而使人仅根据事件的先后发生顺序（事后归因谬误）就自以为是地相信某种因果解释。

有些患慢性背疼或关节炎的职业高尔夫球手在不打球或感觉不舒服的时候会在手腕上戴铜手镯或在鞋子里垫磁性鞋垫。如果他们之后在比赛的时候疼痛得以缓解或完全消失，比赛分数也有所提高，于是会得出结论认为铜手镯或磁性鞋垫是让他们感觉好或比赛打得好的原因。他们没有考虑到不可避免的自然波动也有可能是成绩提高及疼痛缓解的原因，没有想到去查看一下自己过去的成绩记录，综合了解一下历史成绩的自然波动曲线。每年都有数以百万计的美国人花费几十亿美元购买并服用号称能够缓解关节疼痛和关节炎的营养素和补充剂，而这种消费大部分都是浪费。

英国 19 世纪科学家、探险家弗朗西斯·高尔顿爵士（Sir Francis Galton）在关于高个子和矮个子父母所生子女平均身高的一项研究中将这种避免极端、归于平均的倾向命名为"回归"。该项研究成果发表于 1885 年，论文标题为"遗传性身材中的回归平庸倾向"。他发现高个子父母所生子女一般较高，而矮个子父母所生的子女一般较矮，但是子女一般都不会跟父母一样高或一样矮。仔细想一想，高尔顿的发现似乎也非常符合常识：子女的身高永远都比高个子父母矮，但比矮个子父母高。

很多人都是因为回归性谬误才会误信一些可疑的治疗方法具有实际疗效。实际上，由关节炎、滑囊炎、慢性背疼、痛风等引起的疾病或疼痛在强度上和持续时间长短上均有典型的波动性。病情加剧或痛感剧烈的时候，人们总是会倾向于使用针灸、脊椎按摩、顺势疗法药剂、畅销补充剂或者磁性腰带等缓解病情和疼痛。大多数情况下，病痛在发展到高峰后便会开始减轻，而我们此时却出于自我欺骗更愿意相信病痛减轻的原因是之前所采取的那些措施"管用"。正因为人类对这类事情的因果关

系判断存在自我欺骗因素，科学家才会在判定因果联系的时候
进行对照实验。而这种实验能够有效减少伴随个人经验必然会
导致的自我欺骗和确认偏误所产生的影响。

53. 代表性偏误（*representativeness bias*）

不要假设万事万物都符合刻板印象，不要想当然地认为一切都能根据记忆或过去的经验进行迅速归类。

我们所做的判断中有很多都会涉及将个别的人或事进行分类或归类。代表性偏误指基于某人或某事的几个特点就将其归入某个成见定规或刻板模式中。例如，某位男士性格沉静、为人害羞、矜持低调、温和谦让，如果一定要你猜这人是销售人员还是脑外科医生，大多数人都会选择后者，因为人们关于销售人员的刻板印象是性格较为外向、非常善于交际。但是，实际上人群中销售员的数量远远高于脑外科医生，因此就概率而言该男士是销售员的几率更大一些。这个例子是经济心理学家丹尼尔·卡尼曼（Daniel Kahneman）与行为学家阿莫斯·特沃斯基（Amos Tversky）提出的一个典型代表性实例。在现实生活中，基于对某人某些性格特点的了解就断言其职业属于草率行为。如果要进行慎重的判断，至少应该评估其性格特点的准确性，确定信息源是否可靠，并对销售员和脑外科医生在人口中的基本比例有所了解。虽然大部分人都不知道销售人员和脑外科医生在总人口中所占的精确比例，但是大多数人应该都知道一般人口中销售员的比例要比脑外科医生高得多。

某位女士性格沉静、矜持低调、温和谦让，如果一定要让你猜这人是售货员还是脑外科医生，我想有很多人都会猜她是售货员，因为在公众的刻板印象中，脑外科医生一般都是男的，而售货员一般都是女的。关于这个问题大部分人都能猜对结果，但理由是错误的。

上世纪 60 年代我在加州大学圣地亚哥分校研究生院求学期间，哲学系聘请了其历史上第一位黑人教授，当时著名的活动家安吉拉·戴维斯（Angela Davis）即将完成与马克思主义学者赫伯特·马尔库塞（Herbert Marcuse）的合作研究项目，美国的报纸杂志上充斥着民权和反战抗议报道，来自世界各地的学生蜂拥而至，追随马尔库塞和斯坦利·摩尔（Stanley Moore）学习政治哲学。我还记得当时身边有很多研究生都认为新来的黑人教授会教政治学课程，会和鲍比·希尔（Bobby Seale）或艾德里奇·克利夫（Eldridge Cleaver）一样激进。但他完全不符合大家的预测和想象。我现在记不清他的名字，只记得他来自中西部某所大学，专业研究领域是分析哲学。当时得知实情后我们全都大为震惊和沮丧，因为这位黑人教授一点都不符合我们脑子里的刻板印象。

认识到你所面对的案例有可能并非典型案例，这是避免代表性偏误的关键所在，所以一定更要强迫自己去考虑其他的可能性。杰罗姆·格鲁普曼（Jerome Groopman）曾经提到过一个案例，有个医生未能准确诊断一位病人的心脏问题，主要是因为这位病人丝毫不符合高风险人群模式。虽然病人主诉的症状均符合心绞痛的所有病症，但他看起来十分健康，和常见的心脏病人毫无相似之处：他四十多岁、身体健壮、身材保持良好、热爱运动、从事户外工作、不抽烟、没有心脏病家族史，也没有中风及糖尿病家族史。医生据此认定胸腔疼痛源自过度劳累。结果病人第二天就心脏病发作。

黛西·格雷瓦尔（Daisy Grewal）于 2012 年在《科学美国》上发表文章"我们不信无神论者"，敦促读者在阅读以下这类文字的时候应该牢记代表性偏误的影响：

> 无神论者是美国最不受人欢迎的群体之一，只有 45% 的美国人表示会将选票投给合格的无神论总统候选人。此外，人们还表示最不希望自己的女婿或儿媳妇是无神论者。

就"无神论者"（或"基督徒"、"犹太人"、"穆斯林"）进行民意调查的时候，因这些词汇而出现在人们头脑中的概念会根据不同的刻板印象而有所不同。很多之前说过自己不会投票给无神论者的选民最后有可能会选出一名无神论者。为什么？因为总统候选人虽然是无神论者，同时也是一个实实在在的人，而不是一种抽象的刻板印象。当然，很多人无法克服对无神论者、同性恋者、基督徒、犹太人、穆斯林、摩门教徒、通奸者的偏误，不论多少经验数据或个人体验均无法改变他们的既有观点。但是，在回答民意调查问题的时候，并非每一个抱有刻板印象的人全都保守偏执。当他们知道某个具体的人身上除了有无神论者、同性恋、基督徒、摩门教徒、通奸者、黑人等标签之外还有很多其他特点，很多人都会改变原有的态度。

英属哥伦比亚大学的威尔·热尔维（Will Gervais）通过研究发现：45% 的美国人表示不会将选票投给无神论总统候选人，并认为无神论者所获得的公众信任比不上有神论者。我想在此提醒读者注意，这一观点仅适用于刻板印象，并不适用于现实中的个体。如果要在一个腐败的基督徒总统候选人和一个正直的无神论候选人之间进行选择，我认为虽然大部分选民更加信任有神论者，但仍会将选票投给正直的无神论候选人。此外，民意调查结果也不可尽信。因为虽然有不少宗教信仰者均声称相比通奸者他们更信任非裔美国人，但他们最后还是有可能更愿意把手中的选票投给通奸者。

54. 选择偏误（selection bias）

如果样本出现偏误，那么你根据该样本得出的一切推论都会带有偏误。

选择偏误指选择了可能对某个议题有利的样本。如果调查雪佛兰和福特哪种车更好的时候你只询问雪佛兰车主的意见，那么很有可能会得到对雪佛兰一边倒的赞扬。同样道理，如果你只询问那些接受背部手术后完全康复者的意见，他们肯定会对通过手术解决背部疼痛问题投赞成票。相反，如果你的询问对象是手术后原有的背疼问题仍然持续的人，那么很有可能会听到反对手术的声音。

不论是心理玄学、塔罗牌、看手相、信仰治疗、针灸、顺势疗法、能量治疗，还是像槲寄生治癌症这种无稽治疗方法，我们都能看到很多"深感满意的客户"报告，选择偏误可以解释其中的一部分原因：因为没有人会去征求不满客户的意见；就算是那些心存不满的客户，他们要不就是羞于说出负面意见，要不就是已经不在人世了。

这里还有一个关于选择偏误的典型案例。埃萨德·恩斯特

（Edzard Ernst）曾接受过好几种非传统医疗项目的培训，研究过槲寄生注射液对癌症病人的治疗效果，有人声称这种槲寄生注射液能够减轻癌症病人的痛苦：

> 每次为病人注射槲寄生液似乎都能得到令人鼓舞的结果，这就很容易给一些年轻的医生留下较为深刻印象，我当然也不例外，但同时也对一个简单的现象非常想不通。我工作的那家医院因为上述治疗项目所以在整个德国都很有名，病人们全都涌到我们这里来就是想要得到这种治疗。他们来之前已经十分绝望，所以对这种治疗方法抱有极高的期望；而期望的力量通常能够移山填海，如果再加上主观经验和病痛折磨就更是如此。我们称其为"选择偏误"。虽然表面上看起来是治疗产生了正面的治疗效果，但实际上这种治疗本身并没有起任何作用。

不论是寻求替代疗法的病人还是求卜问卦之人，他们全都迫切地想要得到帮助，迫切地希望治疗师或占卜者能够成功。这样的人一般都会非常慷慨地向对方主动提供信息和帮助，会急不可待地想要证实对方的言语、意象或者建议，有些人甚至明知对方说的不对有时也会全盘接受。加利·施瓦茨（Gary Schwartz）在 2003 年出版的《来世实验：关于死后世界的突破性科学证据》中提到过这样一位实验对象：灵媒告诉她其丈夫已经过身，虽然当时她的丈夫还活着，但她还是接受了灵媒的说法。施瓦茨后来在《美国心灵研究学会期刊》上发表过多篇论文，再次出现选择偏误这一问题，为了证明死后意识犹存这一观点而省略未提很多实验数据，其中包括他自己在《来世实验》中提过的很多实验对象，在后来的这些论文中全都只字未提。英国生物化学及细胞生物学家鲁伯特·谢德拉克（Rupert Sheldrake）在一项研究中声称掌握了统计学证据能够证明鹦鹉具有通灵能力，但实际上他有意剔除了40%的数据，这也是选择偏误的一个典型案例。

研究不足采信的替代疗法以及各种占卜技术的时候，如果想要避免选择偏误，最好的办法就是设计随机采样的双盲对照实验，而科学家减少选择偏误的最好方法就是将研究案例公之于众，同时对犯了选择偏误的研究项目进行公开的谴责和惩罚。

关于甘兹菲尔德超感官知觉全域实验的元分析数据中到底应该涵盖哪些研究成果、应该剔除哪些研究成果，怀疑论者和心理玄学家一直在相互指责对方犯了选择偏误。怀疑论者雷伊·海曼（Ray Hyman）首次对42个甘兹菲尔德实验进行元分析，结果并未从中发现能够证明存在超感官能力的证据。但心理玄学家查尔斯·霍诺顿（Charles Honorton）却声称从中找到了"异常信息传递"的证据。1994年，达利尔·贝姆（Daryl Bem）和霍诺顿发表了对28个甘兹菲尔德实验研究的元分析结果，再次重申找到了异常信息传递的证据。1999年，朱莉·米尔顿（Julie Milton）和理查德·怀斯曼（Richard Wiseman）发表了他们对甘兹菲尔德实验研究的元分析成果，得出的结论是："甘兹菲尔德技术目前并未提供在实验室产生超感官能力的可复制方法"。实际上，对立双方最大的分歧就在于进行元分析的时候应该用什么标准选择适用的研究项目。

民意测验和民意调查中的选择偏误

研究人员根据特定条件选择调查对象就可以左右民意测验和调查的最终结果，其中最常见的选择偏误一种是从不具代表性的人口中选择调查对象作为研究样本，另一种是所选样本规模太小，代表性不足。卡尼曼认为：

> 对概率的误解并不仅限于幼稚的调查对象。有人对拥有丰富调查经验的心理学家进行过专门的研究，结果显示他们均持有一种统计直觉，对"小数法则"拥有挥之不去的信念，相信即使抽取小规模样本也对所调查的人口具有高度代表性。这些调查员的反应表明，他们认为样本规模不论大小，只要能产生具有统计学意义的结果，就能代表所调查的人口。这样做的结果是，研究人员太过信赖小规模样本所产生的结果，同时严重高估了这些结果的可复制性。在实际研究中，这种偏误会导致选择样本规模不足以及对研究成果产生过分解读。

　　根据阿尔弗雷德·金赛（Alfred C. Kinsey）上世纪五十年代关于性行为的著名研究，很多学者均引用其研究结果证明同性恋者占总人口的 10%。该数据后来在大众媒体和科学刊物上也被广泛引用。实际上，这一数字的基础正属于样本选择偏误。金赛当时为其研究项目收集数据的时候，问卷调查对象主要是监狱囚犯以及参加性学讲座的观众，他们远远不能代表全体美国人。此外，他在研究男性性行为的时候，所有访谈对象均为白人，而白人人口在社会经济底层所占比例极低，因此也不具有代表性。

　　自金赛的研究成果发表以后，学者们在该领域进行过无数研究，结果发现自定义为纯同性恋的成年人比例远远低于 10% 这一数字，有些研究人员认为该比例数字仅为 1-2%。不过这里需要注意的是，不论研究人员采取哪种调查方法，通常都会存在因同性恋属污名化行为而导致漏报或者少报这一问题。

　　1994 年，以爱德华·劳曼（Edward Laumann）为首的社会学家团队对美国的性行为展开了一项大规模研究。他们的访谈对象年龄从 18 岁到 59 岁不等，访谈样本规模能够代表美国的总人口，结果发现 4.1% 的美国男性和 2.2% 的美国女性均在过去五年时间内与同性发生过性关系。如果将调查时间段延长至终生，则男女同性恋比例会分别升至 7.1% 和 3.8%。

　　保罗·卡梅隆（Paul Cameron）和柯克·卡梅隆（Kirk

Cameron）1994 年在芝加哥大学组织过一次调查研究，结果显示成年男女同性恋比例分别为 2.8% 和 1.4%，剔除 59 岁以上的调查对象后得出的修正数字为 2.3% 和 1.2%。英国 2000 年的一项研究表明，过去五年有同性伴侣的男女同性恋比例均为 2.6%，有 8.4% 的男受访者和 9.7% 的女受访者在过去五年内与同性友人发生过至少一次性关系。

你可能会疑惑是否真能得到接近无偏误的数据来决定人口总数中同性恋人群所占的比例。鉴于宗教长期以来一直禁止同性恋，加上对同性恋行为普遍存在的强烈反感以及由此引发的折磨与迫害，该领域的研究人员很有可能会遇到不少不愿意吐露实情的实验对象。此外，对"男同性恋"、"女同性恋"、"同性恋"等概念定义不同也会导致调查结果不同。其他影响因素包括大相径庭的收集数据样本方法、参与研究的人不愿意透露过多关于其性生活的信息等。

很多研究人员将同性恋占总人口的 10% 这一统计数据归功于金赛的研究成果，这一事实颇具讽刺意味。正像迈克尔·谢尔摩（Michael Shermer）在 2005 年出版的《善良与邪恶的科学：人们为什么要欺骗、八卦、关心、分享以及遵循金科玉律》中所指出的那样，金赛曾经明确表示不认为异性恋男人和同性恋男人是两个毫不相关的人群，认为自然界很少有毫无关联的分类，这是生物分类学的基本原则之一。只有人类的大脑才会发明出类别这一概念，并想要将事实进行强行分类；自然界却是一直都在不断变化的。因此，将人群准确分类为"同性恋"、"异性恋"甚至"男性"、"女性"，这种概念本身就不符合进化论的观点。所有产生这种错误二分法的研究都具有误导性。

有很多有政治倾向的网站和组织会在读者或会员中组织问卷调查，然后公布调查结果，让人误以为这是调查了普通人群以后得出的结论。芝加哥大学全国民意研究中心前主任诺曼·布拉德伯恩（Norman Bradburn）用 SLOP（Selp-selected Listener Opinion Polls）这一"自选听众意见调查"首字母缩写指此类使用选择偏误获取样本人群所做的民意调查，明确指出电台脱口秀节目所吸引的听众根本不能代表美国的全部人口。《萨克拉门托蜜蜂报》1992 年 2 月 12 日刊登了理查德·莫林（Richard Morin）的一篇文章，标题为"电话民意调查：拉低新闻素质的伪科学"，指出"不论 SLOP 调查出现在哪里、在何时出现，它们都会给严肃的政策和政治辩论带来很多误导和混乱"。莫林还指出：

> 这一类民意调查的不准确性是显而易见的。那些打电话说出个人意见的都是自选调查对象，而不是随机选择的调查对象。此外，喜欢在电话里说出自己观点的人一般都不会只打一次电话。例如，《今日美国》曾经做过一次电话民意调查，问搜查对象是否认为"唐纳德·特朗普（Donald Trump）象征着美国之所以成为伟大国

家的一切"，结果 6000 多回应者中有 81% 的人给出了肯定的回答。实际上，认可上述观点的电话中有 72% 出自某家保险公司办公室的两部电话机。

哥伦比亚广播公司也在"美国在线"节目中尝试过电话民意调查这一噱头，曾经在乔治·赫伯特·沃克·布什总统国情咨文演说结束后马上组织了两次调查，其中一次收到 314,786 个自选调查对象的来电，另一次是事先用较为科学的方法选定的调查对象打来的 1,241 个电话。后一次调查是为了对前一次调查结果进行对照检验。哥伦比亚广播公司王牌主播丹·拉瑟（Dan Rather）在节目中评论认为两次调查的结果十分接近。《华盛顿邮报》也于第二天表达了同样的观点："总的来说，两次民意调查的结果非常接近"。

但实情并非如此。这两次电话民意调查均设有九个相同的问题，其中有两个问题的调查结果相差超过 20%，还有五个问题的两次调查结果相差 10% 以上。

55. 自我欺骗（*self-deception*）

在自认十分重要的事情上，你可能会觉得自己的表现优于平均水平。问题是，几乎每个人都是这么想的。这或许可以提升自尊，但对培养明辨思维的能力却毫无用处。

一项接一项的研究表明，大多数人认为自己优于平均水平，与大部分人相比更少偏误，更能与别人和平相处，更不易受不良因素的影响，能力也更强。

心理学家托马斯·吉洛维奇（Thomas Gilovich）在 1993 出版的《我们如何知道事实并非如此：论日常生活中人类理性的不可靠性》中指出，94% 的大学教授认为自己比同事更能胜任工作；70% 的大学生认为自己在领导力方面优于平均水平，只有 2% 的大学生认为自己的领导力水平低于平均线；至于和他人友好相处的能力，25% 的大学生相信自己排名前百分之一。

艾希礼·瓦泽那（Ashley Wazana）在发表于 2000 年的文章"医生与医药行业：礼物真的只是礼物吗？"中表示，85% 的医学院学生认为政治家不应接受议会游说者的礼物，而认为医生同样不应接受医药公司礼物的却只有 46%。一项针对住院医师的研究结果表明，84% 的住院医师认为医药公司的礼物对其同事有影响，但只有 16% 的受访者认为接受礼物对自己也有同样的影响。

大部分人都认为，在他们认为很重要的事情上，如果有人和他们意见一致，那么这个人就具有品格高尚、勤于思考、观察细致入微等优良品格；如果有人和他们的意见相左，那么这个人就是带有偏误、思想懒惰、做一切事情都出于自私的动机、罔顾真相。

自我欺骗是人类的天性，几乎无处不在，无时不在。自我欺骗让我们对自己的特点和能力有不切实际的认识，这虽然有时能够极大地提高我们的幸福感，但对明辨思维却有百害而无一利。如果有人自认肯定不会犯任何认知偏误，同时认为对手一定带有某种偏误且动机不良，那么这种人不管犯什么错误一般都不大可能会改正。同样道理，如果有人认为接受贿赂对同事肯定会产生影响，但是对自己却不会产生任何影响，那么虽然实际上其行为已经超出了道德底线，这些人却很有可能会自欺欺人地相信自己并未有任何行差踏错。如果有人认为奉承和溜须拍马这一套在他们这里完全行不通，那么这些人很有可能会在被别人捧上天的时候一时头脑发热，做下令其悔恨不已的事情。

人类经过不断的进化，大脑已经演变成一个非常厉害的骗子。我们所面对的诸多欺骗中最为常见的就是相信自己能够在随机事件或偶发事件中发现某种规律和特定意义。我们喜欢将自己的观点注入流动的叙事中，使自己的世界观更趋完整和统一；当然，具体是什么样的世界观相比之下反倒不那么重要。科学界之所以发明出双盲、随机、对照组研究这种方式，就是为了应对人类这种自证偏误、同时证伪对立观点的本能和天性，为了将自我欺骗因素降至最低水平。如果有人一味重视个人经验证据同时轻视或者无视科学研究证据，那么他们的自我欺骗程度通常会比其他人更高。

那么，这是否意味着科学家就一定不会犯自我欺骗这种错误呢？当然不是。科学家也很有可能会因为确信自己的观点不偏不倚、客观公正而下意识地让旨在证实其观点的实验带上某种偏误。实验者自身的期望和偏误都有可能会对人类实验对象产生下意识的影响，并因此使其实验数据出现偏离，更偏向支持符合上述期望的假设。关于科学家的自我欺骗有几个非常著名的案例，法国物理学家热内·布朗洛（René Blondlot）就是其中之一。他认为自己发现了一种新的辐射形式，并根据自己的家乡和大学名称将其命名为 N 射线。但事实证明 N 射线纯属子虚乌有，就像马丁·加德纳（Martin Gardner）在 1957 出版的《以科学为名的狂热与谬误》中所说的那样，它只不过是一种"自我诱导产生的幻视"。近期科学界自我欺骗的例子包括庞斯和弗莱彻曼声称冷融合能够产生能量、以及雅克·本维尼斯特（Jacques Benveniste）声称有证据证明顺势疗法的药剂具有选择性记忆。

科学家可以通过无数方式自欺欺人地相信自己在设计、评估实验的时候能够做到客观公正，其中最为常见的就是使用统计数字的方式。不少科学家在研究心理玄学、灵魂、超能力、意志力、能量药物、通过吟唱或祈祷进行远距离治疗的时候，就在判断统计意义和元分析的价值上犯了自我欺骗的错误。他们认为，单次研究中根据某个数学公式计算出来的数据如果不太可能符合随机概率，这就意味着他们找到了能够证明实验假设可靠的证据。有些研究人员还会将几次小规模研究的数据综合起来，然后将这些数据代入某个数学公式，让人误以为这些数据是从单次大规模研究中收集来的。如果他们在元分析中发现了统计学意义，就认定自己找到了可以支持其观点的有力证据。

幸好科学家有一点和普通人单纯依赖个人体验不同，他们还会彼此监督和批评，并通过同侪评论期刊、公开会议、大众媒体等渠道表达批评意见。但同样道理，如果只与有共同偏误的人交往，同时远离意见不同的人群，这样做只会进一步强化个人偏误；普通人如此，科学家也是这样。幸运的是，自我欺骗的科学家可以得意一时，却很难长时间一直保持自欺欺人的状态，因为从长远看来，科学具有极强的自我纠偏功能。雅各布·布罗诺夫斯基（Jacob Bronowski）在《人类的攀升》（1973）中指出，虽然人类极易犯错，但我们能够掌握的知识全都在科学里。尽管如此，科学期刊以及科学研究者还是应该努力剔除科学界的不良因素，在纠正错误这一点上做得更好。

此外，自我欺骗充分体现了傲慢者的世界观，至于这些傲慢之人是高智能者还是绝对无能者在此并不重要，他们之间的区别或许只在于高智能自大狂更有能力击退、驳倒所有与其观点相悖的证据。迈克尔·谢尔摩（Michael Shermer）在解释为什么聪明人会相信蠢事时指的正是这种高智能的自大狂人，他们全都是高明的狡辩者。另外一个极端则是认知能力不足的人，即他们没有能力认识自己判断中出现的错误。认知能力不足和愚蠢并非一回事，前者通常智力水平中等，但缺乏对自我欺骗运作机制的了解和经验，不了解所有人都很容易受认知错觉和认知偏误的摆布。

有人说，如果我们对自己的能力以及人生的总体认识过于诚实、过于客观，那么结果就是每个人都可能会因为沮丧和抑郁而变得疲惫不堪。这或许是真的。但我们也不应忘记，自我欺骗有其十分黑暗的一面。而一个人是否能够坚持明辨思维，这主要取决于他是否有能力克服诸多偏误，避免陷入自我欺骗的深渊。

56. 牵强附会（*shoehorning*）

我们都十分擅长做牵强附会的事情，比如强行使用含糊其辞的陈年预言来解释当前发生的事情。要知道，选择什么样的解释不能只根据自己的喜恶，还应该综合考虑其他可能性。

牵强附会这一谬误指强行使用自己喜欢的个人观点、政治倾向或宗教信仰去解释当前所发生的事。所谓的心理玄学或心灵学就经常用过去含糊的陈述来强行解释当前所发生的事情。实际上，这种方法十分安全，因为没有人能够证明他们是错的。与此同时，想用后来发生的事实反过来证明之前所做的某种陈述是对的，其简单程度超过很多人的想象。如果给他们足够大的自由度，做一双合脚（事实）的鞋子套在特定的脚上（对之前陈述进行相应的阐释）就是再简单不过的事了。比如，为远距离透视、通灵梦和诺查丹玛斯预言等进行辩护的人就经常对真实发生的事件进行牵强附会的解释，务求使其契合文本的意思，从而使人产生一种错觉，以为这些文本就是准确的预言。

牵强附会的实例有很多，其中比较典型的一个是据说有通灵能力的占星家珍妮·狄克逊（Jeanne Dixon）。《游行》杂志 1956 年曾经采访过她，并在文章中提到："至于 1960 年的选举，狄克逊夫人认为此次选举将由劳工主宰，民主党人获胜。但他将会被暗杀或死于任期内，不过并不一定是在第一个总统任期内。"后来约翰·肯尼迪（John F. Kennedy）当选总统并在第一个任期内遭到暗杀。于是她之前泛泛而谈的预言就被人用来牵强附会地解释后来发生的事，她自己也因此成为那个"成功预测肯尼迪总统会横死的人"。但是 1960 年她又对媒体表示肯尼迪将会在总统选举中落败，显然已经忘了自己之前所做的预言。很多通灵侦探都利用这种牵强附会的解释让之前所做的宽泛而且含糊其辞的预言符合后来发生的事实，无非是想要证明自己拥有实际上并不存在的远见和洞察力。

电视台曾经拍摄过一个系列节目，探索通灵侦探拥有的所谓非凡能力，其中有一期的主角是葛丽泰·亚历山大（Greta Alexander）。她有一次告诉警察说抛尸处有狗在叫，字母"s"会在搜索中起关键作用，毛发与尸体脱离。此外，她还非常肯定地说尸体就在某个指定的地方，但搜寻队赶到那里却只找到了一具动物尸体。由于她的专长是阅读掌纹，于是要求警方给她看嫌疑人的掌纹，看过之后她说有一只"坏手"的男人会发现尸体。搜索队后来发现一具无头尸体，同时在不远处发现了头颅和一顶假发；发现尸体的人左手有残疾。关于她提到的字母"s"可以有无数种解释，"毛发与尸体脱离"和"坏手"也可以有很多种牵强的解释（实际上，亚历山大是在看到掌纹之后才说了"坏手"这件事，她的粉丝们对这种事当然是能不提就不提）。

2001 年 9 月 11 日世贸中心和五角大楼遭受恐怖袭击以后，两位基督教原教旨主义福音传道者杰瑞·法威尔（Jerry Falwell）和帕特·罗伯森（Pat Robertson）也对此进行了牵强附会的解释，声称"自由主义公民团体、女权主义者、同性恋者、支持堕胎的人都应该对此负有一定的责任……因为他们的行为让'阿伯拉罕之神'将怒火投向美国"。法威尔认为阿伯拉罕之神允许"美国的敌人……带给我们这一切，这都是我们自找的"。罗伯森对此表示赞同。法威尔说美国公民自由联盟也应"因此受到谴责"。罗伯森对此表示赞同。法威尔说联邦法院也应承担部分责任，因为它们"将'阿伯拉罕之神'逐出公共广场"。法威尔还说"支持堕胎者必须为此负责，因为'阿伯拉罕之神'不容嘲笑"。罗伯森对此表示赞同。

虽然法威尔和罗伯森均无法证明以上观点的真实性，但问题是别人也无法对其进行证伪。他们的目的其实只是想要得到公众对其观点的关注，在新闻媒体上得到免费报道的机会。他们实际上是在利用公众的恐惧和愤怒情绪，同时又不用担心被人指责说谎。究其根本，这是一种"打完就跑"的战术，让对手无处着力、无法反击。不过如果真想反驳他们的话，你可以这样说：如果真的有这种掌控宇宙、全知全能的存在，那么该存在体愿意和法威尔、罗伯森或者自杀性杀手结为同盟看上去也太过荒谬，所以这种可能性根本就不值得我们去深究。

像法威尔、罗伯森这种耸人听闻的牵强附会自然会招致全世界的批评，而伪君子们的典型反应就是先否认，然后再说媒体对自己的观点断章取义，完全脱离了上下文，因此不符合其本意。比如法威尔就曾发表过如下声明："我昨天在基督教电视节目的神学讨论中的确说过一些话，但是媒体在报道的时候对这些话断章取义，导致公众将我的观点误解为单纯的指责，这与当前举国悲悼的气氛不符，我为此真诚道歉。"和他相比，罗伯森不仅一直死不悔改，而且还变本加厉地将网络色情也加入黑名单，说正是这些事情惹怒了阿伯拉罕之神，让他不得不用谋杀数以千计无辜者的方式来表达自己的不满。他还说，如果我们不做任何改变的话，阿伯拉罕之神将来还会杀死更多的人。鉴于几年后美国及其同盟国为了铲除恐怖主义而大开杀戒，恐怖分子继续滥杀无辜，我们回首往事之余可以非常肯定地说：帕特·罗伯森当时的预言是对的。

最后，占星术或许是如今世界各地第二盛行的迷信行为。很多人会站出来为占星术辩护，认为专业的星座运势其实是非常准确的，认为占星术十分"管用"。这是什么意思呢？说占星术管用就意味着有不少满意的顾客，之所以会有这么高的顾客满意度是因为主观验证谬误使信者很容易将现实与星座运程表联系起来。说占星术"管用"并不是说它预测人类行为或事件发生的准确率远远高于偶发概率，而是因为有很多满意的顾客相信运程表准确描述了自己的行为，相信星座专家提供了很好的建议。这种证据不能证明占星术的有效性，反而可以当作福瑞尔效应和确认偏误的有力证明。优秀的占星师或许真的可以为你提供很好的建议，但这并不能证明占星术具有准确性。再说预言和建议最大的特点就是含义模糊不清，德尔菲神谕就是一个典型的例子。克洛伊斯在进攻波斯之前得到的神谕是："如果你渡过那条河流，一个伟大的帝国就会被摧毁。"备受鼓舞的克洛伊斯于是果断发动进攻，结果最后毁掉的却是自己的帝国。有研究表明，人们会用选择性思维确保手中的星座运程表贴合他们之前早已定型的自我认识。很多关于星座与个性的陈述均含糊其辞、表意不清，某个星座的性格特征也完全适用于星座完全不同的其他人。

57. 稻草人谬误（*straw man fallacy*）

如果想要驳斥某个观点，应驳斥其最有力的证据，而不是其中经不起推敲或者经过歪曲的证据。

稻草人谬误是一种常见的辩论攻击手法，表现为某人看似攻击对手的立场或论点，但实际上他所攻击的是上述立场或观点错误、歪曲、误导、夸大或削弱的版本。例如，奥巴马总统每次提出政府行动方案都会被保守派评论家和政治家攻击为社会主义者，实际上他们所攻击的只不过是个稻草人，因为奥巴马有关医疗保健、商业救助以及其他公共生活领域内的政府干涉行为并非社会主义国家所特有。如果里克·桑托勒姆（Rick Santorum）不可能是社会主义者，那么奥巴马同样也没有可能是社会主义者；正如信奉天主教的最高法院法官不可能是梵蒂冈的代理人一样。此外，奥巴马的支持者们攻击对手的时候也犯过稻草人谬误。他们说总统的批评者们声称"奥巴马想要从勤劳的美国人民手中攫取财富然后重新分配给单亲妈妈和失业的疯子们……让美国最后变成苏联的样子"。奥巴马的批评者们曲解了他的政府提案，这样是不对的；但因此就说这些批评者们认为总统先生想要重新分配社会财富、为失业的疯子提供帮助，这同样也是不对的。

攻击稻草人而不是攻击强有力的论点本身，这样做会产生非常严重的后果，即妨碍了对正题的严肃讨论。在美国，参与道德、社会、政治议题讨论的门槛本来就不高，而攻击稻草人则将门槛降得更低。

里克·桑托勒姆曾经是共和党的总统候选人，他在攻击奥巴马总统的教育改革立场及批评约翰·肯尼迪政教分离的立场时均犯过稻草人谬误。关于奥巴马的大学教育政策，桑托勒姆是这样说的：

奥巴马总统说他希望每一个美国人都能上大学。这也太势利了吧！我们有很多善良、体面的男男女女每天都在勤勤恳恳地工作，将自己的各项技能用于实实在在的工作。而这些技能并不是那些整天只知道灌输思想的文学院教授教能教给他们的。好吧，我知道他为什么想要你们去上大学，因为他想要以自己的方式重新塑造你们。我要做的就是增加工作，让人们按照自己的想法，而不是按照他的方式，去重新塑造他们自己的孩子。

实际上，奥巴马并没有说过他想要每一个美国人都上大学，所以攻击这一立场既不能证明奥巴马的立场是错误的，也不能证明桑托勒姆关于大学教育、增加就业、灌输思想的观点全都是正确的。奥巴马的原话其实是这样的：

> 我希望每一个美国人都能花至少一年的时间接受高等教育或职业培训，可以去社区大学或四年制学校学习，也可以接受职业教育或实习培训。不论在哪里接受教育，每一个美国人都需要比高中文凭更高的学历。此外，高中辍学已经不再是可行之路，那样做的话你不仅放弃了自己，也放弃了你的国家——而我们这个国家需要并珍惜每一个美国人的才能。

桑托勒姆用稻草人策略攻击奥巴马；他的立场也曾经是别人稻草人攻击的靶子。有人指责桑托勒姆反对教育，但实情并非如此。电视主持人乔恩·斯图尔特（Jon Stewart，中国粉丝称之为"囧司徒"）曾经在节目中这样质问桑托勒姆："你反对人们教育自己的子女，是因为学费太高了吗？"或许我们应该原谅斯图尔特，毕竟夸张是喜剧演出的最大特点。但是如果有人刻意歪曲桑托勒姆的观点，那这些人也和桑托勒姆一样犯了相同的攻击稻草人错误。

关于肯尼迪总统政教分离的观点，桑托勒姆表示：

　　说有信仰的人在公共广场没有位置？这种观点绝对
令人作呕。如果只有无信仰的人才能去公共广场表达自
己的意见，那我们到底生活在一个什么样的国家呢？

　　这真令我作呕，也应该令每一个美国人作呕。总统
现在实际上是在告诉有信仰的人：最好政府说什么你们就
做什么，我们要把自己的价值观强加给你们，不是说你们
不能去公共广场进行公开辩论反对我们的政策，而是说我
们要反过来将来自政府的价值观强加给有信仰的人。至少
在约翰·肯尼迪看来，首先剥夺有信仰的人在公共广场的
位置，然后把政府的价值观强加于人就显得顺理成章了。

　　我承认，想要弄明白桑托勒姆到底想说什么不是件容易的
事情。但至少有一点是明确的，那就是他认为肯尼迪关于政教
分离的观点实际上是说有信仰的人在政治生活中没有地位。实
际上，肯尼迪的本意是说一个人的信仰不应成为其失去担任公
职资格的理由，他从来都没有说过想要将有信仰的人逐出公共
广场。肯尼迪的那次演讲我记得十分清楚，他的观点也表达得
十分明确：如果当选总统，我不会听命于梵蒂冈。以下是他的
原话摘录：

　　　　我所信仰的美国政教分离是绝对的。就算总统是天
　　主教徒，天主教的主教也不能命令他应该如何做事；新

教牧师不能命令其选区的居民应该投票给谁；教会和教会学校不允许接受任何公共基金，不能有任何政治倾向；任何人都不应该因其信仰的宗教与总统或选民所信仰的宗教不同而丧失担任公职的资格。

我所信仰的美国在官方意义上既不是天主教、信教，也不是犹太教，因此担任公职的官员不应就公共政策问题征求教皇、美国教会理事会或任何其他教会组织的意见，也不应接受他们的任何指示；宗教组织不得直接或间接地将其意志强加于一般民众或政府官员的公共行为；宗教自由具有不可分割性，针对一个教会就是针对所有的教会。

以上这段演讲很好地证明了桑托勒姆的歪曲和攻击是毫无根据的。

与较为复杂难懂的问题和观点相比，经过歪曲的观点或错误的立场更加容易理解和解决，这是稻草人攻击之所以如此盛行的原因。当然，这个道理看似明显，我们也不应低估无能、无知或者无视真理这些因素在该谬误中所起的作用。有些人使用这一策略的重要原因就在于他们根本就不了解对手真正的观点和立场是什么，或许他们也根本就不在乎。他们只想要看上去好看，想要借机表达自己的观点；至于这样做意味着需要对他人的论点进行歪曲，他们才不在乎呢。像节目主持人拉什·林博和乔恩·斯图尔特这种一向喜欢歪曲他人观点的人，一方面是出于他们政治评论员的身份，一方面是因为他们肩负着娱乐大众的责任。法学院学生桑德拉·福鲁克在乔治敦大学这所天主教大学呼吁保险公司支付避孕费用，林博对她的攻击就是典型的稻草人攻击。不少共和党人和天主教教会领袖在谴责奥巴马政府强制避孕措施的时候虽然并没有极尽歪曲之能事，但同时也没有从道德和政治的角度就避孕或政府有权强制推行保险措施等问题提出多少有效的辩论观点。林博曾在电台节目中猛烈攻击福鲁克："如果想要我们为你花钱买避孕用品，就是说是我们花钱买你做爱，那我们也想要点回报。我们想要你把性爱视频发送到网上给我们看。"他的这种不堪言论将公开辩论的标准拉低了好几个等级。福鲁克认为大学的医疗保险计划应该包括避孕费用；而林博认为就等同于可以花钱买她做爱，这是对福鲁克观点极为粗鄙的歪曲。除了稻草人攻击之外，林博还对福鲁克极尽侮辱，公开称其为"荡妇"和"娼妓"，然后还在节目中抱怨民主党人被他的粗俗和尖酸刻薄气疯了。

有的时候人们会错误地谴责他人犯了稻草人谬误。里奥纳德·皮兹（Leonard Pitts）在指责里克·桑托勒姆用稻草人谬误攻击同性婚姻的时候是这样说的：

如果我们允许同性婚姻合法，那也必须将多配偶制合法化；这是反对同性婚姻的人经常会犯的一个逻辑错误。桑托勒姆也犯了同样的错误。

有这种思维方式的人忽视了一个显而易见的事实，即多配偶行为这种生物驱动在大文化中是不存在的，现在不存在，以前也从未存在过，因此就更谈不上对其进行社会认可这一问题了。桑托勒姆的观点是典型的稻草人谬误，因为他极力煽动的这种恐惧从来都没有发生过，以后也不会发生。

上述指责的根据是桑托勒姆在演讲后回答观众提问时说过的一段话。详情如下：

当被一位大学生问到为何反对同性伴侣缔结婚姻这一权利的时候，他表示目前尚未有令人信服的理由需要将其合法化，并指出这和多配偶制的合法化问题十分相近。

他说："照你这么说，每个人都有得到幸福的权利？那么，如果不能和五个人结婚你就觉得不幸福，难道你就真的有权利与五个人结婚吗？"

我认为桑托勒姆在这里的确犯了制造稻草人这一谬误，因为他说最能支持同性婚姻的论点就是包括每位同性恋者在内的每一个人都有不顾后果、只要自己幸福的权利。但是这并非支持同性婚姻的最佳理由。同性恋者也有权追求自己的幸福，不允许他们结婚就是对这一权利的侵犯。这样说或许有一定的道理，但追求个人幸福并不意味着一个人可以随心所欲地做任何想做的事情。不管怎样，支持同性婚姻还有其他更好的理由，但桑托勒姆却没有提它们。或许他根本就不知道，或许他根本不在乎。将同性婚姻的合法化问题与多配偶制相提并论与议题无关，他实际上只不过是在搅浑水。里奥纳德·皮兹批评桑托勒姆极力煽动公众对多配偶制合法化的恐惧心理，并声称这种恐惧"从来都没有发生过，以后也不会发生"，谴责桑托勒姆是在制造稻草人。声称不采取行动就会出现可怕后果，但又不提供会发生可怕后果的证据，这种做法通常被称为"滑坡谬误"。

此外，皮兹似乎暗示生物驱动是支持同性婚姻的主要原因之一，认为很多人之所以受同性吸引，这完全是一种生物驱动。该观点实际上与桑托勒姆认为支持同性婚姻的主要理由在于人人都有追求幸福的权利如出一辙。皮兹似乎认为如果有很多人受生物驱动想要同时拥有多个伴侣，那么多配偶制也就有了存在的理由。我对此实在不敢苟同。总之，除了用生物驱动解释多配偶制具有合理性之外，其实为多配偶制进行辩护还有更好的理由，但全都被桑托勒姆和皮兹忽略和无视了。

稻草人攻击如果与易得性偏误和代表性偏误相结合，后果将会更加严重。媒体在报道某些灾难或悲剧性事件的时候不仅是机会主义者，而且很像盘旋在半空中的秃鹫；不论是自由派还是保守派，在这个问题上全都难辞其咎。基督教原教旨主义福音传道者杰瑞·法威尔和帕特·罗伯森在 9 月 11 日纽约恐怖袭击后一连串牵强附会的指责就是典型的例子。美国众议员嘉贝丽·吉佛斯（Gabrielle Giffords）在亚利桑那州图森市出席活动的时不幸在一家超市停车场遭到患有精神病的年轻枪手袭击，头部中弹重伤，枪击事件中另有 6 人身亡 12 人受伤。图森枪击惨剧发生以后美国也出现了同样的不公现象。简·方达（Jane Fonda）和其他自由派认为萨拉·佩林和政治评论员格林·贝克（Glen Beck）应对枪击案负责，指责他们的言辞过于激烈，指责佩林在其社交网个人主页上发布美国选区地图，并使用射击瞄准记号标记支持医改法案的 20 个选区，以显示共和党志在必得意欲"夺下"这些选区的决心，枪手吉福兹所在的选区就在其中。民主党全国委员会主席、众议员黛比·舒尔茨（Debbie Wasserman Schultz）等人指责茶党运动是造成枪击案的罪魁祸首。很显然，不论是罗伯森、法威尔，还是舒尔茨和方达，他们的立论基础都不是就事论事的证据，而是他们长久以来一直视为对手或敌人的个人和团体，因为这是枪击案发生以后他们最先想到的事情。为了证明对这些个人与团体的攻击是正确的，他们甚至不惜歪曲对方的观点。虽然媒体和博客圈也有一些讨论是关于枪手的精神问题、暴力犯罪、枪械管制松懈等，但在拥有既定立场的媒体的大声喧哗之下，这些重要问题的讨论几乎很少有人听得到。

最后需要注意的是，在驳斥某个观点的时候，如果在复述该观点时偶有夸张或错误，这并不是稻草人攻击。如果别人在批驳你的观点时提供了强有力的论据，那么即使对方没能准确复述你所持观点的每一个细节，这也不能成为你不做回应的理由。如果反驳意见针对的是你所持观点的关键与核心，那么就算对方同时攻击了你的次要论点或者弄错了某些细节，这也不能算是稻草人攻击。

58. 主观验证（*subjective validation*）

要了解你自己。这看上去似乎很容易，但你对人类的大脑了解得越多就越会认识到我们可能永远都无法完全了解自己。在人类的所有天性中，最强的一种就是想在万事万物中寻找规律和意义；但是有很多事情根本就是毫无规律和意义可言的。

很多人都认为比别人更加了解自己；毕竟我们存在于自己的大脑里，而别人只不过是我们身体之外的存在体。只有我们才能掌握自己亲身体验的第一手资料，知道自己的头脑里都有哪些想法。所以说，还能有谁比你更加了解你自己呢？

但从另一方面来说，我们在评估自己性格的时候又能在多大程度上做得到客观公正呢？在进行自我描述的时候，我们是否有可能表现出可预测的偏误呢？不管怎样，成年人很少有不愿意做性格测试的，据说这种测试主要将人分成内向和外向两大类。实际上即使不做测试，很多人对此都会有自己的判断。话虽如此，成年人也很少有人愿意错过进一步了解自己的机会。心理学家正是利用人们普遍存在的这种自恋倾向，假装提供免费性格测试，诱惑一代又一代的学生参与他们的实验项目（参见"福瑞尔效应"词条）。

此外，通灵、掌纹学、生物节律、笔迹学、塔罗牌等均声称能够解读、揭示一个人的性格特征。而且不论是正式测试还是非正式的测试，对这些测试的准确率评估一直都很高。换言之，尽管上述有关个人性格的判断并非源自经过科学验证的性格测试，其基础也不是对这个人有特别的了解，但人们总是倾向于认为其具有高度准确性。心理学家将这一现象称为主观验证。这种并非基于个人了解而从陈述中发现个人意义的倾向还同样适用于词语、符号、缩写以及实际物体等。这一过程看上去像是我们认为自己所经历的一切全都围绕着我们自己这个中心展开，但实际上这里更多的是一种自我验证。

　　"好了，关于我自己已经说得够多了。现在请问你
　　对我是怎么看的呢？"

　　我们之所以会从毫不相关的陈述中找到具有个人意义的信息，有的时候并不是因为这些信息是对的，而是因为我们希望它是对的。福瑞尔用报纸上的星座运程欺骗学生说这是专门针对他们所做的性格测试结果，学生之所以会对其中的一些客观陈述进行主观验证，不是因为它们准确描述了他们的性格，而是因为他们希望这些描述是真的。

　　你来告诉我，有谁不希望自己拥有尚未发掘的巨大潜力？

有谁不希望自己所持观点有大量的支持性证据？虽然我们都愿意相信自己拥有巨大潜力，但大多数人其实很难具体罗列自己到底在哪些方面拥有潜力，也无法提供大量证据证明自己有这些方面的潜力。我们都愿意相信自己的观点有切实的证据，但是你真的知道自己为什么会有这些观点吗？

福瑞尔认为，人们之所以会为普遍适用的客观陈述赋予个人意义是因为轻信而容易被骗。此外，他还认为人们越是愿意相信就越是愿意接受有关他们自己的陈述，其接受度与非主观标准衡量出来的准确性实际上并没有太大关系。如果我们认定某个关于自己的表述是正面的或者是奉承话，就算心里有疑问或者明知说的不对，也还是愿意接受。

轻信易骗加上一厢情愿的想法，这是产生主观验证的一个原因。此外还有一个关键因素就是选择性思维，我们只想关注并记住支持自己观点的证据，同时无视或者忘记与自己所持观点相左的证据。报纸上的星座专栏有些话肯定不适用于你，但你会在做准确度评估的时候选择无视、轻视或者完全忘记这些话。去通灵人、灵媒、算命先生、读心者、笔迹学专家那里寻求建议和帮助的人通常也都会无视错误的或者有问题的话语，同时通过自己的言行向对方提供关于自己的大部分信息，最后却将功劳全都归于对方。明明是他们自己向对方提供的信息，可大部分人却会将其当成对方自行发现的信息，同时还会惊叹于对方神奇的精准判断，认为对方根本就不可能知道这些个人信息。

　　人类的天性就是要在一切事情中寻找意义，这是主观验证的另外一个重要因素。我们经常会对有关自己的陈述进行自由诠释，虽然这些陈述意义模糊甚至前后矛盾，我们还是想要从中得出合理的解释。实际上，如果有人跟你说这些表述意义重大，即使它们实际上完全与你无关，你仍会努力从中寻找意义。超感侦探和那些不择手段的通灵人所利用的正是我们这种到处寻找意义的本能和天性。

　　伊恩·罗兰（Ian Rowland）就是一名超感侦探，通过扮演通灵人的角色娱乐大众，他自己也以此为生，曾著有《冷读术完全手册》，并在第三版中一口气列举了 38 种不同的冷读手法，其中 11 种手法是关于如何从顾客那里套取所需资料的。他在书中引用具体生动的例子解释"逼迫型陈述"（顾客一开始会拒绝接受的陈述）这种冷读手法以及冷读的本质。他有一次在电视节目上展示了自己的冷读能力，使用的正是"逼迫型陈述"这种手法。他的陈述中包含"鞋"、"派对"以及"查理"三个要素，与会者一开始谁都无法将人名和鞋子或派对联系起来。会议结束十分钟后，有位年轻姑娘突然兴奋地跑过来告诉他三者之间的确存在某种联系。原来她十几岁的时候曾经参加过一次派对，和查理一起跳舞的时候鞋跟突然断了！她很惊讶罗兰竟然能够感知这么小的细节，就连她自己都几乎记不起来了。当然，罗兰绝对不可能感知到这种事情，但那又有什么关系呢？这个例子彰显了所谓成功冷读术的本质：冷读之所以能够成功全都是因为人类这一物种天生就喜欢到处寻找和发现意义，有的时候大脑太过积极活跃，甚至能从毫无意义的事件中找到意义。

如果想要充分了解主观验证的运行机制，至少还有一个十分关键的因素：动机驱动。很多人去算命或者找灵媒是因为非常想听别人告诉他们前途如何、未来将会怎样，迫切地想要与逝去的亲朋好友沟通、交流。以下这个故事就能很好地说明动机驱动是如何成就了准确、成功的算命者和通灵者。

心理学家雷伊·海曼（Ray Hyman）曾经解释过他是怎么开始对自我欺骗心理感兴趣的。他当时还在大学读书，靠给人看掌纹赚点钱。虽然读过几本相关的书，但他当时并不相信书中所说的一切。后来他从顾客那里得到很多正面的反馈意见，于是开始疑惑自己是不是真的拥有超感能力。可惜这种自我欺骗并没能延续很长时间。后来在接受迈克尔·谢尔摩（Michael Shermer）采访的时候，雷伊这样解释道：

现已去世的斯坦利·杰克斯（Stanley Jaks）当时告诉我，读掌纹的时候应该把平时一般会说的话反着说。我就是这么做的。比如说，如果我从一个女顾客的掌纹中看出她五岁的时候心脏出现过问题，我就会说："嗯，你有一颗强有力的心脏"，反正是诸如此类的话。这件事我现在想起来还觉得有点毛骨悚然。因为听我说完以后她就这么坐在那里，面无表情，一言不发。通常情况下，顾客一般都会给我一些即时回应。说实话，顾客的即时回应是我继续往下说的基础，但这位女顾客什么都不说。这有点古怪，我当时想肯定是出岔子了。结果还好，她当时之所以什么都没说是因为我的话太让她震惊了。她后来告诉我这是她有生以来最准的一次算命。这样的事情后来又发生过好几次。有一天我突然想明白了，原来我说什么并不重要，重要的是表达方式本身。这就是我开始钻研心理学的原因，因为我想弄明白为什么包括我自己在内的人会这么容易上当受骗。

雷伊发现不管他对顾客说什么，他们都会想方设法证明他说得对。他后来成为冷读术和主观验证领域的专家，我们现在正是使用这两个词语来描述并非基于事实或科学研究成果提出观点并由他人进行验证这一过程。顾客选择性地无视雷伊所有的错漏，只关注那些他们能够从中找到或者赋予意义的陈述。在他们的共同努力下，以阅读掌纹为生的雷伊一度成为技术娴熟的冷读者。正如雷伊后来在采访中说的那样，顾客希望他能成功，会为了达到这一目标竭尽全力地帮助他。

以下这个例子充分展示了灵媒和算命者口中所称的"坐客"是如何使占卜算命成为这个世界上最轻松的工作，因为这些工作根本就不需要具备与灵魂沟通之类的特殊才能。

加利·施瓦茨（Gary Schwartz）在 2003 年出版的《来世

实验：关于死后世界的突破性科学证据》中提到曾经测试过约翰·爱德华（John Edward）从死者那里接收信息的能力。以下是爱德华关于"显灵"体验的一段描述：

> 首先显示给我看的是一个男人的样子，我觉得有某种父亲的样子……还向我显示了五月这个月份……他们告诉我要谈一谈大 H……嗯，就是关于 H 的联系。我觉得有一个 H，还有个 N 音。所以他们说的是海娜、亨利，但存在一种 HN 联系……关于教学和书籍的强烈象征……很多书，有可能是出版什么东西的地方。

有一个"坐客"竟然验证了施瓦茨以上提到的所有东西。这里所说的验证和确认与真正来自灵魂的信息完全不是一回事。验证的意思是说"坐客"能够从冷读者所说的话里发现意义，能够把散乱无序的"点"连接成有意义的信息。"坐客"是否具有验证能力取决于几个因素。首先，"坐客"必须愿意进行验证，有想要验证的主观意愿。他们越是想要与死者交流，就越会努力去寻找通灵人话语中的意义和联系。此外还有一个机制也在起作用，那就是具有想要取悦灵媒的主观意愿。他们或许认为取悦灵媒就能有效提高与死者沟通交流的几率。在某些场合下，人们会心甘情愿地放弃掌控权，将其交到别人手上，这是一个十分奇怪的现象，比如愿意被人催眠或者答应帮助魔术师完成某个魔术等都属于这种情况。这种自我的丧失加上想要取悦他人的意愿有时会让一个人在某种程度上受他人意志的控制。如果这一机制起作用的话，"坐客"就会默认从灵媒嘴里说出的每一句话、每一个暗示都是对的，当然不是因为这些话全都是真的或者全都具有实际意义，而是因为他们非常迫切地想要取悦灵媒。

例如有一次，爱德华说"坐客"的丈夫已经过世，虽然不是实情，但竟然也能得到她的认可。施瓦茨后来也承认当时"坐客"的丈夫尚在人世，但因为他不幸于几周后遇难，施瓦茨得出的结论是：与其说"坐客"为了取悦灵媒而做出了错误的验证，不如说爱德华具有先知先觉的能力。

正是因为"坐客"具有极高的动机驱动，她就很有可能会去验证含义模糊甚至错误的陈述，所以设计相关测试实验的时候必须确保实验者可以查验"坐客"所做的陈述是否真实可信。显然，只听"坐客"自己说是不够的，就算"坐客"验证了冷读者的判断也不行。施瓦茨有时会对陈述的真实性进行查验，有时不会，仅以"坐客"所说的一切为准，或者以"坐客"对冷读者陈述的验证为准。

关于验证灵媒的叙述和判断是否准确，虽然事实的准确性十分重要，但同时也必须时刻牢记：科学家对人类大脑运行机制的研究也十分重要，因为人类的天性就是从一切事物中发现意义，将意义赋予各种数据。主观验证的总体效果会在"坐客"

对灵媒所说话语的评估中体现出来。如果是面对面的算命或者虽然看不到灵媒但能听到灵媒说的话，那么"坐客"对灵媒进行评估的时候一般很难避免偏误的影响。为了消除这种偏误，施瓦茨特别安排了一次远距离算命，即"坐客"无需到场，同时也听不到灵媒在冷读过程中说了些什么。

施瓦茨也认识到"坐客"有可能会在做准确性评估的时候带有偏误，有可能会给出过高的评价，于是他要求"坐客"在评级可高可低的时候尽量取低。此外，他还在某些实验中不止一次地让读者（或任何怀疑者）看同一结果，目的是要了解他们是否能做到连点成线。如果他、其他实验者或者某个实验中"对照组"的实验对象做不到连点成线，他就会将该数据视为属"坐客"专有信息的有力证据。此外，他还经常进行条件概率计算，用以显示某些相关偶发条件的概率仅为百万分之一或者亿万分之一，因此得出该数据为"坐客"专有信息的结论。

这种方法的问题是，我们大多数人不像"坐客"那样执着地想要与死者联系；就算我们对此真的很有兴趣，也没有理由相信对"坐客"有效的言辞同样适用于我们。有些"坐客"不仅强烈希望冷读能够取得成功，而且有可能比其他人更适合做冷读对象，比如他们亲朋好友中去世者数量较多，来自年龄各异、成员众多的大家庭，喜欢社交活动，身为男同性恋者且生活在艾滋病盛行的时期等。

施瓦茨似乎对约翰·爱德华的冷读故事尤其感兴趣，因为大部分都是他无法从自己的生活中获得的。相比之下，雷伊·海曼（Ray Hyman）在这方面做得稍微好一点，他在自己的生活轨迹中也找到了可以连接成线的点：

> 我站在"坐客"的立场上回忆自己的人生经验来解读这一冷读结果，发现这一描述非常贴合我的父亲。他身形魁梧，名字叫海曼，第一个字母正是大写 H。和生活在这个星球的所有人一样，他也在五月经历过一次或一次以上的重大事件。冷读结果中的其他描述也都能很容易地套用在我父亲身上，就算是这一冷读结果当初所针对的人恐怕也不会如此贴合所有细节吧！某个"坐客"能从一系列描述中选择出某个事实并声称这是专门针对他的描述，施瓦茨显然对这一事实做了过分解读，甚至还去计算其条件概率。实际上，这只不过是个偶发现象。当然，这些条件概率一定极低，一般都在万亿分之一以上。

话说回来，我也能把这些点连起来。我出生在五月，父亲身材健壮结实，经常被人叫做"温柔的大熊"，四十多年前心脏病发去世，众所周知心脏病经常被委婉地称为"大 H"。亨利是我高中好友，可能也去世了，现在跟我父亲在一起。所以很有可能是我父亲故意提到我年轻时的好朋友，想让我知道是他在跟我联系。海曼和我都是教师，自成年以后身边就一直不缺书籍。雷伊和我都有著述发表和出版，我们的父亲提到这一点有可能是为了让我们知道他们很清楚我们过去这些年都做过什么。

施瓦茨将教学和书籍与"文学和教育"联系在一起，我认为除此之外还有些情况也能讲得通，比如图书馆、书店、学校、拜访藏书丰富的人（律师或医生）等等。施瓦茨声称"符合所有描述的概率为百万分之一"。虽然他并未透露自己是如何得出这一数字的，但我认为实际概率应该比他想的更加有利。如果死者为男性，那么属于长辈的可能性更大，所以应该是父亲而不是儿子。不过说一个人感受到父亲的形象也不能就此认定必然是父亲，因为"坐客"当时将其丈夫视为父亲的形象，所以我不认为这样的描述算得上十分具体。此外，我也不认为这样的描述算得上准确，充其量只能说是普通而已。这一点在"坐客"的反应上表现得尤其明显。如果"坐客"对父亲的形象这一描述没有什么积极的回应，灵媒可以坚持原来的说法，让"坐客"以为自己做得不够好；灵媒也可以改变方向，以期获得更好的回应，比如抛出首字母缩写的描述或者说出男女两个名字，然后再观察"坐客"的反应。

施瓦茨排除了爱德华得出结论完全靠猜这一可能性，但我认为爱德华有没有猜测这一点其实并不重要。他表达的有可能只是自己脑子里有的信息，但这并不意味着这些信息就一定来自外界、来自对"坐客"的感应或者来自灵魂世界。他和很多其他"优秀"的灵媒一样，很有可能都是想象力十分活跃的人，大脑会产生一些话语和画面，所以他们所做的有点像是在大声说出自己的梦境。不过这里需要讨论的重点并非灵媒或者他们到底是在猜还是在骗，重点是"坐客"。不过需要注意的是，关键不是"坐客"有没有作弊，而是主观验证的运作机制。施瓦茨对主观验证这一广为人知的心理现象未置一词，回答别人对冷读术的指责时也只辩解称灵媒并未使用魔术师和超感侦探惯用的伎俩。施瓦茨似乎在刻意回避一个问题：虽然冷读术有时会涉及某些技巧，但并不是说一定要靠骗人把戏才能成功。

最后，从没有意义的非个人巧合中发现对个人有意义的信息，这或许与人类用叙述将信息碎片连接成故事的天性有关。当然，事实真相大部分时候都很重要，但不论叙事准确与否，它们总是能带给我们满足感和成就感。心理学家将这种发现事物之间的联系、无中生有创造合理叙事的倾向命名为"虚构症"。人类的天性就是要编造或真或假的故事，只要这些故事看上去讲得通而且有意义就行，这样我们才能为构成自己整个人生的一连串体验赋予秩序和意义。

59. 隐藏证据（*suppressed evidence*）

不要隐藏证据。如果有证据与你所持的观点相左，要面对它，诚实、公正地对待它。此外，要时刻提醒自己别人可能不会告诉你全部真相，可能会对你有所保留。

一个站得住脚的观点会展示所有相关证据；如果刻意省略某些相关证据，那么该观点实际上便并没有看上去那么站得住脚和令人信服。

如果有人故意省略相关数据，他就犯了隐藏证据的谬误。这种谬误很难察觉，因为我们通常无从得知自己是否得到了全部事实真相。

你会在很多广告中发现这一谬误。广告商只有在法律强行规定的情况下才会告诉消费者某件产品的危险和危害，而且永远不会承认竞争对手的产品质量同样很好。煤炭业、石棉工业、核电、烟草业及其产品均存在较为严重的健康危害，但这些行业都会刻意隐瞒有关员工健康和工业危害的相关证据。

科学家有时也会隐瞒证据，目的是使其研究更有意义。《西方医学杂志》于 1998 年 12 月刊发了科学家弗雷德·西歇尔

（Fred Sicher）、伊丽莎白·塔格（Elisabeth Targ）、丹·摩尔（Dan Moore II）、海琳·史密斯（Helene S. Smith）联合撰写的论文"有关艾滋病晚期病人远距离治疗效果的随机双盲小规模研究报告"。几位作者及《西方医学杂志》都没有提到一个十分重要的事实，即这项研究最初设计和筹集资金的时候并非研究远距离治疗效果，而是为了研究癌症病人的死亡率。1998 年的研究项目是 1995 年对 20 位艾滋病人的后续研究，这些病人中有一半选择使用心灵治疗师的祈祷疗法，其中四位后来病逝，虽然符合偶发概率，但这四位病人全都在对照组。科学家们认为这一统计数据很不同寻常，因此决定做进一步的研究。我不知道到底是他们刻意隐瞒了某些证据还是纯粹出于缺乏研究能力，总之去世的四位病人正是研究对象中年龄最大的四个。1995 年研究人员进行对照和祈祷治疗分组的时候并未进行年龄对照研究。但是，既然这是一个研究死亡率的项目，如果不考虑年龄因素一般都很难将其视为严肃的研究项目。我不知道为什么美国补充医疗健康研究中心会继续赞助这样的研究项目，这可真是个难解之谜。

上述后续研究虽然存在隐藏证据的谬误，但正如坡·布朗森（Po Bronson）在"死亡前的祈祷"一文中所说的那样，这项研究具有广泛的影响力，被认为是关于祈祷是否有治愈效果最科学、最严谨的研究项目。根据标准格式要求，科学报告必须包括一份总结报告内容的摘要。西歇尔报告摘要中明确表示研究人员对年龄、艾滋相关疾病的数量以及细胞计数均进行了对照研究，将病人随机分配到对照组和祈祷治疗组，并在随后半年时间内跟踪他们的病情发展。六个月期满的时候，我们隐去病人姓名对其病历进行研究，结果发现接受治疗的实验对象患新增艾滋相关疾病的数量明显较少（0.1 比 0.6 每位病人，P=0.04），病情较轻（病情评分为 0.8 比 2.65，P=0.03），看医生的次数较少（9.2 比 13.0，P=0.01），住院次数较少（0.15 比 0.6，P=0.04），住院天数也有所减少（0.5 比 3.4，P=0.04）。对于那些没有统计学知识的人来说，这些数字非常可观，似乎能够显示有没有接受祈祷治疗会造成十分巨大的差别，而且这些差别并非偶发概率所能够解释的。造成上述差别的原因是否完全归功于祈祷治疗，这个问题有待进一步论证，但几位科学家直接在摘要中得出这样的结论："这些数据证明了远距离祈祷能够有效治疗艾滋病的可能性，这种方法值得进一步研究。"两年后，伊丽莎白·塔格领导的研究团队从美国补充医疗健康研究中心获得了纳税人缴纳的 150 万美元研究资金，用于进一步研究祈祷的治疗效果。

西歇尔／塔格的研究中没有提到一个至关重要的事实，即最初的研究项目并非针对后续研究报告中认为十分重要的发现。当然，如果研究人员仅仅是因为原始项目的关注点不同而忽略了后续研究的重大发现，这无疑是一种失职。根据科学报告的标准格式要求，这类新发现是可以在论文摘要或者讨论部分中提及的。如果西歇尔报告能够在讨论部分提到：既然研究期间只有一位病人去世，看起来他们所采取的标准三联抗逆转录治疗方法对延长癌症病人的生存时间产生了很大影响；那么这尚属比较合适的做法。他们甚至可以在报告中声称该发现值得进行进一步的研究，以期对这种治疗方法的疗效有更加全面深入的了解。可惜，西歇尔的报告摘要中并未提及研究过程中只有一位实验对象死亡，因为这一例死亡个案表明他们并未发现真正有意义的研究成果，同时也显示他们不希望外界过分关注该研究最初的任务，即研究治疗性祈祷对艾滋病人死亡率的影响效果。当然，或许因为只有一位病人去世，他们可能认为这一数据没有太大意义，不值得写入研究报告。

　　研究结束后，他们对研究数据进行了深入挖掘和进一步梳理，找到了后来写入报告并得以发表的一系列貌似有意义的数据。所以从某种意义上说，他们似乎还犯了"德州神枪手"这种谬误。在特定的条件下，对数据进行深入挖掘和分析绝对是允许的。比如，如果最初的研究目的是为了研究某种降血压药物的实际疗效，但在研究中发现实验组的数据虽然没有显示血压明显降低，但显示高密度脂蛋白（"好的"胆固醇）大幅提升，如果研究报告中对此不置一词，那就是严重的失职。如果你在写论文的时候对研究最初的设定和目标只字不提，让读者误以为这项研究是专门针对药物对胆固醇的影响，这就是赤裸裸的欺骗了。

如果西歇尔／塔格研究团队从统计数据中发现接受治疗性祈祷那一组实验对象住院天数和看医生次数都明显较低，并在报告的讨论部分提到这一有趣发现，这是完全没有问题的。但是，在研究结束以后直到统计学专家摩尔埋头研究成果、找到具统计学意义的数据之前，他们根本就没有关心、留意过药物对胆固醇所产生的影响。如果他们写研究报告的时候让读者误以为最初的任务就是要研究这种影响，这就很有问题了。这里需要再次提醒读者注意的是，在研究结束之后对数据进行深入分析和挖掘并没有什么问题；但是为了让别人误以为这就是当初的研究目的而重写论文，这明显有违职业道德。

他们可以在研究报告的讨论部分进一步解读住院的原因以及住院天数出现显著差异的原因，可以推测所有这些差别都是由祈祷所造成的。当然，如果他们足够称职的话，还应该考虑到保险计划也有可能造成这些差别。布朗森在"死亡前的祈祷"中曾经提到，相比没有医疗保险的病人，有医保的病人住院时间更长。西歇尔／塔格团队本应对此进行研究并将研究结果写入报告，但他们并没有这么做，而是先列出23种与艾滋相关的疾病，然后让西歇尔倒回去从四十个实验对象的病历中尽可能收集所有相关数据，而此时西歇尔已经知道每个病人所属组别，知道哪些被分到对照组、哪些被分到祈祷组。虽然病人的姓名被遮挡起来，他因此无法立即得知某份病历属于哪位病人，但这并不能使其查看数据这一行为变得合理。更何况整个实验只有 40 位病人，他对每个人都很熟悉；所以最适合的做法是请没有参与研究的外部人士浏览这些病历。西歇尔是远距离疗法的虔诚信徒，曾经以个人名义投资 7,500 美元赞助祈祷与死亡率的初步研究项目。很显然，他在这个问题上的立场不可能是公正的；这项研究的双盲效果也因此大打折扣。

这样看来，西歇尔 / 塔格研究项目中存在着隐瞒重要相关证据的问题。一旦该证据公之于众，这项研究就会声誉受损，不会再有人认为它是关于祈祷和治疗的最佳研究项目，人们不会再将其视为精神科学领域的研究典范，这项研究最后很有可能会被扫进垃圾堆，那里也是它应该去的地方。

为了鼓动新闻记者批评奥巴马总统的经济刺激方案，共和党政治家、肯塔基州资深参议员及参议院多数党领袖米奇·麦康奈尔（Mitch McConnell）的发言人唐·斯图尔特（Don Stewart）鼓励记者"拿出计算器"用政府投入的总金额除以新增或保住的就业数字，让他们自己计算一下经济刺激方案到底有多浪费。当然，这样计算出来的结果十分荒谬，平均每个工作需要花费将近 25 万美元（白宫估计刺激经济所需总投入为 1,600 亿美元，能够新增或保住 650,000 个工作）。

幸运的是，很多记者都没有上当，联合通讯社的凯文·伍沃德（Calvin Woodward）就是其中的一个。他曾专门撰文回应，明确指出斯图尔特并没有将所有因素考虑在内，否则就能清楚地认识到所谓"奥巴马用 25 万美元创造一个工作机会"是一个失真的概念。伍沃德是这样写的：

> 这些计算忽略了一个事实，即政府投入的资金并非直接流向每一份工作，还会分流到材料和物资领域。
>
> 签订合同以后一般会在几个月甚至几年内为创造就业持续提供燃料，因为增加投入刺激经济而创造出来的工作机会还有可能会在未来进一步增加就业机会。比如一个建筑项目只需几位工程师即可启动，但随着"地基开挖及建筑速度的加快"，所需劳动力一定也会越来越多。
>
> 国会批准通过的刺激方案包括在"研发、培训、厂房设备、增加失业福利、企业信贷援助"等领域投入资金。

相比之下，《华盛顿观察家报》的编辑就不具备同样的明辨思维能力，他们的文章是这样写的：

> 就算我们只看表面，接受白宫所说的用大约 1,500 亿美元创造或保住所有这些工作，只需做一下简单的除法就能让纳税人知道实际上并没有得到多少便宜：1,500 亿除以 650,000 个工作机会等于每个工作需要投入 230,000 美元。所以国会其实根本就不用花那么长时间起草长达 1,588 页的刺激方案，只需通过一页纸的议案告诉公众：如果你没有工作的话，那就来白宫报到吧，前

650,000 人将获价值 230,000 美元代金券，可用于支付其选定大学、社区大学或者专科学校的学费。这笔钱应该足够支付获取学位所需费用外加巨额房产按揭定金了。

非营利媒体监督网站"美国媒体事务"对《华盛顿观察家报》这种"误导性的单位工作成本计算"提出了批评和指责，认为简单的数学计算无法反映经济刺激方案的复杂性。

在司法领域，有些公诉人不披露能够开脱嫌疑人罪责的证据，这严重扰乱了刑事司法制度，造成很多人无辜入狱，只能寄望于被隐藏的证据有一天得见天日，法庭有一天能够还他们清白。在这些个案中，隐藏证据通常还会伴随着警方捏造证据一起出现，伯明翰酒吧六人炸弹案和纽约中央公园五少年强奸案都属于这种情况。

诬控隐藏证据

各路稀奇古怪的人经常诬控别人隐藏证据，用以证明他们对科学、历史或当前事务的观点才是正确合理的。比如：制药公司明明开发出了便宜的抗癌药物，就是不愿意拿出来给我们；石油工业明明有便宜的燃料，就是不愿意告诉我们这个好消息；能源工业明明可以提供近乎免费的电力资源，就是不想向公众揭示这个秘密。考古学家迈克尔·克莱默（Michael Cremo）和理查德·汤普森（Richard Thompson）在《考古学禁区》

中声称科学家一直都在隐藏有关人类历史的各种证据，就是不愿意放弃进化论观点。这些证据包括发现于泥盆纪砂石的指甲、白垩纪石灰岩中的金属管、石炭纪石块中的金线、煤块中发现的一条石炭纪金链、煤块中的石炭纪铁杯、一个寒武纪的"鞋印"、前寒武纪岩石中的金属花瓶、来自南非的前寒武纪带槽金属球等。遗憾的是，据两位作者自己说，所有这些证据均不存在，因为被人刻意隐藏起来了，我们所能依赖的只有来自一些消息人士的报告，而这些消息人士早就不在人世了。

美国国家航空航天局和美国政府一直都被人指责隐藏外星人到访地球、阿波罗登月等事件的相关证据。阴谋论者经常指控美国政府和大制药公司隐藏很多重大事件的证据，其中包括9月11日纽约恐怖袭击背后的阴谋和利用疫苗伤害大众。我们对此并不感到吃惊，因为美国政府和大制药公司在这方面早已声名狼藉、恶迹累累。罗素·布雷洛克（Russell Blaylock）指责政府和药品公司不告诉我们流感疫苗会触发阿尔茨海默病。曾经做过牙医的里奥纳德·霍洛维茨（Leonard Horowitz）警告我们，艾滋病和埃博拉疫情都是人为造成的，H1N1流感疫苗会导致不孕不育，但是所有能够证明这些观点的证据全都被美国政府藏起来了。凯文·特鲁多（Kevin Trudeau）堪称不知所云、自说自话的大师，这么多年来一直不知疲倦地告诫公众"他们"隐藏证据不让我们知道存在"自然"药物、健康膳食，不告诉我们摆脱债务的方法。

如果真的想要证明有人隐藏证据，只有几句经不起反复推敲、盘问的话、几个暗示或几次声明是远远不够的；如果你想要指责别人隐藏证据，那你就必须拿出证据来证明隐藏之事属实才行。

"量子人"（www.quantummansite.com）是我所见过的阴谋论／替代医疗等诸多怪事中最奇怪的一个，他们声称已经制造出"世界首个可下载药物"。该项目有几个主要人物：克里夫（J S Van Cleave）、上原（Michael H. Uehara）和辛达（Nicholas Brandon Zynda），他们有时也将其项目称为"外星科技"。他们三个最近在拉斯维加斯的国际消费电子展上露面，兜售其基于外星科技开发出来的量子计算技术，声称能将药物数字化并下载到你的智能手机上，然后再神奇地传送到你的身体里。这些量子专家声称医学界用化学产品欺骗了我们长达几个世纪的时间。

"量子人"提出的口号是："丢掉药物，用数据治疗疾病"。他们的观点颠覆了所有已知的科学知识，声称通过量子物理原理可以用一种特殊的量子电脑将数据直接发送到你的手机上，然后经过神奇的数字化过程，将这些数据上传到你体内需要治疗的部位。按理说这些天才应该完全摆脱物理设备的束缚才对，根本就不需要智能手机、电脑、平板电脑这些中介设备。当然，这并不重要。总之，他们声称化学治疗体系与人体生理不兼容。他们是怎么知道的呢？"整个宇宙，包括人体以及使之备受折磨的各种条件，全都是根据量子物理学原理运作的。化学治疗体系的运作并非建立在这些原理的基础之上，因此与人类这一主机不兼容。"（这简直堪称是自相矛盾的典范，不是吗？一方面说宇宙万物均根据量子物理学原理运行，另一方面又说化学治疗不符合量子物理学的运作原理）他们所说的这些当然不是真的；退一步讲，就算他们所说的都对，那就是说整个科学界几个世纪以来一直都在小心谨慎地维护着一个巨大的阴谋，不仅隐藏了所有的科学证据，还必须隐藏所有的逻辑原则才行。

这些人满脑子都是量子学和外星人，声称他们还有一个人道主义研究团队，名叫 ZAG（苏黎世阿尔卑斯团队）：

ZAG 认识到量子问题需要量子解决方案。于是他们找到了一种方法，可将生物信息从量子电脑通过量子传送输入人类大脑，同时制造出一种能够对大脑进行重新编码的量子电脑，使人类的身体和精神产生积极正面的医学变化。这些科技发展成果已衍生出世界首批可下载药物。

他们一直保持低调，工作成果很少为外界所知，因为大制药公司正虎视眈眈地伺机盗取他们的研究成果。总之，所有这些可下载"药物"没有一个是免费的（包括据称可以预防疟疾的药物）。他们表示全部所得利润都将捐赠给慈善机构。当然，如果他们在网站上其他内容都是真的话，那这句话也一定是真的。如果你还没有失去兴趣的话，请继续阅读以下这段关于宠物疾病预防和治疗的文字：

> 用你的手机（电脑、笔记本或平板电脑）在家中为宠物做即时诊断和治疗。拥有源自外星球的全新科技，治疗效果绝对有保障。"量子宠物医生"使用纯数据生成生物指令，对宠物的大脑进行编码处理，最终达到治疗的效果。

需要注意的是，他们所谓"用量子电脑通过量子瞬移传送产生生理上的变化"其实是根本无法实现的，因为生物分子的质量以及生物分子通过离子通道的机械传送速度对量子效应来说大了好几个数量级，所以量子效应的意义也就不大了。更多内容可参见维克多·斯坦格（Victor Stenger）的《无意识量子学》及弗朗西斯·艾施福德（Frances Ashford）所著《生命的火花》。

当然，"量子人"也有可能只不过是一场精心设计的骗局。但愿如此。

60. 德州神枪手谬误（*Texas-sharpshooter fallacy*）

某项研究完成以后，有些统计学家会对研究数据进行挖掘和整理，注意不要被他们骗了。如果你根据事实设立足够多的靶子，就一定能正中靶心，即一定能发现具有统计学意义的观点。

德州神枪手谬误是流行病学家对集群谬误的另外一种称呼。政客、律师及有些科学家总是会将疾病群抽离出来进行讨论，让人误以为某种环境因素和该疾病之间存在因果关系。这种貌似具有统计学意义（即不是偶然现象）的事件实际上非常符合随机定律。该术语源自德克萨斯州神枪手的故事。据说这位神枪手会先在谷仓墙壁上打出几个枪眼，然后再画靶心，让人误以为他能弹无虚发，枪枪都能命中目标。这和先记录疾病个案然后再划定病区界限的做法如出一辙。

1999 年 2 月 8 日《纽约客》杂志曾发表过阿图尔·加旺德（Atul Gawande）的一篇文章"癌症高发区神话"，其中提到科学家们在研究过数以千计的美国癌症高发区之后，最后得出的结论是"没有令人信服的证据能够证明是由环境因素造成的"。

研究结束后，有些科学家会对研究数据进行进一步的挖掘和分析，用一长串变量去搜寻有哪些发现与他们所持观点有统计学意义上的关联（置信度 p=0.05，这意味着纯属偶然的概率为 5% 或者 1/20）。举例来说，如果你研究祈祷是否会对艾滋病人的死亡率产生影响，结果没有什么有意义的发现。于是你列出与疾病相关的变量清单，开始搜索能够证明其中某些变量与祈祷效果之间存在相关性的证据，这就是德州神枪手谬误。

61. 一厢情愿（ *wishful thinking* ）

我们对世界的认识和了解总是建立在一己之愿的基础上，而不是看事实真相本身；这是人类最强烈的本能冲动之一。

　　一厢情愿的思维方式指我们对事实、报告、事件、认知等进行阐释的时候所依据的是我们自己的意愿和期望，而不是实际证据。一厢情愿通常都会伴随着自我欺骗。如果一个人害怕做手术，认为化疗只不过是大制药公司和美国医药学会联手制造出来的一场骗局，那么她就有可能愿意相信碱性膳食疗法、槲寄生注射液或葛森疗法对癌症治疗更有效，虽然并没有任何科学证据能够证明这些替代治疗方法的有效性。正因为愿意相信这些手术和化疗之外的替代治疗方案，即使很多有力的证据都能够证明基于科学知识开发出来的治疗方法非常有效，她也有可能会完全无视这些证据，反而更愿意相信那些口口相传的神奇故事，相信某些被诊断出患上这种那种癌症的人是如何在接受替代性治疗之后疾病痊愈，完全恢复了健康。这些故事有可能是真实的，但是替代治疗方案与癌症痊愈之间的因果联系只不过是信者的一厢情愿。单纯因为一件事发生在另外一件事之后并不一定代表二者之间存在因果关系。当然，她是不会承认自己犯了事后归因的谬误，因为她相信凡是不认可替代疗法的人都是受雇于大制药公司和美国医药学会的骗子。

一厢情愿与正面思维不是一回事，后者发展到极点就是奇幻思维，相信只要一心希望某事发生，它就真的会发生。如果不走极端的话，拥有正面思维的人充满希望，情绪乐观，但仍能保持脚踏实地的现实态度。

一厢情愿有时会演变成动机性推理思维，不仅根据自己的喜好阐释数据，还会将证伪数据变成证实数据。

动机性推理是理性辩论的巨大障碍。如果某人就是愿意相信奥巴马总统是出生在肯尼亚的穆斯林教徒，就是愿意相信全世界的气象学家都参与了一个大阴谋，编造出"全球气候变暖"的骗局，那么就算有大量的证据能够证明他们是错的，你也很难改变他们的观点。

遇到这种整个观念体系都建立在一厢情愿基础上的人，或许最好的做法就是对他们所持数据进行另一种（或多种）阐释，同时注意不要点破他们的阐释是错误的。如果你直接挑战他们的信仰体系，效果有可能会适得其反。实际上，就算你只是善意提醒他们不要将个人经验置于科学事实和概率之上，提醒他们这样做可能会对他们的健康造成伤害，他们通常也会出于自利原则对你的建议置之不理。

附录一

"别想太多"所蕴含的智慧

有的时候最好停止思考，停止收集更多数据；要么等待，要么行动。

我们都知道，人类的进化史决定了我们会相信自己的直觉、迅速做出决定，这些特点至少使人类这一物种得以生存下来。本书则关注经常伴随本能思维而来的认知捷径与逻辑谬误，探讨反省性思维对做出合理判断及无悔决策的重要意义。但是，有的时候最好的办法就是停止思考，停止反思，只管去做。当然，不是每一个人都能达到无为而治这种境界，能够到达这个层次的人一般都用了很长时间获取必要的知识、技能或执行能力。他们拥有必要的训练、实践、技术、才能，因此才能无需思考即可做出正确的判断和选择。当你面对慕名而来的观众准备唱那首著名咏叹调时，当你在体育馆五万名狂热的棒球爱好者面前准备击打以每小时 98 英里飞来的快球时，左思右想、犹豫不决不仅不能帮助你成功，反而会成为你成功的障碍。当你分析某个化学或物理问题的时候走入死胡同，有时最好将这个问题先放一放，用其他事情分散一下自己的注意力；在做别的事情的时候，你有可能还会在下意识地继续处理这个问题，说不定答案很快就会自动浮现出来。当然，这种事情没有人敢打包票。不过如果出现始料未及的状况，过去的训练或经验完全帮不上忙，这个时候最好的应对策略或许就是跟着感觉走，按照本能的指引行事。上述所有这些情况的前提均为你拥有广泛的知识、多年实践经验或者某个领域最高水平的实际技能。诺贝尔经济奖得主赫伯特·西蒙（Herbert Simon）认为，对于真正的专家来说，所谓的直觉只不过是认知而已。对于真正的专家来说，处境给出信号，信号让专家获取储存在记忆中的信息，信息会直接给出答案。

宾夕法尼亚大学心理学家菲利普·泰洛克（Philip Tetlock）对专家预测进行了长达二十年的研究，他在 2006 年出版的《专家的政治判断：准确吗？我们怎么知道？》中指出，根据物理、数学、化学等领域的特点，专家能够根据规律做出可靠的预测。但有些领域由于运作体系过于复杂，长期预测主要靠猜测，导致预测的准确性极低，这里的专家即使接受过系统的训练也与前者不可同日而语。以政治和经济领域的专家为例，让他们做远期预测有可能比猴子扔飞镖的表现还要差。在对政治或经济做长期发展趋势预测这个问题上，这些专家的直觉比外行的直觉好不到哪里去。就算一个人对自己的知识或直觉具有主观上的高度自信，这并不意味着他就一定聪明绝顶或准确无误。这一点相信不用我多说大家都能明白。

如果一个人十分无知、缺少经验、天资有限，但是仍然一意孤行地要跟着直觉走，那么他做出坏决策和做出明智选择的概率差不多都是50%。如果一个人拥有丰富的知识、经验和技能，那么他在自己专业领域做事的时候就应该别想太多或者干脆什么都不想，只管相信自己的直觉就是。当然，如果不是在自己擅长的领域，专家和才华横溢的艺术家也像我们一样难逃非明辨思维的罗网和诱惑。

此外，我们有时还应该停止收集有助于决策和判断的信息，因为过多信息有时反而会妨碍我们做出可靠的判断。通常情况下我们只需掌握一些最为重要的事实即可做出决定；如果面对能收集到的所有相关信息，事情反而有可能变得更加棘手，因为引入的变量越多就越有可能忽略重要信息，将重点放在不重要的细枝末节上。一个人得到的信息越多，他做出的决定就越差，经济心理学家丹尼尔·卡尼曼（Daniel Kahneman）与行为学家阿莫斯·特沃斯基（Amos Tversky）用实验证明了这一点，其中一个实验已经成为经典案例。实验对象被告知琳达"三十一岁，单身，为人直率，十分聪明，是哲学专业的学生，关注歧视和社会公义等议题，参加过反核示威游行"，然后要求他们判断几个关于琳达的表述中哪一个是正确的。结果他们都认为琳达是女权主义银行出纳员，全都不选"银行出纳员"这一项。卡尼曼在《思维的快与慢》中将这一基本逻辑错误称为"连接谬误"（这里的连接指用"和"或"但是"等连接词将两个判断连接起来）。很显然，单个判断的准确率一定会比两个判断连接在一起的准确率高。克里斯托弗·海斯（Christopher Hsee）和约翰·李斯特（John List）后来做了同样的连接错误研究实验，虽然测试的内容不同，但实验结果十分相似。

一个人收集的信息越多就越会误以为自己掌握了更多的认识、有了更多的了解。美国心理学家、哲学家保罗·米赫尔（Paul Meehl）曾经做过一次测试，预测大学新生学年末的 GPA 分数。他将受过特殊培训的指导老师所做的预测与只用两三个变量进行简单运算得出的结果相比，发现后者比前者更加准确。简单运算方法只看学生的高中 GPA 成绩和标准入学考试成绩；而指导老师的预测则基于四十五分钟面试、几次标准测试成绩以及长达四页的个人陈述。实验结果表明，简单运算法的准确率超过 79% 的专家。美国经济学家奥莱·阿森菲特（Orley Ashenfelter）也做过类似的实验，要求实验对象预测高级波尔多葡萄酒的价格。简单运算法只考虑夏季生长季节的气候和平均温度、收获期降雨量以及前一年冬天的总降雨量这四个因素。

结果这个简单的算式打败了很多全球最有名的葡萄酒专家。

在有关个人品位的事情上，你了解的信息越少越好。只管喝酒、吃果酱，让自己的感觉告诉你哪种品牌最好。不要受葡萄酒价格的影响，不要过分纠结不同品牌果酱之间的差异，选择之前不要试图弄清所有的细节。如果你喜欢某种商品，价格也能承受，那么亲朋好友或者专家怎么说其实都并不重要。

如果你能着眼于大处，那么在处理生活中像买哪种笔、去哪里度假、哪种沙发更好这种相对琐碎小事的时候，一定要记住信息越少越好。我们都听说过"分析导致瘫痪"这种说法。如果不是什么重大决定，通常情况下最明智的做法应该是只关注两三个要点，而不是每次都事无巨细地从正反两面列出所有你能想得到的所有理由，然后为十几个选择而烦恼。

但是在做重大决定的时候，比如派遣军队去外国打仗或者让医生关掉爱人的呼吸机，那你就必须收集尽可能多信息，而且信息源必须可靠，确保得到的信息准确公正，不偏不倚。在这种情况下，我们应该听取支持和反对两方面的声音，不能只听和自己意见一致的观点、排斥不同的观点，因为重大决策应该有多样化的信息来源。不过到了最后，参战还是不参战、继续使用呼吸机还是撤掉呼吸机，正反两边的证据似乎势均力敌、不相上下，让你无从选择，一般只能依靠当时的直觉行事。除此之外我能想到的唯一办法就是要求不同的专家或家庭成员（或者与决策过程相关的人员）投票表态，按照少数服从多数的原则做出最后决定。

　　虽然明智需要建立在明辨思维的基础上，但有时也需要知道什么时候不去思考，只管追随自己的感觉、直觉、本能或者不论冠以何种名称的这种令人不解但又令人着迷的不思考状态。

附录二

评估个人经验

……自我远非这个世界的中立观察员。

——丹尼尔·沙克特《记忆七宗罪：人类大脑是如何遗忘
与记忆的》

研究人类过错心理的专家一直都知道，就算是经过严格训练
的专家，一旦在推断复杂事件原因的时候依赖个人经验及非正式
决策规则，他们也很容易被误导。

——巴里·贝尔斯坦（Barry Beyerstein）心理学家

当我们研究事件发生原因的时候，相比口口相传的逸闻趣
事，随机双盲对照实验得出的数据更加值得信赖，这是有理由的。
即使受过良好教育以及高端培训的专家也会犯很多感知、情感

及认知偏误，在对个人经验进行评估的时候出现失误。我们很多观点背后的驱动力都是各种各样的偏误，这些观点的产生在很大程度上是因为它们能够为我们带来安慰，而不是因为它们是事实。进行因果分析必须采用正式的方法；如果结论令人不安或者不够吸引，那么这一点就更为必要。如果其他条件全部相同，那么我们在评估某个可能存在的因果关系时越能做到客观与疏离，犯错的机会就越小。

因此，当个人经验与设计完善、执行严格的对照试验结果出现冲突的时候，明智的做法是去检查一下个人经验是否带有偏误。遇到那些没做对照研究就公开声称"保证有效"的商品，我们应该格外小心。如果某个关于因果联系的观点没有强有力的对照研究数据作为支撑，那我们就应该先对其进行细致深入的明辨分析，然后再考虑两件事之间是否存在可能的因果联系。例如，对照研究证明所谓"应用运动学有治疗效果"的观点全都站不住脚。但是对很多人来说，这一事实并未降低他们对应用运动学的热情。实际上，有些脊椎按摩师拒绝接受对照试验的结论，认为实验结果与他们的个人经验及关于应用运动学的观点相冲突。但这种态度是非理性的，因为理性的人不会拒绝接受正式的科学测试，而是会反省与科学实验相悖的个人观点，会努力寻找自己身上的错误根源。

下面是我收到的一封电子邮件，寄件人叫"麦克"。这封邮件清楚地表明了科学分析的好处以及传闻证据的陷阱：

你好！

我无法证明大卫·霍金斯的观点或看法是否有效，但是可以跟你分享一下我对应用运动学的一些个人经验（霍金斯身兼多职，其中一个职业就是应用运动治疗师）。

25年前（30岁），我患上了严重的食物过敏症。随着病情的加重，有些之前吃了也没有任何问题的普通食物也开始让我有了严重的过敏反应，其中包括几次严重的过敏性休克，需要送附近医院急诊抢救，打了好几针肾上腺素才被抢救回来。

我用尽了波士顿最好的医疗资源还是无济于事。绝望之下，我听从当地一位营养师的建议，去看了应用运动治疗师。这是我经历过的最奇怪的一件事。医生是位女士，态度非常专业，穿着一身白大褂，叫我仰面躺在一张医疗床上，跟普通医生办公室的那种检查床也没什么两样。她在我的胃部先后放了几十个塑料小药盒，里面装着少量食物，然后叫我伸直右臂，在她用力向下压的时候尽量保持抬举姿势。大部分时候我很容易就能抵得住她向下的压力，但有时我的手臂会被她轻易压下去，这让我在身体和精神上都受到了极大的震动。最后她递给我一张清单，上面列着我不能吃的几种食物。我照她说的去做了。

从那天开始，我再也没有出现过食物过敏反应。几个月以后，我又去了她的治疗室，测试那些上次有反应的几种食物。结果我已经完全好了。接着我小心谨慎地将这几种食物重新列入每日餐饮范围，没有出现反弹。从那以后我就完全好了。

我不知道这种治疗方法为什么会奏效，只知道波士顿最好的医院里一位著名的医生在顶尖实验室里做了一系列检查都没能查出我到底对什么过敏以及如何进行治疗。

我是个保守的行政主管、虔诚的天主教徒，拥有商业管理的学士和硕士学位文凭。

我不是为应用运动学的信誉进行辩护的斗士，所以请随意使用我的邮件信息。如蒙采纳，敬请隐去我的姓氏。

麦克说他不知道为什么应用运动治疗法会奏效；但是仅从这一逸事证据看来，应用运动治疗法的确很有效。此外，麦克还在邮件中暗示应用运动治疗法比当时的医学更有效，因为找出他过敏原的是前者而不是后者。但问题是，这只不过是一种假设而已。

某人患有某种疾病，接受治疗之后病情痊愈，于是他因此推断出治疗十分有效；这种推理过程是可以理解的。得出"治疗有效"这个结论的唯一证据就是看过应用运动治疗师以及停止摄取治疗师所列食物之后，麦克的过敏症就好了。但是，医学检查未能确认麦克的症状是由过敏所引起的，这一事实并非应用运动治疗法优于传统医学的证据。就算麦克不去看应用运动治疗师，他的病情也有可能会在没有任何外界干涉的情况下慢慢自愈。当然，我们永远无从得知他没有去看应用运动治疗师的话结果会是怎样。

麦克的个人经验充分说明为什么科学家更愿意接受对照研究的实验结果，不愿意相信个人经验，即使详细的个人经验描述对医学诊断十分重要也不行。传闻逸事的第一个问题就是一切细节都必须依赖麦克的个人记忆。就算是近期记忆也会受到很多因素的影响和歪曲，更何况是发生在二十五年前的事情，细节的准确性有可能并不可靠，出现选择性记忆或者忘记某些重要细节都是可能的。麦克有可能会将过去二十五年内经历的某些事情和这一记忆混合在一起，事件发生的先后顺序也有可能会出现错乱。而经过周密设计和严格执行的对照研究就能有效避免上述所有这些问题。

另外一个问题就是对数据进行阐释。麦克似乎相信自己当时所患疾病是食物过敏症。测试应用运动疗法是否能够有效诊断食物过敏相对还是比较容易的，我们只需将食物或已知非过敏原装在小药盒里放在实验对象的肚皮上，然后开始做手臂压力测试。只要实验对象和应用运动治疗师都不知道小盒子里装了什么，我们就能保证实验的公正性，并能看到盒子里面的东西是否与手臂受压后的表现有直接的因果关联。只要选取不同实验对象组织大量实验，随机分配药盒和里面的内容，我们就能获得足够的数据判断应用运动疗法是否真的有效。

为了避免应用运动治疗师抱怨实验不公平，我们会请她做几次非盲测试，让她做自己声称能够做得到的治疗。约翰·莱尼西（John Renish）建议可以给实验增加一些麻烦和障碍，"在双盲及非盲测试中用压缩应变传感器连接治疗师和病人的手，传感器记录应该能够显示治疗师做观念运动或下意识动作时出现的数据变化，或许还能监测到治疗师有意为之的欺诈行为"。

另一方面，对这桩逸事本身我们也有一些问题。就算我们相信麦克关于过敏性休克及注射肾上腺素进行治疗的记忆全都是真实的，但还是无从得知治疗师是否真的使用小药盒就能判断出是哪些食物导致他出现过敏反应。她给麦克的那张过敏食物清单有可能是药盒测试的结果，也有可能是她基于自己的常识知道哪些食物容易出问题。她每次做测试的时候都知道小药盒里装的是哪一种致敏食物，对其致敏作用有清楚的认识，这种认识会下意识地影响她对病人手臂所施加的压力大小。更大的问题是，到目前为止尚无有力的科学证据能够证明应用运动治疗师判断食物过敏原的方法是有效可靠的。

此外，我们也无法肯定后来麦克过敏症状消失就是因为他改变了饮食习惯、不再吃致敏食物。虽然这两件事在发生的时间上存在先后顺序，但这并不足以证明二者之间存在因果联系。我们所知道的只是某个未知因素导致麦克几次过敏性休克，而这一未知因素也有可能是与麦克深信不疑的食物致敏原毫不相干且无法控制的某个事件或者某个物质。据麦克自己说，波士顿最好的医生也没能诊断出他的病因。虽然合格医生无法诊断出简单食物过敏症这种情况有可能会发生，但可能性不是很大。因此麦克之所以相信是食物导致病症主要基于两个原因：一是应用运动治疗师的说法，一是他停止摄入治疗师清单上的食品之后病情从此未再复发。

让我感到困惑不解的是，虽然麦克并没有接受任何治疗，几个月后回去复诊的时候应用运动治疗师告诉他过敏症已经"治好了"，还说可以继续吃之前几乎让他没命的那些食物。他说自己再吃那些食物也并没有出现任何问题。这一证据也能说明导致麦克之前出现过敏病症的是一种未知因素，而不是他刻意回避了几个月没吃的那些食物。

如果是精心设计的对照实验就不会出现这种模棱两可的结果，而这一个人经验却可以有多种阐释方式。麦克后来能吃治疗师所开列的那些食品，这有可能是因为他对这些食物一开始就没有过敏反应，或许他的症状根本就不是过敏反应引起的，导致他出现那些症状的有可能是我们一无所知的某种东西。不论是什么原因，他的病症都是暂时的，有可能是因为压力太大或者感染导致了那些症状，而他自己对这一切毫不知情。

我虽然不是食物过敏领域的专家，但就我所知道的知识而言，一个人三十年来一直都不对某些食物过敏，突然有一天差点死于食物过敏，几个月后发现这些食物又重新回到之前温柔的本来面目，这怎么看都让人觉得不大可能。

麦克提供的逸事证据还说明个人经验会骗我们相信自己找到了某件事情发生的原因，而实际上除了个人经验几乎没有其他证据能够证明这一观点。敏锐的读者可能会注意到我并没有用安慰剂效应来解释麦克的经历。在上一本书《怀疑论者词典》的"顺势疗法"词条中，我提到了温迪·凯米纳（Wendy Kaminer）为顺势疗法进行辩护的观点。她认为即使没有科学证据能够证明顺势疗法的有效性，相信这种治疗方法也是合乎理性的。她说顺势疗法有可能会因为安慰剂效应而起作用，因此完全抛弃这种治疗方法是不理智的行为。我无意在此重复我的观点，但我也不认为她的观点完全站不住脚。就算应用运动疗法真的具有某种安慰剂效应，这也不能成为向人推荐它的一个理由。我觉得还有一种可能性，那就是应用运动治疗师实在太具个人魅力，让麦克消除所有压力、彻底放松自己，因此体内得以产生某些自然物质，从而使导致他出现病症的体内有害化学物质逐渐减少或者不再产生。但是，就算麦克恢复健康全都归功于安慰剂效应，如果不对应用运动学进行系统的科学测试，我们也无从得知实情是否果真如此。根据我们手上已有的证据，安慰剂效应和巫术、神的复仇等理论一样说到底都不是什么像样的支持性证据。

麦克相信应用运动疗法是一种有效的诊断、治疗方法，这看上去和医生开处方药治好了膀胱感染一样，证据都是"它很奏效"，似乎唯一能够证明处方药有效的证据就是吃了药之后感染就好了。实际上，医生之所以选择给你开这种处方药，因为这种药本身就是建立在扎实可靠的科学研究基础之上，而应用运动治疗师并没有科学研究成果为她的诊断方法提供支持，有的或许只是应用运动疗法奏效的某些个人经验。她可能见过应用运动疗法的成功运用，收到过来自客户的正面反馈意见，因此"根据经验知道"这种治疗方法很有效。

来自满意顾客的证据均属传闻逸事，除了某些顾客在接受治疗后声称自己"感觉好多了"，并没有别的证据能够证明其有效性。在这里需要再次强调的是，这些顾客其实根本无从得知最后起作用并让他们得到想要结果的到底是不是应用运动学。一件事发生在另外一件事的后面，这就是他们所知道的全部。应用运动治疗师亲眼目睹或者亲手造就的成功案例一般不可能是对照研究案例。治疗师测试应用运动疗法的时候很有可能知道测的是哪一种物质，因此会据此有相应的表现。如果他们认为这种物质对人有害，就会加大下压力度或者对下压力量不加抵抗（取决于他们扮演哪一个角色）。相反，如果他们认为测试物质对人有好处，向下压手臂的时候就会手下留情或者抵抗下压力量的时候会更加用力。不过这些都有可能是下意识的反应，所以我们也不需要谴责应用运动治疗师们有欺诈行为。观念运动加上想要成功证明自己信仰体系的强烈愿望，这就足以解释自我欺骗的运作机制了。以上各种因素也能说明随机、双盲、对照组研究的重要性，说明仅仅依赖个人经验和传闻逸事创建因果联系是靠不住的。

心理学家巴里·贝尔斯坦（Barry Beyerstein）是明辨思维的典范，我将以他在"社会与判断偏误让惰性治疗貌似有效"中的一段话结束本文：

> 科学革命的先驱们早就认识到，如果非正式的推理与人类看见与自己观点相符的结论就欣然接受这一强烈倾向相结合，就极有可能会犯错。通过将观察所得系统化、对大规模组别而不是少数几个互不关联的个体进行研究、创建对照组、努力消除混杂变量，这些创新思想家希望能够减少推理自身弱点的影响，避免步入认识世界运行机制的歧途。如果我们将判断单纯建立在几个满意顾客个人陈述的基础上，那么以上这些保障措施就全都不复存在。不幸的是，这样的故事就是"替代医疗"治疗师们随时准备拿出来招揽顾客的法宝。对各种判断偏误感兴趣的心理学家们一再证实，人类的推理在应对复杂情况的时候尤其不堪一击，比如对治疗结果进行评估的时候，因为涉及一连串相互作用的变量，同时还面临强大的社会压力。如果在某个特定的结果中再加入金钱这一诱因，自欺欺人的范畴就会进一步加大。

附录三

未列入本书目录的一些偏误、谬误和错觉

行为者与观察者偏误（actor-observer bias）

肯定后件（affirming the consequent）

诉诸人气（appeal to popularity）

诉诸民众（appeal to the mob）

随意相关性（arbitrary coherence）

乐队花车谬误（bandwagon fallacy）

"优于平均水平"偏误（better-than-average bias）

非黑即白谬误（black or white fallacy）

引用偏误（citation bias）

连接谬误（conjunction fallacy）

对应偏误（correspondence bias）

民主谬误（democratic fallacy）

性格归因偏误（dispositional attribution bias）

非此即彼谬误（either-or fallacy）

情感归因谬误（emotional attribution bias）

含糊其辞（equivocation）

回避问题（evading the issue）

评估者偏误（evaluator bias）

诬控人身攻击（false charge of ad hominem）

虚假两难境地／错误二分法（false dilemma/false dichotomy）

文件柜效应（file-drawer effect）

基本归因错误（fundamental attribution error）

赌徒谬误（gambler's fallacy）

草率下结论谬误（hasty conclusion）

媒体敌意效应（hostile media effect）

裁判敌意效应（hostile referee effect）

客观错觉（illusion of objectivity）

知识归因偏误（intellectual attribution bias）

非关联性诉诸情感（irrelevant appeal to emotions）

无关联性比较（irrelevant comparison）

传染法则（law of contagion）

相似法则（law of similarity）

小数法则（law of small numbers）

厌恶损失（loss aversion）

记忆错误归因（memory misattribution）

动机性认知（motivated perception）

不合逻辑的推论（non sequitur）

规划性谬误（planning fallacy）

井里下毒（poisoning the well）

正面偏误（positivity bias）

务实谬误（pragmatic fallacy）

极简原则（principle of parsimony）

简单原则（principle of simplicity）

比例性偏误（proportionality bias）

超能力假设（psi assumption）

"红鲱鱼"（red herring）

选择性注视（selective looking）

自我激发（self-priming）

自利性偏误（self-serving bias）

情境归因偏误（situational attribution bias）

滑坡谬误（slippery slope fallacy）